"十二五"普通高等教育本科国家级规划教材

普通高等教育"十二五"计算机类规划教材

电路与电子技术基础学习指导与实验教程

第2版

李心广　王金矿　张　晶　漆建军　编著

赖声礼　主审

U0232011

机械工业出版社

本书是"普通高等教育'十二五'计算机类规划教材"《电路与电子技术基础第 2 版》(ISBN 978-7-111-38848-7)的配套教材。

本书共分两部分：第一部分为电路与电子技术基础学习指导，共分 16 章，每章包含教学目的、教学要求及重点难点指导。第二部分为实验教程，分实验内容与实验相关的附录内容。

本书可作为高等学校计算机类、自动控制及电子技术应用等专业的本科生、专科生学习《电路与电子技术基础第 2 版》(ISBN 978-7-111-38848-7)的配套实验教材与辅导教材；也可作为其他电气信息类专业的参考教材；还可供从事相关专业的工程技术人员自学参考。

图书在版编目(CIP)数据

电路与电子技术基础学习指导与实验教程/李心广等编著. —2 版 . —北京：机械工业出版社，2014.10 （2022.1 重印）

"十二五"普通高等教育本科国家级规划教材

普通高等教育"十二五"计算机类规划教材

ISBN 978-7-111-48218-5

Ⅰ.①电… Ⅱ.①李…②王…③张 Ⅲ.①电路理论—高等学校—教学参考资料②电子技术—高等学校—教学参考资料 Ⅳ.①TM13②TN01

中国版本图书馆 CIP 数据核字(2014)第 233226 号

机械工业出版社(北京市百万庄大街22号 邮政编码100037)
策划编辑：刘丽敏 责任编辑：刘丽敏 王 康
版式设计：霍永明 责任校对：张 征
封面设计：张 静 责任印制：郜 敏
北京富资园科技发展有限公司印刷
2022 年 1 月第 2 版第 3 次印刷
184mm×260mm · 16.25 印张 · 393 千字
标准书号：ISBN 978-7-111-48218-5
定价：36.00 元

第2版前言

《电路与电子技术基础学习指导与实验教程》于2010年1月由机械工业出版社出版，作为一本主要面向高等学校计算机类、自动控制及电子技术应用等专业的本科生、专科生《电路与电子技术基础》的配套教材，得到了全国各兄弟院校的支持。经过近5年的教学实践及总结，第2版主教材于2012年9月出版，在听取选用教材的老师意见后，编写组讨论决定对该配套教材进行修订改版。该套教材作为省级精品课程教学改革的配套教材，在内容选材与编排上配合了该课程及教学内容的改革。

本次修订内容总体结构不变，全书分为两部分，第一部分为学习指导，分为3篇共16章，每章包含教学目的、教学要求及重点难点指导。第二部分为实验教程，分为实验内容和与实验相关的附录内容。

在本次修订中增加了一章"功率放大电路与直流稳压电源"，本章内容非常实用，而且学生在参加全国大学生电子设计竞赛中也要用到这方面的知识。增加的这部分内容，各学校可根据课时情况进行选用。

本次修订工作由李心广主持进行，李心广负责整体修订思路的提出及第10章的编写与全书的检查工作，王金矿负责电路分析、数字电路部分的审稿工作。漆建军负责实验教程与附录部分的修改工作。张晶负责全书的校对工作，华南理工大学赖声礼教授主持全书的审稿工作，在此一并表示感谢。

编　者

第 1 版前言

随着科学技术的不断发展，各学科都会将本领域最新技术发展成果增加到教学体系之中。近年来计算机技术的飞速发展，必然导致与之相关学科教学内容做较大幅度的调整；考虑到以加强学生自主学习、提高学生创新能力为目的的素质教育，必然要减少课堂教学。为此，在教材编写时，必须适应当前的教学需要。本书的主教材就是为适应这一形势发展趋势所作的一个大胆尝试。即，将弱电类（诸如计算机、自动控制及理工电气信息等）专业的三门核心基础课程"电路分析基础"、"模拟电子技术基础"、"数字电子技术基础"有机地合并为一门课程——"电路与电子技术基础"。配套教学改革的教材《电路与电子技术基础》已于 2008 年列入"普通高等教育'十一五'计算机类规划教材"由机械工业出版社正式出版。

《电路与电子技术基础》课程是一门实践性很强的课程，学生可通过看书、听讲、做作业及实验各教学环节掌握各个教学内容。为了方便学习，我们编写了《电路与电子技术基础 学习指导与实验教程》。

本教材分为两部分，第一部分为学习指导，分为三篇共 15 章，每章包含教学目的，教学内容，重点、难点指导及习题选解。第二部分为实验教程，包括 9 个实验和两个与实验相关的附录。

学习指导部分的三篇内容如下：

第一篇为电路分析基础。分为 5 章，分别是第 1 章 电路的基本概念及基本定律、第 2 章 电阻电路的一般分析方法、第 3 章 电路分析的几个定理、第 4 章 动态电路分析方法、第 5 章 正弦稳态电路分析。

第二篇为模拟电子技术基础。分为 4 章，分别是第 6 章 半导体器件的基本特性、第 7 章 晶体管基本放大电路、第 8 章 负反馈放大器、第 9 章 集成运算放大器基础。

第三篇为数字逻辑电路基础。分为 6 章，分别是第 10 章 数制、编码与逻辑代数、第 11 章 集成逻辑门电路、第 12 章 组合逻辑电路分析与设计、第 13 章 触发器、第 14 章 时序逻辑电路分析与设计、第 15 章 脉冲波形的产生与整形。

实验教程部分的内容为：实验教学内容、附录 A 几种常用仪器的使用方法、附录 B 电路元器件的特性和规格及附录 C 常用集成电路引脚图。

本书可作为高等学校计算机科学与技术、软件工程、网络工程等计算机类专业、自动控制专业以及其他相关专业本科生、专科生的辅助教材，也可供从事相关专业的工程技术人员和科研人员参考。

参与本书编写的人员及分工如下：王金矿（学习指导部分的第 1~5 章、15 章）；

张晶(学习指导部分的第 11~14 章，实验教程)；李心广(学习指导部分的第 6~10章，附录)。由李心广、张晶、王金矿通读全稿，对文字、图表进行校正，并集体讨论决定最终内容的取舍。由李心广负责全书的修改、统稿及定稿，由张晶、王金矿负责全书版式的检查。在编写过程中，漆建军老师帮助整理了部分图形资料，华南理工大学赖声礼教授主持全书的审稿工作，在此一并表示感谢。

　　电子技术日新月异，教学改革任重道远，鉴于编者的能力与水平有限，书中的疏漏和不足在所难免，恳请同行及读者批评指正，以便再版时修正。

　　编者联系邮箱：lxggu@163.com。

编者
2009 年 11 月

目　　录

第2部分　电路与电子技术基础实验教程

第1部分　电路与电子技术基础学习指导

本部分分为电路分析基础、模拟电子技术基础及数字逻辑电路基础3篇，共16章。分章按教学目标，教学内容，重点、难点指导及习题选解4个方面进行介绍。

第1篇　电路分析基础

本篇介绍电路分析的基本概念、基本理论、基本方法和基本定律，这些是电路分析的基础。通过本篇的学习，使同学们掌握分析电路的基本知识与方法，为今后学习和工作打下基础。

第1章　电路的基本概念及基本定律

1.1　教学目标

本章教学目标是让学生掌握电路分析的一些基础知识——基本概念和基本定律。在基本概念中要明确：如何将实际电路转化为电路模型？电路分析中的基本变量有哪些？掌握电路分析的基本定律——基尔霍夫定律和欧姆定律，为学习后面各章打下基础。

1.2　教学内容

1. 电路模型。
2. 电路分析的基本变量。
3. 基尔霍夫电压定律(KVL)、基尔霍夫电流定律(KCL)和欧姆定律。
4. 电路元件。

1.3　重点、难点指导

1.3.1　电路模型

电路模型就是把实际电路器件构成的电路进行抽象得出来的模型，俗称电路图。对实际电路进行模型化处理的前提是：假设电路中的基本电磁现象可以分别研究，并且相应的电磁过程都集中在各理想元件内部进行，即所谓电路理论的集中化假设。集中参数元件的主要特点是：元件外形尺寸相对于其正常工作频率所对应的波长而言小很多。

1.3.2　电路分析的基本变量

电路分析中的基本变量为电流、电压和功率，其中

$$i(t) = \frac{\mathrm{d}q(t)}{\mathrm{d}t}$$

$$u(t) = \frac{\mathrm{d}w(t)}{\mathrm{d}q(t)}$$

$$p(t) = \frac{\mathrm{d}w(t)}{\mathrm{d}t} = u(t)i(t)$$

在应用这些变量分析电路问题时，一定要注意以下3个问题：

（1）在电路图中所用到的电流或电压，一定要先设定参考方向，这是求解电路的前提，否则所得结果的正、负值没有意义。

（2）一定要搞清楚某支路上电流和电压方向是关联还是非关联参考方向，否则无法列出方程。如图1-1所示，对于网络 N_2 而言，u 和 i 方向是关联的；而对于网络 N_1 而言，u 和 i 方向是非关联的。

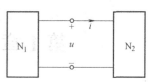

（3）在计算元件(或网络)的功率时，若 u 和 i 方向关联，则功率

图1-1　参考方向示例

$$p = ui$$

若 u 和 i 方向非关联，则功率应写为

$$p = -ui$$

若 $p>0$，则说明该元件(或网络)吸收功率；若 $p<0$，则说明该元件(或网络)产生功率。

1.3.3　基尔霍夫电压定律、基尔霍夫电流定律和欧姆定律

分析集中参数的基本定律是基尔霍夫电压定律(KVL)、基尔霍夫电流定律(KCL)和欧姆定律。

（1）KVL是电路的各回路中必须满足的电压约束关系，与回路中各支路的性质无关。KVL是能量守恒的体现。

（2）KCL是电路中各支路在节点(或封闭面)处必须满足的电流约束关系，与支路(元件)的性质无关。KCL是电荷守恒的体现。

（3）KVL和KCL不但适用于线性电路，也适用于非线性电路；既适用于时不变电路，也适用于时变电路。

（4）欧姆定律仅适用于线性电阻，不管线性电阻上电压、电流如何变化，都必须服从欧姆定律。

在应用KVL、KCL和欧姆定律分析电路时，必须先假设所关心的各支路电流、电压的参考方向，否则无法正确地列出有关方程。

1.3.4　电路元件

1. 基本元件 R、L、C 的特性

基本元件 R、L、C 分别是实际电阻器、电感器和电容器的理想元件模型。

（1）基本元件的电压电流关系(VCR)

电阻元件

$$u(t) = Ri(t)$$

即在线性电阻上，电压和电流成正比，比例系数为 R，R 称为线性电阻的阻值。

电容元件

$$i(t) = C \frac{\mathrm{d}u}{\mathrm{d}t}$$

即 $i(t)$ 与电容两端的电压变化率成正比，比例系数 C 称为线性电容的电容量。

电感元件

$$u(t) = L \frac{\mathrm{d}i}{\mathrm{d}t}$$

即 $u(t)$ 与流过电感中的电流变化率成正比，比例系数 L 称为线性电感的电感量。

（2）电容元件和电感元件为记忆元件，而电阻为无记忆元件。这是因为

$$u_\mathrm{C}(t) = \frac{1}{C} \int_{-\infty}^{t} i(\tau)\mathrm{d}\tau = u_\mathrm{C}(t_0) + \frac{1}{C} \int_{t_0}^{t} i(\tau)\mathrm{d}\tau \qquad (t \geqslant t_0)$$

$$i_\mathrm{L}(t) = \frac{1}{L} \int_{-\infty}^{t} u(\tau)\mathrm{d}\tau = i_\mathrm{L}(t_0) + \frac{1}{L} \int_{t_0}^{t} u(\tau)\mathrm{d}\tau \qquad (t \geqslant t_0)$$

即在电容上，$t < t_0$ 时的电流作用都由 $u_\mathrm{C}(t_0)$ 来记忆；在电感上，$t < t_0$ 时的电压作用都由 $i_\mathrm{L}(t_0)$ 来记忆。

若在 $t = 0$ 时，电容上电流为有限值，电感上电压为有限值，则分别有

$$u_\mathrm{C}(0_-) = u_\mathrm{C}(0_+)$$

$$i_\mathrm{L}(0_-) = i_\mathrm{L}(0_+)$$

这反映了电容电压的连续性和电感电流的连续性。

（3）由于电容元件和电感元件的 VCR 为微分和积分关系，故电容对于直流相当于开路，电感对于直流相当于短路。而对变化的电压和电流，通过微、积分关系可进行各种波形变换。

2. 电源元件

在电路分析中，所遇到的电源元件分为独立电源和受控电源两类。

（1）理想电压源和理想电流源是实际电源不考虑内部能量消耗时的电路模型。电压源的输出电压与负载无关；电流源输出电流与负载无关。电压源的支路电流必须通过外电路决定；电流源的端电压必须通过外电路决定。

（2）实际电源可以根据外特性用电压源串联内阻形式或电流源并联内阻形式两种模型表示。实际电源模型在保证外特性相同的情况下可以进行相互转换。

（3）受控源是四端元件模型。如变压器，特别是在模拟电路中的某些电子器件(晶体管、场效应晶体管等)所发生的电气过程，可用受控源模型来表征。4 种线性受控源可分别表示为

电压控制电压源（VCVS）：$u_\mathrm{su} = \mu u$

电压控制电流源（VCCS）：$i_\mathrm{su} = gu$

电流控制电压源（CCVS）：$u_\mathrm{si} = \gamma i$

电流控制电流源（CCCS）：$i_\mathrm{si} = \beta i$

式中，μ、g、γ、β 均为常数；u 或 i 为电路中某支路的电压或电流，为控制量。

若为非线性受控源，即被控量是控制量的非线性函数，则可表示为

$$u_{su} = f(u)$$
$$i_{su} = f(u)$$
$$u_{si} = f(i)$$
$$i_{si} = f(i)$$

1.4 习题选解

1-1 导线中的电流为10A，20s内有多少电子通过导线的某一横截面？

分析： 根据电流强度的定义 $i = \dfrac{dq}{dt}$ 可以求出导线中通过的电荷数。

解： 已知 $I = 10\text{A}$，$\Delta t = 20\text{s}$

所以

$$\Delta q = i \cdot \Delta t = 10 \times 20\text{C} = 200\text{C}$$

又因为

$$e = 1.6 \times 10^{-19}\text{C}$$

所以，电子数为

$$n = \frac{\Delta q}{e} = \frac{200\text{C}}{1.6 \times 10^{-19}\text{C}} = 1.25 \times 10^{21}（个）$$

即在20s内有 1.25×10^{21} 个电子通过导线某一截面。

1-2 某电流表的量程为10mA，当某电阻两端的电压为8V时，通过的电流为2mA，如果给这个电阻两端加上50V的电压，能否用这个电流表测量通过这个电阻的电流？

分析： 判断该电流表是否可以测量流过电阻中的电流，看流过电阻中的电流是否超出电流表的最大量程。

解： 根据电阻两端压降和流过电阻中的电流，由欧姆定理可以确定电阻的值为

$$R = \frac{U}{I} = \frac{8}{2 \times 10^{-3}}\Omega = 4\text{k}\Omega$$

如果给电阻上加50V的电压，流过电阻的电流为

$$I = \frac{U}{R} = \frac{50}{4 \times 10^{3}}\text{A} = 12.5\text{mA}$$

电流表的量程为10mA，也就是允许通过的最大电流为10mA，显然不能使用该电流表测量通过该电阻的电流。

1-3 图1-2所示电路由5个元件组成。其中 $u_1 = 9\text{V}$、$u_2 = 5\text{V}$、$u_3 = -4\text{V}$、$u_4 = 6\text{V}$、$u_5 = 10\text{V}$、$i_1 = 1\text{A}$、$i_2 = 2\text{A}$、$i_3 = -1\text{A}$。试求：

（1）各元件消耗的功率。

（2）全电路消耗功率为多少？说明什么规律？

分析： 在电路元件为关联参考方向前提下，求解电路元件的功率。

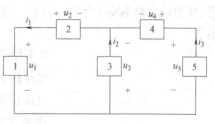

图1-2 习题1-3 电路

$$p = ui$$

当 $p > 0$ 为吸收功率，否则为释放功率。

对于图 1-2 中的电路元件，若不是关联参考方向，可在电压项或电流项前加一负号使其成为关联参考方向。

解：（1）根据图 1-2 所示电路电流、电压的关联参考方向，有

$$p_1 = u_1 i_1 = 9 \times 1 \text{W} = 9 \text{W}$$

$$p_2 = u_2 (-i_1) = 5 \times (-1) \text{W} = -5 \text{W}$$

$$p_3 = u_3 i_2 = (-4) \times 2 \text{W} = -8 \text{W}$$

$$p_4 = u_4 i_3 = 6 \times (-1) \text{W} = -6 \text{W}$$

$$p_5 = u_5 (-i_3) = 10 \times 1 \text{W} = 10 \text{W}$$

（2）全电路消耗的功率为

$$p = p_1 + p_2 + p_3 + p_4 + p_5 = 0$$

该结果表明，在电路中有的元件产生功率，有的元件消耗功率，但整个电路的功率守恒。

1-4　标有 $10 \text{k}\Omega$（称为标称值）、$1/4 \text{W}$（额定功率）的金属膜电阻，若使用在直流电路中，试问其工作电流和电压不能超过多大数值？

分析：在使用一个电阻时，除要注意它的阻值之外，还要注意它的额定功率，否则，在使用中就可能导致电阻温度过高而损坏。

解：因为功率 $P = \dfrac{U^2}{R} = I^2 R$

工作电流

$$I < \sqrt{\frac{P}{R}} = \sqrt{\frac{0.25}{10000}} \text{A} = 0.005 \text{A} = 5 \text{mA}$$

工作电压

$$U < \sqrt{PR} = \sqrt{0.25 \times 10000} \text{V} = 50 \text{V}$$

1-5 求如图 1-3 所示电路的 U_{ab}。

分析：对于此类问题，就是求解从一点沿任何一个路径到达另一点电压降的代数和。在求解的过程中注意：①某一支路无电流，则在该支路的电阻上是无压降的，但电压源的电压与流过的电流无关；②对于闭合回路，必须先求出各支路电流，以便确定该支路上的压降。

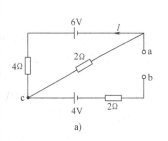
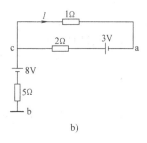

图 1-3　习题 1-5 电路图

解：（1）图 1-3a 中，由 a 到 b 的电压降 $U_{ab} = U_{ac} + U_{cb}$，假定电流方向如图 1-3a 所示，沿 a—c—a 回路逆时针方向绕行一周，电压方程式为

$$-6V + 4\Omega \times I + 2VI = 0V$$

即得

$$I = 1A$$

则

$$U_{ac} = 2\Omega \times (-I) = -2V \quad \text{或者} \quad U_{ac} = -6V + 4\Omega \times I = -2V$$

对于 cb 支路，因为构不成回路，所以电流为零。故

$$U_{cb} = 4V$$

所以

$$U_{ab} = U_{ac} + U_{cb} = (-2 + 4)V = 2V$$

（2）图 1-3b 中，由 a 到 b 的电压降 $U_{ab} = U_{ac} + U_{cb}$，假定电流方向如图 1-3b 所示，与图 1-3a 同理，在回路中列出电压方程为

$$-3V + 1\Omega \times I + 2\Omega \times I = 0V$$

即得

$$I = 1A$$

则

$$U_{ac} = 1\Omega \times (-I) = -1V \quad \text{或者} \quad U_{ac} = -3\Omega \times + 2\Omega \times I = -1V$$

对于 cb 支路，因为构不成回路，所以电流为零。故

$$U_{cb} = 8V$$

所以

$$U_{ab} = U_{ac} + U_{cb} = (-1 + 8)V = 7V$$

1-6 电路如图 1-4 所示，求：

（1）电路的基尔霍夫电压定律方程。

（2）电流。

（3）U_{ab} 及 U_{cd}。

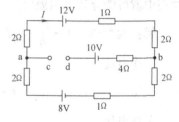

图 1-4 习题 1-6 电路图

解：（1）假设电流的参考方向如图 1-4 所示，对于 db 支路，因为不构成回路，支路电流等于零，因此 $U_{db} = 10V$。

由 a 点出发按顺时针方向绕行一周的 KVL 电压方程式为

$$2\Omega \times I + 12V + 1\Omega \times I + 2\Omega \times I + 2\Omega \times I + 1\Omega \times I - 8V + 2\Omega \times I = 0$$

得

$$10\Omega \times I + 4V = 0V$$

（2）求电流。由上面的回路电压方程式得

$$I = -\frac{4}{10}A = -0.4A$$

负号表示电流的实际方向与参考方向相反。

（3）求 U_{ab} 及 U_{cd}。

$$U_{ab} = 2\Omega \times I + 12V + 1\Omega \times I + 2\Omega \times I = 5\Omega \times I + 12V$$
$$= 5 \times (-0.4)V + 12V = 10V$$

又

$$U_{ab} = U_{cd} + 10V$$

所以

$$U_{cd} = U_{ab} - 10V = 0V$$

1-7　图 1-5 所示的电路中，若

（1）R_1、R_2、R_3 的值未知；

（2）$R_1 = R_2 = R_3 = R$。

在以上两种情况下，尽可能多地确定其他各电阻中的未知电流。

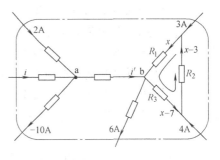

图 1-5　习题 1-7 电路图

分析：KCL 不仅适用于一个节点，也适用于一个封闭面。

解：（1）作封闭面如图 1-5 所示，对此广义节点列写 KCL 方程，有

$$i + [2 + 3 + 4 - 6 - (-10)]A = 0A$$

得

$$i = -13A$$

对于节点 a 列写 KCL 方程

$$i + 2A - (-10A) - i' = 0A$$

得

$$i' = -1A$$

当 R_1、R_2、R_3 的值未知时，右边的三角形中的三条支路电流无法确定。

（2）当 $R_1 = R_2 = R_3 = R$ 时，i 和 i' 仍如以上所求。设 R_1 支路的电流为 x，如图 1-5 所示，则由 KVL 可知在图 1-5 所示的参考方向下，R_2 支路的电流为 $x - 3$，R_3 支路的电流为 $x - 7$。对由 3 个电阻构成的回路按图 1-5 所示的绕行方向列写 KVL 方程，有

$$Rx + R(x - 7) + R(x - 3) = 0$$

解得

$$x = \frac{10}{3}A$$

则，R_2 和 R_3 支路的电流分别为

$$x - 3A = \frac{10}{3}A - 3A = \frac{1}{3}A, \quad x - 7A = \frac{10}{3}A - 7A = -\frac{11}{3}A$$

1-8　220V、40W 的灯泡显然比 2.5V、0.3A 的小电珠亮得多。求 40W 灯泡额定电流和小电珠的额定功率。我们能不能说瓦数大的灯泡，它的额定电流也大？

答：40W 灯泡的额定电流为

$$I = \frac{P}{U} = \frac{40}{220}A = 0.182A$$

小电珠的额定功率为

$$P = UI = 2.5 \times 0.3W = 0.75W$$

显然小电珠的瓦数为 0.75W，灯泡的瓦数为 40W，灯泡的瓦数大于小电珠，但灯泡的额定电流为 0.182A，而小电珠的额定电流为 0.3A，所以不能说瓦数大的灯泡的额定电流一

定大。

1-9　今将内阻为 0.5Ω，量程为 1A 的电流表误接到电源上，若电源电压为 10V，试问电流表将通过多大的电流？将发生什么后果？

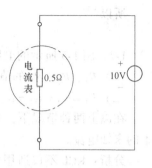

图 1-6　习题 1-9 电路图

答：电流表是串接在被测电路中，如图 1-6 所示，内阻为 0.5Ω 量程为 1A 的电流表表示，当流过 0.5Ω 电阻中的电流不同，电流表的偏转也不同，但当电流达到 1A 时，电流表的指针偏到最大值，若电流再增大就会造成指针偏转过大将指针打歪，甚至造成电流表烧坏。若将电流表误接到 10V 电源等效情况如图 1-6 所示，可知流过电流表的电流为 10/0.5A＝20A，远远超过量程，电流表必将损坏。

1-10　试求图 1-7 中的等效电容、等效电感。

分析：对于电容和电感的串并联求解，不要混淆公式的使用。电容的并联就相当于电容极板面积增大，所以两电容并联等效电容就是两电容之和，两电容串联的倒数之和为等效电容的倒数；两电感串联相当于线圈的匝数增多，所以两电感串联的等效电感就是两电感之和，两电感并联的倒数之和为等效电感的倒数。

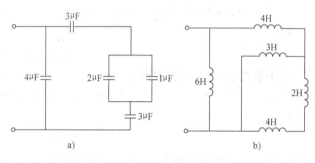

图 1-7　习题 1-10 电路图

解：图 1-7a 的等效电容为

$$C = 4\mu F + \cfrac{1}{\cfrac{1}{3} + \cfrac{1}{2+1} + \cfrac{1}{3}}\mu F = 5\mu F$$

图 1-7b 的等效电感为

$$L = \cfrac{1}{\cfrac{1}{6} + \cfrac{1}{\cfrac{3\times 6}{3+6} + 4}}H = 3H$$

1-11　将图 1-8 所示的各电路化为一个电压源与一个电阻串联的组合。

分析：对于此类题目，一定要注意理想电压源和理想电流源的特性，即理想电压源的端电压是恒定的，而输出电流取决于外电路，所以一个电压源与一个电流源并联，电流源的存在与否，只影响电压源的输出电流大小，而不影响电压源的电压值，所以在分析时，将电流源省略对整个电路的分析没有任何影响。同理，理想电流源的输出电流是恒定的，端电压取决于外电路，所以电流源与电压源串联时，可以省略电压源。

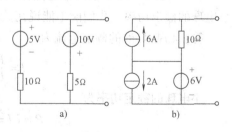

图 1-8　习题 1-11 电路图

解：图1-9a、b是图1-8a、b的图解过程。

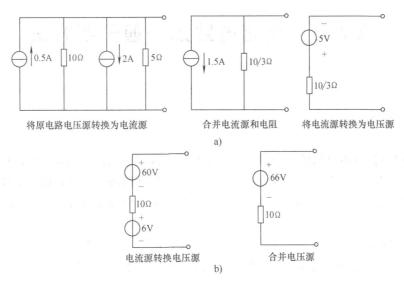

图 1-9　习题 1-11 题解图

1-12　电压如图 1-10a 所示，将其施加于电容 C 上，如图 1-10b 所示，试求 $i(t)$，并绘出波形图。

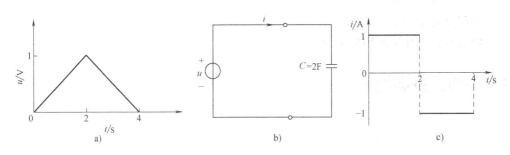

图 1-10　习题 1-12 图

分析：由于电容两端的电压就是电压源两端的电压，根据电容在关联参考方向下的 VCR 知

$$i = C\frac{\mathrm{d}u}{\mathrm{d}t}$$

解：为求 $i(t)$，先由图 1-10a 列出 $u(t)$ 的函数关系，即

$$\left.\begin{array}{ll} u(t)=0.5t & 0\leqslant t\leqslant 2 \\ u(t)=-0.5t+2 & 2\leqslant t\leqslant 4 \end{array}\right\}$$

根据 $i(t)$ 与 $u(t)$ 之间的微分关系，可以求得 $i(t)$ 为

$$\left.\begin{array}{ll} i(t)=C\dfrac{\mathrm{d}u}{\mathrm{d}t}=2\times\dfrac{\mathrm{d}(0.5t)}{\mathrm{d}t}\mathrm{A}=1\mathrm{A} & 0\leqslant t\leqslant 2 \\ i(t)=C\dfrac{\mathrm{d}u}{\mathrm{d}t}=2\times\dfrac{\mathrm{d}(-0.5t+2)}{\mathrm{d}t}\mathrm{A}=-1\mathrm{A} & 2\leqslant t\leqslant 4 \end{array}\right\}$$

所求的电流波形如图 1-10c 所示。

第2章 电阻电路的一般分析方法

2.1 教学目标

本章讨论直流电阻电路的分析方法。为什么不直接讨论既含有电阻，又含有电感或电容的电路的分析呢？这是因为在直流电源作用下，电路达到稳态后，电容相当于开路，电感相当于短路，因此，直流电阻电路分析方法也适用于含有电感或电容的直流电路稳态时的分析。

首先从电路等效概念入手，然后介绍线性电阻电路的几种基本分析方法。这些基本分析方法是分析电阻电路的通用方法，这些方法规律性强、易于理解、容易掌握。

2.2 教学内容

1. 电路的等效变换。
2. 电路分析中的常用计算。
3. 电路分析中几种通用分析方法。

2.3 重点、难点指导

2.3.1 电路的等效变换

等效是电路分析中非常重要的概念，也是常用的分析方法。为了方便分析电路，在保持部分电路外特性不变的条件下，将其内部电路进行适当的变化，用一个新的电路结构代替原来的部分电路。新电路结构和原电路结构不同，但外特性相同的电路称为等效电路，所进行的变换称为等效变换。

（1）对于线性元件 R、L、C 的串联、并联电路。根据其端口处的 VCR 不变的特性可以对其进行等效变换。

（2）若二端网络由线性电阻和受控源组成，其等效电阻由端口电压和电流的比值决定。

（3）电源的等效变换见第1章重点、难点辅导。

（4）丫-△转换的公式就是根据在端口的电压与电流相等的条件下推导出来的，尽管两种电路结构完全不同，但外特性是等效的。

$$\triangle 形联结电阻 = \frac{丫形中各电阻两两乘积之和}{对面的丫形电阻}$$

$$丫形联结电阻 = \frac{\triangle 形相邻两电阻之积}{\triangle 形各电阻之和}$$

2.3.2 电路分析中的常用计算

1. 电源最大输出功率计算

通过最大输出功率分析知道，使负载获得最大功率的条件是负载电阻的值与电源的内阻值相等，这是电子电路中一个非常重要的概念。在电子电路中，为了获得最大输出功率，可以通过阻抗变换使电源内部等效阻抗与负载阻抗相等，以便达到输出功率最大的目的。

2. 电路中电位的表示

在电路中选定一个点作为参考点，则电路中其他各点到此参考点的电压降即为该点的电位。没有选定参考点，则电位是没有意义的；若参考点发生变化，则各点的电位也将发生变化。

电位标识方法是电子电路中常用的标识方法。在电子设备中，常常将公共线作为参考点并与机壳相连，通常称为"地线"。掌握这种标识方法，对于看电子设备电路图是很有帮助的。

3. 输入电阻计算

(1) 当一个二端网络的内部不含独立电源(可含受控源)时，其端口的等效电阻称为该网络(电路)的输入电阻。

(2) 网络输入电阻定义为端口电压 u 与端口电流 i 之比，即

$$r_i = \frac{u}{i}$$

注意在上式中，对端口而言，u、i 为关联参考方向。

(3) 求输入电阻时，一般可采用两种方法：①根据输入电阻的定义式计算，即在端口上加电压源(电流源)，计算端口电流(电压)后求得输入电阻；②利用电阻串并联或Y-△方法对网络进行等效变换后求得输入电阻。但对于含有受控源的二端口网络的输入电阻只能用方法①求得。

2.3.3 电路分析的几种分析方法

1. 基尔霍夫分析方法

对于任何一个电路，若电路有 n 个节点和 b 条支路，以支路电流为求解对象，则需要 b 个方程求解。

因电路有 n 个节点，可以根据 KCL 列出 $n-1$ 个独立方程。图论理论可以证明这个电路有 $b-n+1$ 个回路是独立的。所谓回路独立，就是回路中至少有一个支路是别的回路不包含的。可以利用 $b-n+1$ 个独立回路用 KVL 列出 $b-n+1$ 个独立方程。这样利用 KCL 和 KVL 就得到 $(n-1)+(b-n+1)=b$ 个独立方程，正好可以求解 b 个支路电流。

2. 网孔分析法

网孔分析法是以网孔电流为求解对象。网孔电流就是假定电流是在网孔内流动的电流，若求出网孔电流，则支路电流可以通过网孔电流求得。

网孔分析法的优点是：

(1) 网孔电流的个数要比支路电流的个数少得多，所需的求解方程个数也少得多，众所周知，线性方程组的维数越多，难度越大。

（2）每个方程有规律可循，可根据电路直接写出方程，这有利于利用计算机对电路进行辅助分析。自电阻是网孔内所有电阻之和，均为正；互电阻是两网孔的公共电阻，两网孔电流在互电阻上方向一致为正，否则为负。

3. 节点分析法

节点分析法是以电路中各节点电压为求解对象。节点电压的定义是：在电路中任选一节点为参考节点，求解其他各节点相对于参考节点的电位。节点分析法所需的方程个数是节点的数量减 1。

节点分析法的优点：

（1）一般电路节点的个数比电路支路的个数少得多，所以与网孔分析法一样，节点法可以使电路计算难度降低。

（2）节点分析法所列方程具有规律性，可以直接根据电路列出所需的所有方程，也便于计算机辅助分析。

（3）节点分析法相对于网孔分析法而言，它的规律性更强，即它的自电导全为正，互电导全为负。

（4）对于只有两个节点的电路，可采用弥尔曼定理进行分析，这是节点分析法的一个特例。

4. 各种分析法比较

（1）用基尔霍夫定理对电路进行分析，物理意义清晰，在电路不是很复杂的情况下，用此方法更直观、方便。

（2）在电路较为复杂时，用网孔分析法或节点分析法要比基尔霍夫定理分析法简单得多。

（3）网孔分析法只适用于平面网络，节点分析法无此限制。

（4）在节点数少于网孔数时，节点分析法要比网孔分析法简单；反之，若网孔数比节点数少时，网孔分析法要简单。

（5）电路中电压源较多时用网孔分析法较简单，电流源较多时用节点分析法较简单。当然，还要看电源在电路中的连接方式，若电压源连接在两个节点之间无电阻时，用节点电压法分析较简单，因为只要求出一个节点电压，另一个节点电压就可以得到。

2.4　习题选解

2-1　求图 2-1 所示各电路的等效电阻 R_{ab}，其中 $R_1 = R_2 = 1\Omega$，$R_3 = R_4 = 2\Omega$，$R_5 = 4\Omega$。

分析：对于电路串并联的求解时，要充分注意电路特点。

解：图 2-1a 将短路线缩为一点后，可知 R_4 被短路，R_1、R_2 和 R_3 并联，于是

$$R_{ab} = R_5 + R_1 /\!/ R_2 /\!/ R_3 = (4 + 1 /\!/ 1 /\!/ 2)\Omega = \left(4 + \frac{2}{5}\right)\Omega = 4.4\Omega$$

图 2-1b 电路并非串并联电路，但其具有对称结构，该电路称为平衡桥，由图 2-1 可知 c、d 两点等电位，那么流过 c、d 间的 R_2 的电流为 0，所以该支路可视为开路（视 c、d 短路有相同的结论），故可得

$$R_{ab} = R_1 /\!/ (R_1 + R_2) /\!/ (R_1 + R_2) = [1 /\!/ (1+1) /\!/ (1+1)]\Omega = 0.5\Omega$$

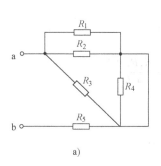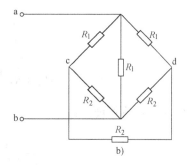

图 2-1   习题 2-1 电路图

2-2   图 2-2a 是由 T 形桥电路构成的衰减器。

（1）试证明当 $R_2 = R_1 = R_L$ 时，$R_{ab} = R_L$，且有 $u_o / u_i = 0.5$。

（2）试证明当 $R_2 = \dfrac{2R_1 R_L^2}{3R_1^2 - R_L^2}$ 时，$R_{ab} = R_L$，并求此时电压比 $\dfrac{u_o}{u_i}$。

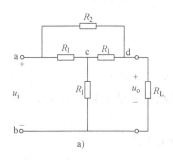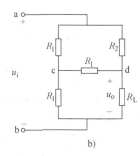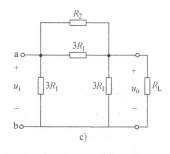

图 2-2   习题 2-2 电路图

证明：

（1）当 $R_2 = R_1 = R_L$ 时，此电路为平衡桥，将图 2-2a 改画为图 2-2b，可以清楚地看到，c、d 两点为等电位，可以将连于两点之间的 R_1 支路断开，从而可以得到一串并联电路（视 c、d 短路有相同的结论），得

$$R_{ab} = (R_1 + R_1) \,/\!/\, (R_2 + R_L) = 2R_L \,/\!/\, 2R_L = R_L$$

$$u_o = \frac{R_L}{R_2 + R_L} u_i = \frac{1}{2} u_i, \quad \frac{u_o}{u_i} = 0.5$$

（2）将由 3 个 R_1 组成的 Y 形联接转换成 △ 形联结得到图 2-2c 电路，电路的等效电阻为

$$R_{ab} = \frac{\left(\dfrac{3R_1 R_2}{3R_1 + R_2} + \dfrac{3R_1 R_L}{3R_1 + R_L} \right) \times 3R_1}{3R_1 + \dfrac{3R_1 R_2}{3R_1 + R_2} + \dfrac{3R_1 R_L}{3R_1 + R_L}}$$

根据题意，令 $R_{ab} = R_L$，解得

$$R_2 = \frac{2R_1 R_L^2}{3R_1^2 - R_L^2}$$

又由图 2-2c 可知

$$u_o = \frac{\dfrac{3R_1R_L}{3R_1+R_L}}{\dfrac{3R_1R_2}{3R_1+R_2}+\dfrac{3R_1R_L}{3R_1+R_L}}u_i$$

将 $R_2 = \dfrac{2R_1R_L^2}{3R_1^2-R_L^2}$ 代入上式后整理，得

$$\frac{u_o}{u_i}=\frac{3R_1-R_L}{3R_1+R_L}$$

2-3 求图 2-3 所示电路的等效电阻 R_{ab}，图中 $g=1S$。

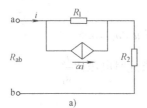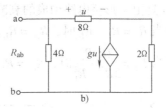

图 2-3 习题 2-3 电路图

分析：对于含有受控源(不含独立电源)的二端口电路等效电阻求解，一定要借助外加独立电源，然后求出端口的电压与电流之比，就是二端口电路的等效电阻。对于受控源可以根据需要进行电源变换，在进行电源变换时，与独立电源的变换是一样的，该题两个都是受控电流源与电阻并联，都可以转换成受控电压源与电阻串联的形式。

解：为了便于求解，将原电路重画为图 2-4，图中将电流源并联电阻的形式转换为电压源串联电阻的形式，在图 2-4a 中外加电流源(也可以外加电压源,关键是看哪种更简便)，在图 2-4b 中外加电压源。

对于图 2-4a，$R_{ab}=\dfrac{u_{ab}}{i}$，因为 $i=i_s$，所以只要求出 u_{ab} 即可。由于

$$u_{ab}=i_sR_1-\alpha i_sR_1+i_sR_2=i_s(R_1+R_2-\alpha R_1)$$

所以

$$R_{ab}=\frac{u_{ab}}{i}=\frac{u_{ab}}{i_s}=R_1+R_2-\alpha R_1$$

图 2-4 习题 2-3 电路求解图

对于图 2-4b，$R_{ab} = \dfrac{u_{ab}}{i}$，已知 $u_{ab} = u_s$，只要求出 i 即可。而

$$i = \left[\frac{u_s}{4} + \frac{u_s - u - (-2u)}{2} \right] = \left(\frac{u_s}{4} + \frac{u_s + u}{2} \right)$$

现在的问题是求出 u，由图 2-4 得

$$u = \frac{u_s - (-2u)}{8 + 2} \times 8 \quad \Rightarrow \quad u = -\frac{4}{3} u_s$$

代入上式后整理，得

$$i = \left(\frac{u_s}{4} - \frac{u_s}{6} \right) = \frac{u_s}{12}$$

所以

$$R_{ab} = \frac{u_{ab}}{i} = \frac{u_s}{i} = 12\Omega$$

2-4　求图 2-5a 中的 U_{ab} 以及图 2-5b 中的 U_{ab} 及 U_{bc}。

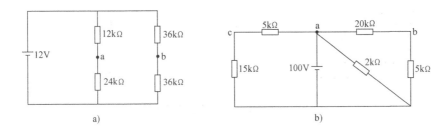

a)　　　　　　　　　　　　b)

图 2-5　习题 2-4 电路图

分析：要求两点间的电压，就是求沿一点到另一点的电压降，若经过的支路有电阻，先确定流过电阻的电流，然后再求电阻上的电压降。

解：(1) 参看求解图 2-6a，I_1 和 I_2 的电流参考方向如图 2-6 所示，其大小为

$$I_1 = \frac{U}{12\text{k}\Omega + 24\text{k}\Omega} = \frac{12}{36000}\text{A} = \frac{1}{3}\text{mA}$$

$$I_2 = \frac{U}{36\text{k}\Omega + 36\text{k}\Omega} = \frac{12}{72000}\text{A} = \frac{1}{6}\text{mA}$$

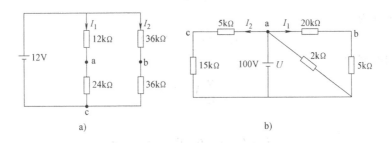

a)　　　　　　　　　　　　b)

图 2-6　习题 2-4 求解电路图

$$U_{ab} = U_{ac} + U_{cb} = I_1 \times 24\text{k}\Omega - I_2 \times 36\text{k}\Omega$$

$$= \frac{1}{3} \times 10^{-3} \times 24 \times 10^3 \text{V} - \frac{1}{6} \times 10^{-3} \times 36 \times 10^3 \text{V} = 2\text{V}$$

（2）参看求解图 2-6b，I_1 和 I_2 的电流参考方向见图 2-6b

$$I_1 = \frac{U}{R} = \frac{100}{20000 + 5000}\text{A} = 4\text{mA}$$

$$U_{ab} = I_1 \times 20000 = 4 \times 10^{-3} \times 20 \times 10^3 \text{V} = 80\text{V}$$

$$I_2 = \frac{U}{5\text{k}\Omega + 15\text{k}\Omega} = \frac{100}{20000}\text{A} = 5\text{mA}$$

$$U_{ac} = I_2 \times 5000\Omega = 5 \times 10^{-3} \times 5 \times 10^3 \text{V} = 25\text{V}$$

$$U_{bc} = U_{ba} + U_{ac} = -U_{ab} + U_{ac} = (-80 + 25)\text{V} = -55\text{V}$$

2-5　电路如图 2-7a 所示，已知 30Ω 电阻中的电流 $I_4 = 0.2\text{A}$，试求此电路的总电压 U 及总电流 I。

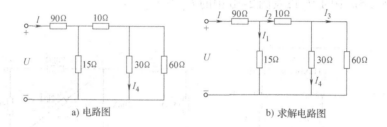

a) 电路图　　　　　　　　　　　　b) 求解电路图

图 2-7　习题 2-5 电路图与求解电路图

分析： 欲求端口电压和电流，由于已知一个支路的电流，所以可以由后向前逐步求解，直到问题得以解决。

解： 求解电路参考图 2-7b 电路图。已知 I_4，所以 30Ω 上的电压为

$$U_4 = I_4 R = 0.2 \times 30\text{V} = 6\text{V}$$

60Ω 中的电流为

$$I_3 = \frac{6}{60}\text{A} = 0.1\text{A}$$

于是

$$I_2 = I_3 + I_4 = (0.1 + 0.2)\text{A} = 0.3\text{A}$$

10Ω 上的电压降为

$$I_2 \times 10 = 0.3 \times 10\text{V} = 3\text{V}$$

15Ω 上的电压降为

$$U_4 + 3 = (6 + 3)\text{V} = 9\text{V}$$

15Ω 中流过的电流为

$$I_1 = \frac{9}{15}\text{A} = 0.6\text{A}$$

所以总电流为

$$I = I_1 + I_2 = (0.6 + 0.3)\text{A} = 0.9\text{A}$$

90Ω 上的电压降为

$$0.9 \times 90\text{V} = 81\text{V}$$

总电压为

$$U = (9 + 81)\text{V} = 90\text{V}$$

2-6 电路如图 2-8a 所示，若 10Ω 两端的电压为 24V，求 $R = ?$

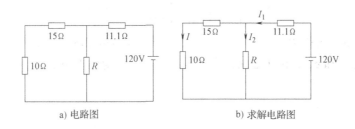

a) 电路图   b) 求解电路图

图 2-8 习题 2-6 电路图与求解电路图

分析：如题 2-4，此类习题都是从已知逐步推出结果。

解：已知 10Ω 两端的电压为 24V，10Ω 中的电流为

$$I = \frac{U}{10\Omega} = \frac{24}{10}\text{A} = 2.4\text{A}$$

15Ω 上的电压为

$$2.4 \times 15\text{V} = 36\text{V}$$

R 上的电压为

$$(24 + 36)\text{V} = 60\text{V}$$

11.1Ω 上的电压为

$$(120 - 60)\text{V} = 60\text{V}$$

11.1Ω 中流过的电流为

$$I_1 = \frac{60}{11.1}\text{A} = 5.4\text{A}$$

流过 R 中的电流为

$$I_2 = I_1 - I = (5.4 - 2.4)\text{A} = 3\text{A}$$

故电阻为

$$R = \frac{60}{3}\Omega = 20\Omega$$

2-7 电路如图 2-9 所示，求 R_1、R_2。

分析：该习题也是根据已知条件求出结果，该题目的是训练熟悉电位表示。

解：由 a 节点有电流方程（其中 I_1 是流过 R_2 的电流，方向朝下）

$$-20\text{mA} + 5\text{mA} + I_1 = 0\text{mA}$$

$$I_1 = 15\text{mA}$$

由 R_L 两端电压可以得到 a 点电位

$$U_a = 150\text{V}$$

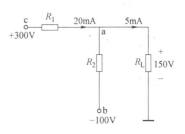

图 2-9 习题 2-7 电路图

$$U_{ab} = U_a - U_b = [150 - (-100)]V = 250V$$

$$R_2 = \frac{U_{ab}}{I_1} = \frac{250}{15 \times 10^{-3}}\Omega = 16.7k\Omega$$

$$U_{ca} = U_c - U_a = (300 - 150)V = 150V$$

$$R_1 = \frac{U_{ca}}{20mA} = \frac{150}{20 \times 10^{-3}}\Omega = 7.5k\Omega$$

2-8 6 个相等的电阻 R，均为 20Ω，构成一个闭合回路如图 2-10a 所示。若将一外电源依次作用 a 和 b、a 和 c、a 和 d 之间，求在各种情况下的等效电阻。

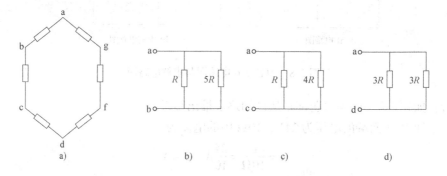

图 2-10 题 2-8 电路图

解：

（1）求 ab 之间的等效电阻。电路可画成图 2-10b，ab 之间的等效电阻为

$$R_{ab} = R /\!/ 5R = \frac{R \times 5R}{R + 5R} = \frac{5}{6}R = \frac{5}{6} \times 20\Omega = 16.7\Omega$$

（2）求 ac 之间的等效电阻。电路可改画成图 2-10c，ac 之间的等效电阻为

$$R_{ac} = 2R /\!/ 4R = \frac{2R \times 4R}{2R + 4R} = \frac{8}{6}R = \frac{8}{6} \times 20\Omega = 26.7\Omega$$

（3）求 ad 之间的等效电阻。电路可改画成图 2-10d

$$R_{ad} = 3R /\!/ 3R = \frac{3R \times 3R}{3R + 3R} = \frac{3}{2}R = \frac{3}{2} \times 20\Omega = 30\Omega$$

2-9 如图 2-11a 所示梯形网络，若输入电压为 U，求 U_a、U_b、U_c 和 U_d。

解： 运用等效电阻的概念，电路逐步化简为图 2-11b、c、d、e、f 等电路。

图 2-11f 中：
$$U_a = \frac{1}{2}U$$

图 2-11e 中：
$$U_b = \frac{1}{2}U_a = \frac{1}{4}U$$

图 2-11c 中：
$$U_c = \frac{1}{2}U_b = \frac{1}{8}U$$

图 2-11a 中：
$$U_d = \frac{1}{2}U_c = \frac{1}{16}U$$

2-10 求图 2-12a 电路中的 U。

解： 化 3 个电流源为电压源，得图 2-12b，再合并电压源得图 2-12c，其中

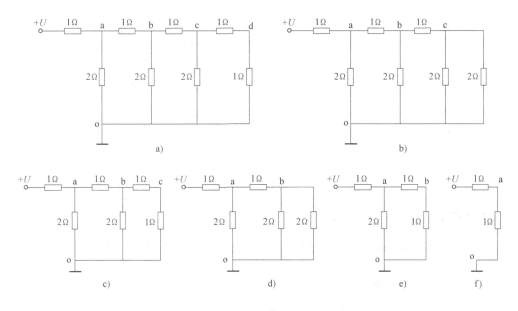

图 2-11 习题 2-9 电路图及求解电路图

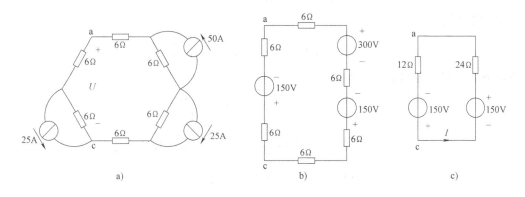

图 2-12 习题 2-10 电路图及求解电路图

$$U_{s1} = (50 \times 6)\text{V} = 300\text{V} \quad R_{s1} = 6\Omega$$
$$U_{s2} = (25 \times 6)\text{V} = 150\text{V} \quad R_{s1} = 6\Omega$$
$$U_{s2} = (25 \times 6)\text{V} = 150\text{V} \quad R_{s2} = 6\Omega$$

电路的总电流为

$$I = \frac{150+150}{12+24}\text{A} = \frac{75}{9}\text{A}$$

$$U = U_{ac} = I \times 12 - 150 = \left(\frac{75}{9} \times 12 - 150\right)\text{V} = -50\text{V}$$

2-11 求图 2-13a 电路的输入电阻 R_i。为什么 R_i 比 16Ω 还大？

解：求 R_i，即求 U 和 I 的关系，运用电源等效互换逐步简化图 2-13a。
500kΩ 电阻与 5kΩ 电阻并联为

$$500\text{k}\Omega /\!/ 5\text{k}\Omega = \frac{500 \times 5}{500+5}\text{k}\Omega = \frac{500}{101}\text{k}\Omega$$

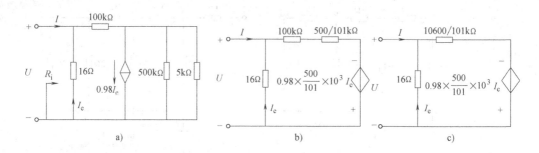

图 2-13 习题 2-11 电路图

把 $0.98I_e$ 受控电流源化为受控电压源

$$U_s = 0.98I_e \times \frac{500}{101} \times 10^3 \text{V} \qquad R_s = \frac{500}{101} \times 10^3 \Omega \qquad 得图 2\text{-}14\text{b}$$

合并 $100\text{k}\Omega$ 与 $\frac{500}{101}\text{k}\Omega$ 串联电阻得

$$\left(100 + \frac{500}{101}\right)\text{k}\Omega = \frac{10600}{101} \times 10^3 \Omega \quad 得图 2\text{-}13\text{c}$$

16Ω 上的电压降为

$$U = (-I_e \times 16)\text{V} \qquad I_e = \left(-\frac{U}{16}\right)\text{A}$$

两支路并联,另一支路上的电压降为

$$
\begin{aligned}
U &= \frac{10600}{101} \times 10^3 (I + I_e) - 0.98 \times \frac{500}{101} \times 10^3 I_e \\
&= \frac{10600}{101} \times 10^3 \left(I - \frac{U}{16}\right) - 0.98 \times \frac{500}{101} \times 10^3 \left(-\frac{U}{16}\right) \\
&= \frac{10600 \times 10^3}{101} I - \frac{10110 \times 10^3}{101 \times 16} U \\
&\approx \frac{10600 \times 10^3}{101} I - \frac{10^5}{16} U
\end{aligned}
$$

合并方程两边的 U,则得

$$R_i = \frac{U}{I} = \frac{106}{101} \times 16 \Omega = 16.79\Omega$$

另一种解法,参考图 2-14 所示电路图。由图 2-14b 得

$$I = \left(I_e + \frac{U - 4851I_e}{104950}\right)\text{A}$$

由图 2-14c 可得

$$I_e = \frac{U}{16}\text{A}$$

将 $I_e = \frac{U}{16}$ 代入上式后整理得

$$I = \frac{6257U}{104950}\text{A}$$

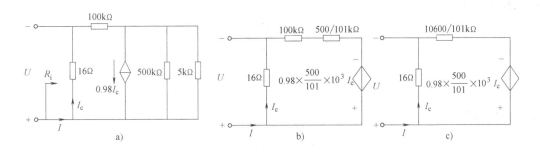

图 2-14 习题 2-11 电路图及求解电路图

$$R_i = \frac{U}{I} = 16.77\Omega$$

2-12 电路如图 2-15a 所示，（1）求电阻 R_{ab}；（2）求各支路电流以及 U_{ab}、U_{ad} 和 U_{ac}。

分析：直接看图 2-15a 电路图结构，很容易考虑用 Y-△ 转换后对电路求解，下面第一种解法即用此方法，但是仔细看结构后会发现电路的对称性，所以可以利用等电位的概念，将电路简化，从而使电路分析大大简化。

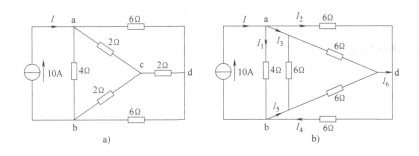

图 2-15 习题 2-12 电路图

解法一：将 a-d-b Y形网络变换为 △形网络

$$R_{12} = R_{23} = R_{31} = \frac{R_1 R_2 + R_2 R_3 + R_3 R_1}{R_1} = \frac{2 \times 2 + 2 \times 2 + 2 \times 2}{2}\Omega = 6\Omega$$

电路变成图 2-15b。

（1）$R_{ab} = 4//6//[(6//6)+(6//6)] = 4//6//6 = 4//3 = \frac{4 \times 3}{4+3}\Omega = \frac{12}{7}\Omega$

（2）各支路的电流及 U_{ab}、U_{ad} 和 U_{ac}

$$U_{ab} = I \times R_{ab} = 10 \times \frac{12}{7}V = \frac{120}{7}V$$

$$U_{ad} = \frac{1}{2}U_{ab} = \frac{60}{7}V \quad （电路的对称性）$$

ab 支路中电流

$$I_1 = \frac{U_{ab}}{4} = \frac{\frac{120}{7}}{4}A = \frac{30}{7}A$$

23

ad 支路中电流

$$I_2 = \frac{U_{ad}}{6} = \frac{\frac{60}{7}}{6}A = \frac{10}{7}A$$

$$I_4 = I_2 = \frac{10}{7}A$$

ac 支路中电流

$$I_3 = I - I_1 - I_2 = \left(10 - \frac{30}{7} - \frac{10}{7}\right)A = \frac{30}{7}A$$

bc 支路中电流

$$I_5 = I_4 + I_1 - I = \left(\frac{10}{7} + \frac{30}{7} - \frac{70}{7}\right)A = -\frac{30}{7}A$$

cd 支路中电流

$$I_6 = 0A$$

$$U_{ac} = I_3 \times 2 = \frac{30}{7} \times 2V = \frac{60}{7}V$$

或者

$$U_{ac} = \frac{1}{2}U_{ab} = \frac{60}{7}V$$

解法二：图 2-16 是第二种解法对应的电路。

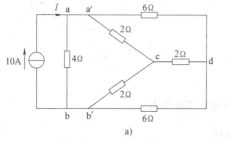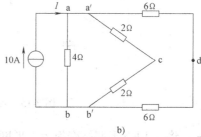

图 2-16　习题 2-12 的第二种解法电路

由图 2-16a 可知，从 a'-b' 向右看是对称的，所以 c 点和 d 点等电位，故 cd 间电流为 0，该支路可视为开路，于是电路可简化为图 2-16b。

$$R_{a'b'} = \frac{4 \times 12}{4 + 12}\Omega = 3\Omega$$

所以

$$R_{ab} = \frac{4 \times 3}{4 + 3}\Omega = \frac{12}{7}\Omega$$

$$U_{ab} = 10 \times R_{ab} = \frac{120}{7}V$$

$$U_{ad} = U_{ac} = \frac{U_{ab}}{2} = \frac{60}{7}V$$

2-13　试为图 2-17 所示的电路写出：

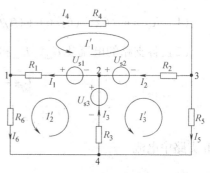

图 2-17　习题 2-13 电路图

（1）电流定律独立方程（支路电流为未知量）。

（2）电压定律独立方程（支路电流为未知量）。

（3）网孔方程。

（4）节点方程（参考节点任选）。

解：

（1）电流定律独立方程为

节点 1：$-I_1 + I_4 + I_6 = 0$

节点 2：$I_1 - I_2 - I_3 = 0$

节点 3：$I_2 - I_4 + I_5 = 0$

（2）电压定律独立方程为

回路 1321：$I_4 R_4 + I_2 R_2 + I_1 R_1 - U_{s1} - U_{s2} = 0$

回路 1421：$I_6 R_6 + I_3 R_3 + I_1 R_1 - U_{s1} - U_{s3} = 0$

回路 3423：$I_5 R_5 + I_3 R_3 - I_2 R_2 + U_{s2} - U_{s3} = 0$

（3）设网孔电流为 I_1'、I_2'、I_3' 如图 2-17 所示，则网孔方程为

$$(R_1 + R_2 + R_4)I_1' - R_1 I_2' - R_2 I_3' = -U_{s1} - U_{s2}$$
$$-R_1 I_1' + (R_1 + R_3 + R_6)I_2' - R_3 I_3' = U_{s1} + U_{s3}$$
$$-R_2 I_1' - R_3 I_2' + (R_2 + R_3 + R_5)I_3' = U_{s2} - U_{s3}$$

（4）选节点 2 为参考节点，则节点方程为

节点 1：$\left(\dfrac{1}{R_1} + \dfrac{1}{R_4} + \dfrac{1}{R_6}\right)U_1 - \dfrac{1}{R_4}U_3 - \dfrac{1}{R_6}U_4 = \dfrac{U_{s1}}{R_1}$

节点 3：$-\dfrac{1}{R_4}U_1 + \left(\dfrac{1}{R_2} + \dfrac{1}{R_4} + \dfrac{1}{R_5}\right)U_3 - \dfrac{1}{R_5}U_4 = -\dfrac{U_{s2}}{R_2}$

节点 4：$-\dfrac{1}{R_6}U_1 - \dfrac{1}{R_5}U_3 + \left(\dfrac{1}{R_3} + \dfrac{1}{R_5} + \dfrac{1}{R_6}\right)U_4 = -\dfrac{U_{s3}}{R_3}$

2-14　图 2-18 所示电路中，$U_s = 5\text{V}$、$R_1 = R_2 = R_4 = R_5 = 1\Omega$、$R_3 = 2\Omega$、$\mu = 2$，试求电压 U_1。

解法一：此电路共有 4 个节点，选 0 为参考节点，设节点 1、2、3 的电位分别为：U_{10}、U_{20}、U_{30}，由图 2-18 可见

$$U_{30} = -\mu U_2$$

而

$$U_2 = U_{20} - U_{10}$$

所以对于节点 3 可得方程

$$U_{30} = -\mu(U_{20} - U_{10})$$

节点 1、2 的方程为

节点 1：$\left(\dfrac{1}{R_1} + \dfrac{1}{R_3} + \dfrac{1}{R_5}\right)U_{10} - \dfrac{1}{R_3}U_{20} - \dfrac{1}{R_5}U_{30} = -\dfrac{U_s}{R_5}$

节点 2：$-\dfrac{1}{R_3}U_{10} + \left(\dfrac{1}{R_2} + \dfrac{1}{R_3} + \dfrac{1}{R_4}\right)U_{20} - \dfrac{1}{R_4}U_{30} = 0$

将已知数据代入上面几式，并整理得

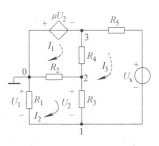

图 2-18　习题 2-14 电路图

25

$$2U_{10} - 2U_{20} - U_{30} = 0$$
$$\frac{5}{2}U_{10} - \frac{1}{2}U_{20} - U_{30} = -5$$
$$-\frac{1}{2}U_{10} + \frac{5}{2}U_{20} - U_{30} = 0$$

因为 $U_1 = -U_{10}$，因此仅解此方程组中的 U_{10} 即可

$$U_{10} = \frac{\begin{vmatrix} 0 & -2 & -1 \\ -5 & -\dfrac{1}{2} & -1 \\ 0 & \dfrac{5}{2} & -1 \end{vmatrix}}{\begin{vmatrix} 2 & -2 & -1 \\ \dfrac{5}{2} & -\dfrac{1}{2} & -1 \\ -\dfrac{1}{2} & \dfrac{5}{2} & -1 \end{vmatrix}} V = \frac{22.5}{-6} V = -3.75V$$

故

$$U_1 = -U_{10} = 3.75V$$

解法二： 采用网孔法（网孔电流参考方向如图 2-18 虚线所示）

$$(R_2 + R_4)I_1 - R_2 I_2 - R_4 I_3 = \mu(I_3 - I_2)R_3$$
$$-R_2 I_1 + (R_1 + R_2 + R_3)I_2 - R_3 I_3 = 0$$
$$-R_4 I_1 - R_3 I_2 + (R_3 + R_4 + R_5)I_3 = 5$$

$$2I_1 + 3I_2 - 5I_3 = 0$$
$$-I_1 + 4I_2 - 2I_3 = 0$$
$$-I_1 - 2I_2 + 4I_3 = 5$$

$$I_2 = \frac{\begin{vmatrix} 2 & 0 & -5 \\ -1 & 0 & -2 \\ -1 & 5 & 4 \end{vmatrix}}{\begin{vmatrix} 2 & 3 & -5 \\ -1 & 4 & -2 \\ -1 & -2 & 4 \end{vmatrix}} A = \frac{25 + 20}{32 - 10 + 6 - (8 - 12 + 20)} A = \frac{45}{12} A = 3.75A$$

$$U_1 = 3.75V$$

2-15 图 2-19 所示电路，求各支路电流。

解法一： 由于本题仍为平面电路，所以可用网孔电流法求解。网孔电流如图 2-19 中的虚线所示，（注意，也可以将 2A 的电流源与 2Ω 电阻并联，先进行电源转换，这样可以减少一个求解变量，即只有 3 个网孔，通过解 3 个网孔方程即可）显然有

$$I'_1 = 2A$$

其余的网孔电压方程为

$$[-2I'_1 + (2 + 4 + 2)I'_2 - 4I'_3 - 2I'_4]V = -24V$$
$$[-4I'_2 + (1 + 5 + 4)I'_3 - 5I'_4]V - (24 + 6 - 10)V$$

$$\left[-2I'_2 - 5I'_3 + (2+5+3)I'_4\right]V = 10V$$

整理得

$$\left.\begin{array}{r}(4I'_2 - 2I'_3 - I'_4)V = -10V\\(-4I'_2 + 10I'_3 - 5I'_4)V = 20V\\(-2I'_2 - 5I'_3 + 10I'_4)V = 10V\end{array}\right\}$$

解此方程组得(可用行列式,也可用消元法)

$$I'_2 = -\frac{5}{16}A, \quad I'_3 = \frac{25}{8}A, \quad I'_4 = \frac{5}{2}A$$

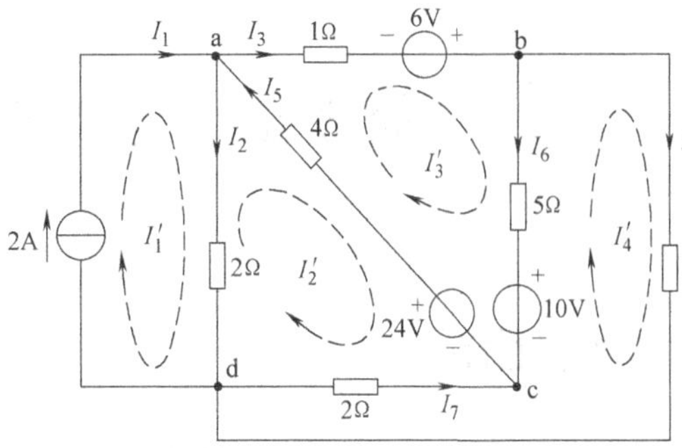

设备支路电流及方向如图 2-19 所示,则

$$\begin{aligned}I_1 &= I'_1 = 2A, \quad I_2 = I'_1 - I'_2 \approx 2.31A, \quad I_3\\&= I'_3 = 3.125A\end{aligned}$$

$$I_4 = I'_4 = 2.5A, \quad I_5 = I'_3 - I'_2 \approx 3.44A, \quad I_6 = I'_3 - I'_4 = 0.625A$$

$$I_7 = I'_4 - I'_2 \approx 2.81A$$

图 2-19 习题 2-15 电路图

解法二: 采用节点法,将 d 点设为参考节点,得

$$\left[\left(\frac{1}{2} + \frac{1}{4} + 1\right)U_a - U_b - \frac{1}{4}U_c\right]A = \left(2 + \frac{24}{4} - \frac{6}{1}\right)A$$

$$\left[-U_a + \left(1 + \frac{1}{3} + \frac{1}{5}\right)U_b - \frac{1}{5}U_c\right]A = \left(\frac{6}{1} + \frac{10}{5}\right)A$$

$$\left.\begin{array}{l}\left[-\frac{1}{4}U_a - \frac{1}{5}U_b + \left(\frac{1}{5} + \frac{1}{4} + \frac{1}{2}\right)U_c\right]A = \left(-\frac{6}{1} - \frac{10}{5}\right)A\end{array}\right\}$$

$$\left.\begin{array}{r}7U_a - 4U_b - U_c = 8\\-15U_a + 23U_b - 3U_c = 120\\-5U_a - 4U_b + 19U_c = -160\end{array}\right\}$$

$$\left.\begin{array}{c}U_a = \dfrac{7400}{1600}V = 4.625V\\U_b = 7.5V\\U_c = -5.625V\end{array}\right\}$$

$$I_2 = 2.313A$$

$$I_3 = \frac{4.625 - (-6 + 7.5)}{1}A = 3.125A$$

$$I_4 = \frac{7.5}{3}A = 2.5A$$

$$I_5 = -\frac{4.625 - (24 - 5.625)}{4}A = 3.44A$$

$$I_6 = \frac{7.5 - (-5.625 + 10)}{5}A = 0.625A$$

$$I_7 = -\frac{-5.625}{2}A = 2.813A$$

第 3 章　电路分析的几个定理

3.1　教学目标

上一章讨论了电阻电路的一般分析方法，这些方法的规律性较强，用这些分析方法通常计算量比较大，所以这些方法适合计算机辅助分析。对于电路规模不大的场合，很少采用计算机辅助分析手段。对电路中一些特定参数求解，可使用电路分析中一些定理，本章介绍电路分析中几个常用的定理，运用这些定理可简化电路分析。

本章首先介绍叠加定理和置换定理，然后重点介绍电路分析中的重要定理——戴维南定理和诺顿定理。

3.2　教学内容

1. 叠加定理和置换定理。
2. 戴维南定理和诺顿定理。
3. 用戴维南定理分析含有受控源的电路。

3.3　重点、难点指导

3.3.1　叠加定理

应用叠加定理的前提是电路中的元件必须是独立电源和线性电路元件。分析电路主要是分析电路在电源(或信号源)的作用下在某个元件(或端口)的电路变量(电压和电流)，若电路中有多个电源(或信号源)同时作用在电路上，其响应就是各个电源(或信号源)作用的一个综合结果。具体分析电路时，有时采用叠加定理可以使电路分析大大简化，因为在考虑一个电源作用时，需要将其他电源置零(即电压源短路、电流源开路)，这样往往使电路的结构简化，使电路分析的难度减小、计算简化，最后只需将各电源单独产生的响应进行代数求和即可。

在使用叠加定理时应注意：

（1）叠加定理只能用来计算电压和电流，若需计算功率应先分别计算出电压和电流后再计算出功率。

（2）计算响应时是代数和，即要考虑电压或电流的方向，若分量与总量相同时为"＋"，否则为"－"。

（3）若某个电源增加 K 倍，其对应的响应也增加 K 倍。

3.3.2 置换定理

置换定理在电路分析中使用较少，但在实际工作中用得较多。因为要知道某一个支路的电压或电流是要通过分析得来的，这样就需要大量的分析与计算工作，但在实际应用中，若对一个已有的电路进行功能改造，往往可以通过仪器、仪表测出某个支路的电压和电流，所以在设计增加功能的电路时，可以将原电路用电压源、电流源或电阻来考虑，将工作的重点放在新设计的电路上，而无需对原电路进行复杂的分析。

3.3.3 戴维南定理和诺顿定理及应用

戴维南定理就是指对于任何有源二端网络，都可以用一理想电压源串联电阻的形式来表示，理想电压源值的大小就是端口的开路电压值，如图 3-1a 所示，其电阻值的求解分以下几种情况讨论：

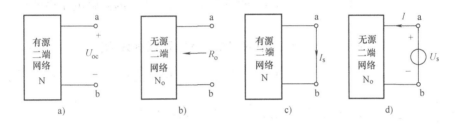

图 3-1 戴维南定理

（1）若网络中没有受控源，可以将网络中的所有独立电源置零，然后求出端口的电阻，如图 3-1b 所示。

（2）若网络中含有受控源，并且已求出端口开路电压，则可以将端口短路（注意此时原网络中的独立电源不能置零），求出短路电流，则等效电阻 $R_{ab} = \dfrac{U_{oc}}{I_s}$，如图 3-1c 所示。

（3）若网络中含有受控源，可将原网络中的所有理想独立电源置零，在端口处加独立电源 U_s，然后求出 I 的表达式，则等效电阻 $R_{ab} = \dfrac{U_s}{I}$，如图 3-1d 所示。

在分析电路时为了简化分析，往往可以在适当的位置断开电路，将部分电路用戴维南定理进行等效。断开电路时应掌握：

（1）对于含有像二极管这样的元件，在无法确定二极管两极电位高低时，就无法确定二极管是截止状态还是导通状态，也就无法对电路进行分析，这时可以利用戴维南定理确定二极管的工作状态。

（2）在一个复杂电路中，可以利用戴维南定理进行逐级简化，断开电路的原则是断开电路以后，可以使电路的结构简化。

在第 1 章中已讨论了电源转换，所以任何一个有源二端网络都可以等效为一个理想电压源与电阻串联的形式，当然也可以等效为一个电流源并联电阻的形式——即诺顿定理，这两种形式是可以相互转换的，所以重点只需关心戴维南定理即可。

3.4　习题选解

3-1　网络"A"与"B"连接如图3-2a所示，求使 I 为零的 U_s 值。

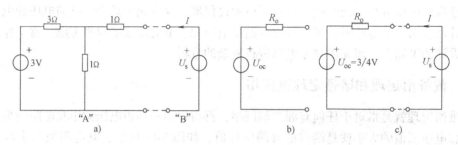

图3-2　习题3-1电路图

分析：求使 I 为零时的 U_s，只要使 U_s 的值等于网络"A"的开路电压值即可，因此可将"A"网络用戴维南定理等效。

解：根据戴维南定理可知，图3-2a中的网络"A"可以等效为图3-2b电路，其中等效电源为：$U_{oc} = \dfrac{3}{3+1} \times 1\text{V} = \dfrac{3}{4}\text{V}$。当该等效电路与"B"网络连接时，如图3-2c所示，只要

$U_s = U_{oc} = \dfrac{3}{4}\text{V}$，电流 I 就恒等于零(注意根据此题意,无需求出 R_o)。

3-2　(1) 图3-3a电路中 R 是可变的，问电流 I 的可能最大值及最小值各为多少?

(2) 问 R 为何值时, R 的功率最大?

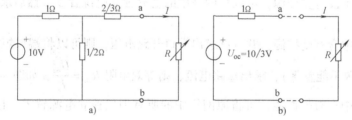

图3-3　习题3-2电路图

分析：R 可调，所以 I 的值大小很难直接看出，若将电路由a-b处开路，求出左边电路的戴维南等效电路，就可以很容易确定 I 的值。

解：由图3-3a可算得a、b端左边部分的开路电压为

$$U_{oc} = \frac{10}{1+\dfrac{1}{2}} \times \frac{1}{2}\text{V} = \frac{10}{3}\text{V}$$

其等效电阻为

$$R_o = \left(\frac{2}{3} + \frac{1 \times \dfrac{1}{2}}{1 + \dfrac{1}{2}} \right)\Omega = 1\Omega$$

根据戴维南定理，图3-3a可以简化为图3-3b，由图3-3b所示电路可知

(1) 当 $R = \infty$ 时，$I = 0$，为最小；当 $R = 0$ 时，I 为最大，其值为

$$I = \frac{\frac{10}{3}}{1}A = \frac{10}{3}A$$

(2) 当 $R = R_o = 1\Omega$ 时，可获得最大功率。

3-3　求图 3-4a 所示电路中 $3k\Omega$ 电阻上的电压(提示:将 $3k\Omega$ 两边分别化为戴维南等效电路)。

分析：为求 $3k\Omega$ 电阻上电压 U，先将图 3-4a 中 $3k\Omega$ 电阻两边电路均用戴维南等效电路代替，问题就变得非常容易了。

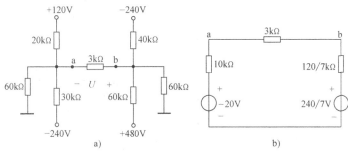

图 3-4　习题 3-3 电路图

解：对于左边电路由弥尔曼定理有

$$U_{oc1} = \frac{\frac{120}{20} - \frac{240}{30}}{\frac{1}{20} + \frac{1}{60} + \frac{1}{30}}V = -20V, \quad R_{o1} = 20 /\!/ 30 /\!/ 60 k\Omega = 10k\Omega$$

对于右边电路由弥尔曼定理有

$$U_{oc2} = \frac{\frac{480}{60} - \frac{240}{40}}{\frac{1}{60} + \frac{1}{60} + \frac{1}{40}}V = \frac{240}{7}V, \quad R_{o2} = 60 /\!/ 60 /\!/ 40 k\Omega = \frac{120}{7}k\Omega$$

所以图 3-4a 可以简化为图 3-4b，由图 3-4b 得

$$U = \frac{\frac{240}{7} + 20}{3 + 10 + \frac{120}{7}} \times 3V = \frac{380 \times 3}{211}V \approx 5.4V$$

3-4　试求图 3-5a 所示的桥式电路中，流过 5Ω 电阻的电流。

分析：欲求流过 5Ω 电阻的电流，如果将该支路断开，电路就变成一个简单电路，很容易求出开路电压，当然在求等效内阻时，尽管不是简单电路，但可以通过Y-△转换，也容易求出等效内阻。所以我们采用戴维南定理对此题进行分析。

解：用戴维南定理求解，为此将 5Ω 支路断开，则图 3-5a 可化简为图 3-5b，由图 3-5b 所示电路，利用弥尔曼定理可计算出

$$U_{30} = \frac{\frac{100}{10}}{\frac{1}{10} + \frac{1}{1+4} + \frac{1}{2+3}}V = 20V$$

$$I' = I'' = \frac{U_{30}}{1+4} = \frac{U_{30}}{2+3} = \frac{20}{5}\text{A} = 4\text{A}$$

所以图 3-5a 中 5Ω 支路断开后 1、2 端的开路电压为

$$U_{\text{oc}} = U_{12} = -I' \times 1\Omega + 2\Omega \times I'' = (-4+8)\text{V} = 4\text{V}$$

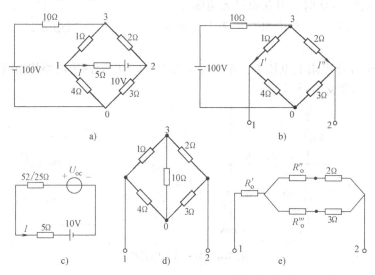

图 3-5　习题 3-4 电路图

再求由 1、2 端看进的等效电阻 R_{o}，为此将图 3-5b 按要求化简为图 3-5d，并进一步利用 Y-△ 变换把图 3-5d 左边 △ 形转换成 Y 形后，化简为图 3-5e 所示电路，其中

$$R_{\text{o}}' = \frac{1 \times 4}{1+4+10}\Omega = \frac{4}{15}\Omega \qquad R_{\text{o}}'' = \frac{1 \times 10}{1+4+10}\Omega = \frac{2}{3}\Omega \qquad R_{\text{o}}''' = \frac{4 \times 10}{1+4+10}\Omega = \frac{8}{3}\Omega$$

由图 3-5e 所示电路可求得

$$R_{\text{o}} = R_{\text{o}}' + (R_{\text{o}}'' + 2) /\!/ (R_{\text{o}}''' + 3) = \left[\frac{4}{15} + \frac{\left(\frac{2}{3}+2\right)\left(\frac{8}{3}+3\right)}{\left(\frac{2}{3}+2\right) + \left(\frac{8}{3}+3\right)} \right]\Omega = \frac{52}{25}\Omega$$

所以图 3-5a 所示电路可以化简为图 3-5c 所示的戴维南等效电路，由图 3-5c 可求得

$$I = \frac{-(10-4)}{\frac{52}{25}+5}\text{A} = -0.85\text{A}$$

3-5　试推导出图 3-6a 所示电路的戴维南等效电路，如图 3-6b 所示，并写出推导过程。

分析：对于含受控源的电路分析时，求解戴维南等效电路的等效电阻时要特别注意，不能将所有电源置零求其等效电阻，只能是：①将原电路中的所有独立电源置零，外接电源 U，然后求出流入网络的电流 I，则等效电阻为 $R_{\text{o}} = U/I$；②原电路中的独立电源不置零，求出短路电流 I_{sc}，其等效电阻为 $R_{\text{o}} = U_{\text{oc}}/I_{\text{sc}}$。在具体求解过程中要视具体情况来决定采用哪种方法更简便，本题中由于控制量正好是开路电压，因此短路以后受控源就为零，此方法略简。一般情况下，若原网络中有多个电源，所以采用方法①会简单些。

解：首先求图 3-6a 中 a、b 端的开路电压 U_{oc}，为此可将图 3-6a 的受控源进行电源转换，得图 3-6c 电路，并注意到受控源是受 U_{ab} 的控制，即受待求的开路电压 U_{oc} 控制，由图 3-6c

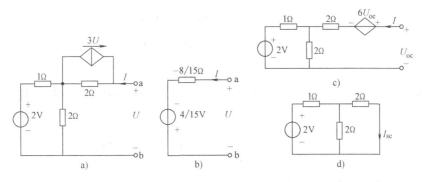

图 3-6 习题 3-5 电路图

可得

$$U_{oc} = 6U_{oc} + \frac{2}{1+2} \times 2\text{V} = 6U_{oc} + \frac{4}{3}\text{V}$$

解出

$$U_{oc} = -\frac{4}{15}\text{V}$$

再求 R_o。为此将图 3-6a 化简为图 3-6d，其中受控源 $3U$ 的处理是：由于将 a、b 短路，因此，此时的 $U=0$，故 $3U$ 为零，即受控电流源的电流为零。由图 3-6d 可得 a、b 端短路电流为

$$I_{sc} = \frac{2}{1+2/\!/2} \times \frac{1}{2}\text{A} = \frac{1}{2}\text{A}$$

所以

$$R_o = \frac{U_{oc}}{I_{sc}} = \frac{-\dfrac{4}{15}}{\dfrac{1}{2}}\Omega = -\frac{8}{15}\Omega$$

根据以上计算可以将图 3-6a 所示的电路化简为图 3-6b 所示的戴维南等效电路。

3-6   求图 3-7a 所示电路的 U_a。

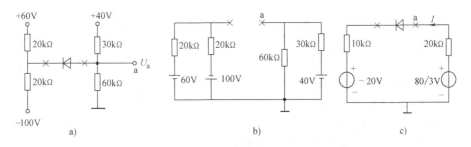

图 3-7 习题 3-6 电路图

分析：对于含有二极管的电路分析，必须知道二极管的状态，若二极管处于导通状态，可直接将电路连通；若二极管截止，则左半部分电路对 U_a 没有影响。为此，将二极管支路从 "×" 处断开，分别求二极管两边电路的戴维南等效电路，以便确定二极管的状态。

解：由图 3-7b 可以求得左、右网络得

$$U_{oc1} = \left(\frac{60+100}{20+20} \times 20 - 100 \right)\text{V} = -20\text{V}$$

$$R_{o1} = 20\text{k}\Omega /\!/ 20\text{k}\Omega = 10\text{k}\Omega$$

$$U_{oc2} = \frac{40}{60+30} \times 60\text{V} = \frac{80}{3}\text{V}$$

$$R_{o2} = 60\text{k}\Omega /\!/ 30\text{k}\Omega = 20\text{k}\Omega$$

所以图 3-7a 可以简化为图 3-7c，由图 3-7c 所示电路很容易断定二极管是处在导通状态，故

$$U_a = \left[\frac{-\left(\frac{80}{3}+20\right)}{10+20} \times 20 + \frac{80}{3} \right]\text{V} \approx -4.4\text{V}$$

3-7　求图 3-8 所示电路的电压 U_{ab}。

分析：该电路有两个激励电源，若分别让一个电源作用在电路上，电路就可简化，所以采用叠加定理分析此电路。

解：电压源单独作用，电流源开路时，对节点 1 应用弥尔曼定理，得

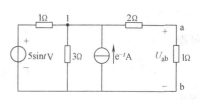

图 3-8　习题 3-7 电路图

$$\left(1 + \frac{1}{3} + \frac{1}{2+1}\right)\text{S} \times U_1' = \frac{5\sin t}{1}\text{A}$$

解得

$$U_1' = 3\sin t\text{V}$$

所以有

$$U_{ab}' = \left(\frac{U_1'}{2+1} \times 1\right)\text{V} = \sin t\text{V}$$

电压源短路，电流源单独作用时，对节点 1 应用弥尔曼定理，得

$$\left(1 + \frac{1}{3} + \frac{1}{2+1}\right)U_1'' = e^{-t}$$

解得

$$U_1'' = \frac{3}{5}e^{-t}\text{V}$$

所以

$$U_{ab}'' = \frac{U_1''}{2+1} \times 1 = 0.2e^{-t}\text{V}$$

将两个电源单独作用所产生的响应进行代数叠加得

$$U_{ab} = U_{ab}' + U_{ab}'' = (\sin t + 0.2e^{-t})\text{V}$$

3-8　如图 3-9 所示电路图，已知网络 N 为线性网络，当电压源 U_{s2} 不变，电流源 I_s 和电压源 U_{s1} 反向时，电压 U_{ab} 是原来的 0.5 倍；当电压源 U_{s1} 不变，电流源 I_s 和电压源 U_{s2} 反向时，电压 U_{ab} 是原来的 0.3 倍。问：当 U_{s1} 和 U_{s2} 均不变，仅 I_s 反向，电压 U_{ab} 为原来的几倍？

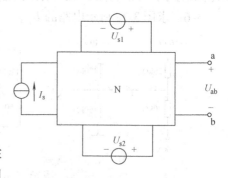

图 3-9　习题 3-8 电路图

分析：此题是根据已知的 3 个电源变化导致响应变化的情况来分析，因此只能利用叠加

定理进行分析。

解：设
$$U_{ab} = K_1 I_s + K_2 U_{s1} + K_3 U_{s2} \qquad ①$$
式中，K_1、K_2 和 K_3 为未知的比例常数，将已知条件代入上式，得
$$0.5 U_{ab} = -K_1 I_s - K_2 U_{s1} + K_3 U_{s2} \qquad ②$$
$$0.3 U_{ab} = -K_1 I_s + K_2 U_{s1} - K_3 U_{s2} \qquad ③$$
将式①、式②和式③相加，得
$$1.8 U_{ab} = -K_1 I_s + K_2 U_{s1} + K_3 U_{s2}$$
即当 U_{s1} 和 U_{s2} 均不变，仅 I_s 反向，电压 U_{ab} 为原来的 1.8 倍。

3-9　如图 3-10 所示电路图，$U_{s1} = 10V$，$U_{s2} = 15V$，当开关 S 在位置 1 时，电流 $I = 40mA$；当开关 S 合向位置 2 时，电流 $I = -60mA$，如果把开关 S 合向位置 3，电流 I 为多少？

分析：该电路实际相当于两个电源，一个是不变的电流源 I_s，另一个是变化的电压源，已知电压源为 0 和 10V 时对应的电流 I 的值，需求解的问题是当电压源变为 15V 时对应的电流值。只能使用叠加定理进行分析。

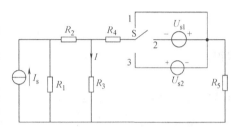

图 3-10　习题 3-9 电路图

解：设
$$I = K_1 I_s + K_2 U_s$$

当开关 S 在位置 1 时，相当于 $U_s = 0$，当开关 S 在位置 2 时，相当于 $U_s = U_{s1}$，当开关 S 在位置 3 时，相当于 $U_s = -U_{s2}$，把上述条件代入方程式中，得
$$40mA = K_1 I_s$$
$$-60mA = K_1 I_s + K_2 U_{s1} = 40mA + K_2 \times 10V$$
解得
$$K_2 = -10$$
所以当开关 S 在位置 3 时，有
$$I = K_1 I_s + K_2 U_s = [40 + (-10) \times (-15)]mA = 190mA$$

3-10　图 3-11 所示电路图中电阻 R 可变，试问 R 为何值时可吸收最大功率？求此功率。

分析：解题思路参见题 3-2。

解：首先求 R 以左部分的戴维南等效电路。断开 R 求开路电压 U_{oc}，如图 3-12a 所示。

先求受控量 I，由 KVL 可得
$$6V = 2\Omega \times I + 2\Omega \times (I + 4I)$$
解得
$$I = 0.5A$$
所以，开路电压为
$$U_{oc} = 2(I + 4I) + 2I = 6V$$

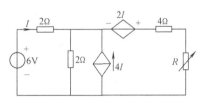

图 3-11　习题 3-10 电路图

再求短路电流 I_{sc}，把受控电流源和电阻并联电路转化为受控电压源和电阻串联电路，如图 3-12b 所示，用网孔法求解 I_{sc}，可设网孔电流分别为 I 和 I_{sc}，得

$$(2+2)\Omega \times I - 2\Omega \times I_{sc} = 6V - 8I$$
$$-2\Omega \times I + (2+4)\Omega \times I_{sc} = 2I + 8I$$

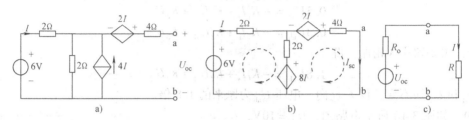

图 3-12   题 3-10 的求解电路图

解得

$$I_{sc} = 1.5A$$

故戴维南等效电阻为：$R_o = U_{oc}/I_{sc} = 4\Omega$，得到如图 3-12c 所示的戴维南等效电路。

根据负载上获得最大功率条件，当 $R = R_o$ 时负载可吸收最大功率，该功率为

$$P = \frac{U_{oc}^2}{4R_o} = \frac{36}{16}W = 2.25W$$

3-11   如图 3-13a 所示电路，已知当 $R_x = 8\Omega$ 时，电流 $I_x = 1A$。求当 R_x 为何值时，$I_x = 0.5A$。

分析：将电路除 R_x 外的电路用戴维南电路等效，然后再根据 I_x 的值就容易确定 R_x。根据已知条件直接求 U_{oc} 不方便，若能先求出戴维南等效电路电阻，再求 U_{oc} 就容易些。在求戴维南等效电路的电阻时，采用将原电路中的独立电源置零，然后外加电压源的求法要比求短路电流简单。

解：原电路的戴维南等效电路如图 3-13b 所示。

为了求解等效电阻 R_o，原电路独立电源置零，原电阻 R_x 换为电源 U_o，产生的电流为 I_o，如图 3-13c 所示，由图 3-13 可知 $I_o = I$（在封闭面用 KCL）。由 KVL，有

$$4\Omega \times (3I+I) + 6\Omega \times I = U_o$$

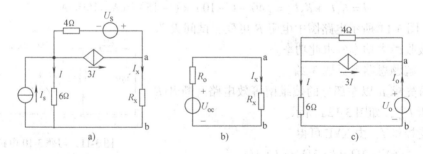

图 3-13   习题 3-11 电路图

所以

$$R_o = \frac{U_o}{I} = \frac{U_o}{I} = 22\Omega$$

再由已知条件，得到

$$I_{\mathrm{x}} = \frac{U_{\mathrm{oc}}}{R_{\mathrm{o}} + R_{\mathrm{x}}} = \frac{U_{\mathrm{oc}}}{22\Omega + 8\Omega} = 1\mathrm{A}$$

所以

$$U_{\mathrm{oc}} = 30\mathrm{V}$$

要使 $I_{\mathrm{x}} = 0.5\mathrm{A}$，则

$$R_{\mathrm{x}} = \frac{U_{\mathrm{oc}}}{I_{\mathrm{x}}} - R_{\mathrm{o}} = 38\Omega$$

3-12 求图 3-14a 所示电路 a、b 端口的诺顿等效电路。

分析：戴维南定理是求出开路电压与等效内阻，诺顿定理则是求出短路电流与等效电阻，该题将 a、b 端口短路很容易求出短路电流，求等效电阻似乎很复杂，但仔细观察会发现这是一平衡桥，即 c、d 两点等电位，所以 c、d 后的电路可视为短路。

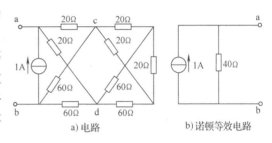

图 3-14 习题 3-12 电路及其诺顿等效电路

解：将图 3-14a 电路中 a、b 短路，可得到短路电流为

$$I_{\mathrm{sc}} = 1\mathrm{A}$$

等效电阻为

$$R_{\mathrm{o}} = 20\Omega /\!/ 20\Omega + 60\Omega /\!/ 60\Omega = 40\Omega$$

其等效诺顿定理如图 3-14b 所示。

3-13 电路如图 3-15a 所示，已知电感电压 $u_{\mathrm{L}}(t) = 4\mathrm{e}^{-t}\mathrm{V}$，电感电流 $i_{\mathrm{L}}(t) = (1.2 - 2.4\mathrm{e}^{-t})\mathrm{A}$。试用置换定理求电流 i_1 和电压 u_2。

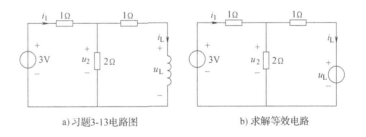

a) 习题3-13电路图   b) 求解等效电路

图 3-15 习题 3-13 电路及其求解等效电路

分析：由于已知电感电压和电感电流，所以可以将电感元件用电压源或电流源替代，替代后的电路是两个电源作用，所以可以以用叠加定理求出电流 i_1 和电压 u_2。

解：用图 3-15b 电路代替 3-15a 电路，用叠加定理求解图 3-15b 的 i_1 和 u_2，则

$$i'_1 = \frac{3}{1 + \frac{2}{3}}\mathrm{A} = 1.8\mathrm{A}$$

$$i_1'' = \frac{u_L}{1 + \frac{2}{3}} \times \frac{-2}{3}\text{A} = -1.6e^{-t}\text{A}$$

$$i_1 = i_1' + i_1'' = (1.8 - 1.6e^{-t})\text{A}$$

$$u_2' = \frac{3}{1 + \frac{2}{3}} \times 3\text{V} = 1.2\text{V}$$

$$u_2'' = \frac{3}{1 + \frac{2}{3}} \times u_L = 1.6e^{-t}\text{V}$$

$$u_2 = u_2' + u_2'' = (1.2 + 1.6e^{-t})\text{V}$$

第4章 动态电路分析方法

4.1 教学目标

含有电容、电感元件的电路是动态电路，动态电路中若无电源作用，电路是否有响应？若电路的激励是直流电源，电感元件和电容元件对电路是否有影响？要回答这些问题，就要研究电路的过渡过程。

若电路无电源作用，如果电路中存在储能元件（电感和电容），储能元件中存储的能量会在电路中产生响应。

若电路在直流电源作用下，电路达到稳态后，电容相当于开路，电感相当于短路。但是，电路换路时，电感和电容元件对电路响应是否有影响？答案是肯定的。

动态电路分析就是研究电路在切换过程中，动态元件对电路响应的影响及其响应规律。

若作用在电路的电源不是直流电源，动态电路分析方法也是有效的，只是在动态电路分析时，求解微分方程的非齐次解时不是常数，而是激励电源变化的规律函数（例如正弦电源等）。

本章将讨论只含一个动态元件的一阶电路和含有两个动态元件的二阶电路，研究动态元件存在的电路变化规律。

4.2 教学内容

1. 一阶电路分析。
2. 二阶电路分析。

4.3 重点、难点指导

4.3.1 微分方程的求解

微分方程是描述动态电路的数学工具，所以求解微分方程就是分析动态电路的关键。

微分方程 $\dfrac{\mathrm{d}^2 y}{\mathrm{d}x^2} + P(x)\dfrac{\mathrm{d}y}{\mathrm{d}x} + Q(x) = f(x)$，当 $f(x) \equiv 0$ 时，称为齐次方程；否则，称为非齐次方程。若 $P(x)$、$Q(x)$ 为常数，则称为常系数微分方程。

微分方程的通解等于微分方程一个特解与对应的齐次微分方程的通解之和。求解微分方程时先求齐次通解（所谓通解就是解中含有不定常数），然后再根据 $f(x)$ 的形式确定一个特解，并将特解和齐次通解叠加，最后利用初始条件确定微分方程解中的不定常数即可。

一阶和二阶电路对应的是一阶和二阶微分方程，由于一般限于讨论线性电路元件，所以对应的是一阶和二阶线性常系数微分方程。

4.3.2　一阶电路分析

1. 零输入响应与零状态响应

所谓零输入响应就是无外部输入时电路的响应。电路的响应能量来自储能元件中所存储的能量。其响应随着能量消耗逐渐衰减。

所谓零状态响应就是动态元件存储能量为 0 时外部激励作用于电路产生的响应。

2. 一阶电路三要素法

三要素法是求电路的完全响应，对于只求零状态响应或零输入响应也适用。

$$y(t) = y(\infty) + \left[y(0_+) - y(\infty) \right] e^{-\frac{t}{\tau}}$$

对于 RC 电路：$y(\infty) = u_\mathrm{C}(\infty)$，$y(0_+) = u_\mathrm{C}(0_+)$，$\tau = RC$

对于 RL 电路：$y(\infty) = i_\mathrm{L}(\infty)$，$y(0_+) = i_\mathrm{L}(0_+)$，$\tau = L/R$

4.3.3　二阶电路参数讨论

二阶电路是电路中包含一个电容元件和一个电感元件，描述二阶电路的微分方程为

$$LC \frac{\mathrm{d}^2 u_\mathrm{C}(t)}{\mathrm{d}t^2} + RC \frac{\mathrm{d}u_\mathrm{C}(t)}{\mathrm{d}t} + u_\mathrm{C}(t) = u_\mathrm{s}(t)$$

为了简化讨论，只讨论零输入响应，即 $u_\mathrm{s}(t) = 0$ 的情况。

非振荡条件是电路参数满足 $\left(\dfrac{R}{2L}\right)^2 > \dfrac{1}{LC}$，其零输入响应不产生振荡。

振荡条件是电路参数满足 $\left(\dfrac{R}{2L}\right)^2 < \dfrac{1}{LC}$，其响应将产生振荡，当 $R \neq 0$ 时是衰减振荡，当 $R = 0$ 时是等幅振荡。

显然，电路参数 $\left(\dfrac{R}{2L}\right)^2 = \dfrac{1}{LC}$ 是临界振荡状态。

4.4　习题选解

4-1　图 4-1 所示电路中的开关闭合已经很久，$t = 0$ 时断开开关，试求 $u_\mathrm{C}(0_+)$ 和 $u(0_+)$。

分析：在进行动态电路分析时要特别注意的问题是：只有电感电流和电容电压不能发生跳变，而不能保证其他电路变量不发生跳变。

解：开关 S 断开之前，由于时间很长，所以电容相当于开路，故

$$u_\mathrm{C}(0_-) = 40\mathrm{V}$$
$$u(0_-) = 40\mathrm{V}$$

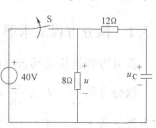

图 4-1　习题 4-1 电路图

开关断开后，有

$$u_\mathrm{C}(0_+) = u_\mathrm{C}(0_-) = 40\mathrm{V}$$
$$u(0_+) = \frac{u_\mathrm{C}(0_+)}{8+12} \times 8\mathrm{V} = 16\mathrm{V}$$

4-2 电路如图4-2所示,电源电压为24V,且电路原已达到稳态,$t=0$时合上开关S,则电感电流 $i_L(t)=$ _____ A。

分析:由于电路原已达到稳态,故电感两端电压为0,合上开关S后,加在6Ω电阻两端电压也为0,该电阻中电流为0,故电感电流为合上开关S前的稳态电流,即:$i_L(t)=24\text{V}/12Ω=2\text{A}$。

用三要素公式可以得到同样的结果,电感电流初始值 $i_L(0_+)=2\text{A}$,稳态值 $i_L(\infty)=2\text{A}$,时间常数 $\tau=L/R=4/(12/\!/6)\text{s}=1\text{s}$,所以

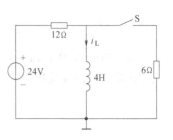

图4-2 习题4-2电路

$$i_L(t)=i_L(\infty)+[i_L(0_+)-i_L(\infty)]e^{-\frac{t}{\tau}}=2\text{A}+[2-2]e^{-t}\text{A}=2\text{A}$$

由此可知,该电路开关闭合前后,电路状态不变,无过渡过程。

4-3 电路如图4-3a所示,在$t=0$时开关闭合,闭合前电路已达到稳态,求$t\geq0$时的电流$i(t)$。

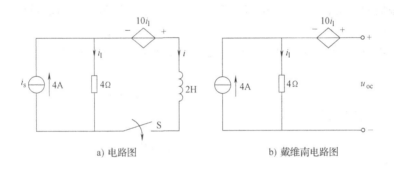

a) 电路图   b) 戴维南电路图

图4-3 习题4-3电路及戴维南电路图

解:开关闭合前,电感中的电流为0。开关闭合后,由于电感电流不能跳变,故
$$i(0_+)=i(0_-)=0\text{A}$$
当$t\to\infty$后,电感可看做短路,由KVL得
$$10i_1+4Ω\times i_1=0\text{V}$$
得到稳态时电流
$$i_1=0\text{A}$$
所以,电感稳态电流
$$i(\infty)=i_s-i_1=(4-0)\text{A}=4\text{A}$$
把电感断开,(此时$i_1=4\text{A}$)如图4-3b所示,可得开路电压
$$u_{oc}=10i_1+4i_1=14i_1=56\text{V}$$
短路电流等于$i(\infty)$,所以戴维南等效电阻为
$$R_0=\frac{u_{oc}}{i_{sc}}=\frac{u_{oc}}{i(\infty)}=\frac{56}{4}Ω=14Ω$$
故原电路时间常数为
$$\tau=\frac{L}{R_0}=\frac{1}{7}\text{s}$$

利用三要素公式，可得

$$i(t) = \left[4 + (0-4) e^{-7t} \right] A = 4 \left(1 - e^{-7t} \right) A$$

4-4 电路如图 4-4a 所示，$i(t) = 10 \text{mA}$、$R = 10 \text{k}\Omega$、$L = 1 \text{mH}$。开关接在 a 端为时已久，在 $t = 0$ 时开关由 a 端拨向 b 端，求 $t \geqslant 0$ 时，$u(t)$、$i_R(t)$ 和 $i_L(t)$，并绘出波形图。

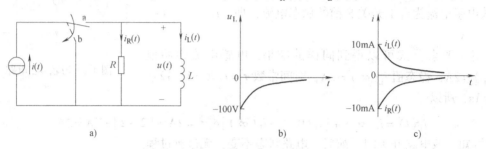

图 4-4 习题 4-4 电路及波形图

分析：开关处于 a 位置已久，即电路已达到稳态，可以很容易确定流过电感中的电流，当开关从 a 端拨向 b 端，右边电路与电源断开，主要是电感储能作用在电路上，讨论由电感的储能所引起的零输入响应。

解：图 4-4a 开关在 a 位置时，电感中的电流也即开关切换到位置 b 电感中的电流初始值为

$$i_L(0_+) = i_L(0_-) = i(t) = 10 \text{mA}$$

由图 4-4a，$t \geqslant 0$ 时的电路，可列出

$$L \frac{di_L}{dt} + R i_L = 0 \quad t \geqslant 0$$

时间常数为

$$\tau = \frac{L}{R} = \frac{10^{-3}}{10 \times 10^3} \text{s} = 10^{-7} \text{s}$$

其解为

$$i_L(t) = i_L(0) e^{-\frac{t}{\tau}} = 10 e^{-10^7 t} \text{mA} \quad t \geqslant 0$$

则

$$u_L(t) = L \frac{di_L}{dt} = L i_L(0) \left(-\frac{1}{\tau} \right) e^{-\frac{t}{\tau}} = L i_L(0) \left(-\frac{R}{L} \right) e^{-\frac{t}{\tau}}$$

$$= -10 \times 10^{-3} \times 10 \times 10^3 e^{-10^7 t} \text{V} = -100 e^{-10^7 t} \text{V} \quad t \geqslant 0$$

而

$$i_R(t) = -i_L(t) = -10 e^{-10^7 t} \text{mA} \quad t \geqslant 0$$

其波形图如图 4-4b、c 所示。

4-5 电路如图 4-5 所示，开关接在 a 端为时已久，在 $t = 0$ 时开关拨至 b 端，求 3Ω 电阻中的电流。

分析：

（1）当达到稳态以后，电容为开路，所以流过 1Ω 电阻和电容串联支路的电流为零，因此，电容两端的电压就是并联支路 2Ω 支路两端的电压。

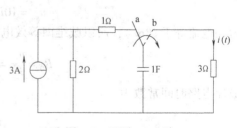

图 4-5 习题 4-5 电路

（2）欲求的电流可能发生跳变，所以先求出连续量电容电压，再根据电压求出电流。

解：当开关在位置 a 已久时

$$u_C(0_-) = 3 \times 2V = 6V$$

当开关拨至 b 端时电容电压的初始值

$$u_C(0_+) = u_C(0_-) = 6V$$

当开关拨至 b 端时电容电压的稳态值

$$u_C(\infty) = 0V$$

$$\tau = RC = 3s$$

由三要素法得

$$u_C(t) = u_C(\infty) + [u_C(0) - u_C(\infty)]e^{-\frac{t}{\tau}} = 6e^{-\frac{t}{3}}V$$

故

$$i(t) = -C\frac{du_C(t)}{dt} = -1 \times 6 \times \left(-\frac{1}{3}\right)e^{-\frac{t}{3}}A = 2e^{-\frac{t}{3}}A$$

4-6　电路如图 4-6 所示，开关 S 在 $t < 0$ 时一直打开，在 $t = 0$ 时突然闭合。求 $u(t)$ 的零输入响应和零状态响应。

分析：

（1）直接用三要素法。使用三要素法的初始值和稳态值只能是电容电压和电感电流，因为电容电压和电感电流不能发生跳变，是连续的。开关闭合以后，时间常数由两个电阻并联后，再与电容构成 RC 电路。

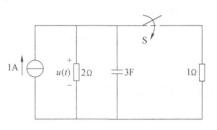

图 4-6　习题 4-6 电路

（2）分别求出零输入响应和零状态响应。

解法一：三要素法，$u(t)$ 与电容两端电压相等，所以求出 $u_C(t)$ 即可。

开关闭合前

$$u_C(0_-) = 1 \times 2V = 2V$$

开关闭合后

$$u_C(0_+) = u_C(0_-) = 2V$$

$$\tau = R_0 C = (2 /\!/ 1) \times 3s = 2s$$

$$u_C(\infty) = 1 \times (1 /\!/ 2)V = \frac{2}{3}V$$

所以

$$u_C(t) = u_C(\infty) + (u_C(0) - u_C(\infty))e^{-\frac{t}{\tau}}$$

$$= \left[\frac{2}{3} + \left(2 - \frac{2}{3}\right)e^{-0.5t}\right]V$$

$$= \left[2e^{-0.5t} + \frac{2}{3}(1 - e^{-0.5t})\right]V \quad t \geqslant 0$$

解法二：分别求出零输入响应和零状态响应（可以直接解微分方程,也可以直接利用结论）。

零输入响应

$$u'_C = U_0 e^{-\frac{t}{\tau}} = 1 \times 2 e^{-0.5t} \text{V} = 2e^{-0.5t} \text{V} \quad t \geqslant 0$$

零状态响应

$$u''_C = RI_s \left(1 - e^{-\frac{t}{\tau}}\right) = \frac{2 \times 1}{2+1} \times 1 \left(1 - e^{-0.5t}\right) \text{V} = \frac{2}{3} \left(1 - e^{-0.5t}\right) \text{V} \quad t \geqslant 0$$

4-7 电路如图 4-7 所示，已知

$$u_s(t) = \begin{cases} 0 & t < 0 \\ 1 & t \geqslant 0 \end{cases}$$

且 $u_C(0) = 5\text{V}$。求输出电压 $u_o(t)$ 的零输入响应和零状态响应。

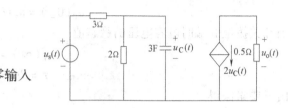

图 4-7 习题 4-7 电路

分析：若欲求解 $u_o(t)$，由图的右半部分可知 $u_o(t) = -0.5 \times 2u_C(t)$，所以只要知道 $u_C(t)$ 即可，要求解 $u_C(t)$ 可从图的左半部分求得。

解：当 $t < 0$ 时，$u_s(t) = 0$，无电源作用电路，但已知 $u_C(0) = 5\text{V}$

电路的时间常数为

$$\tau = R_o C = (3\Omega /\!/ 2\Omega) \times 3\text{F} = \frac{18}{5}\text{s} \quad (\text{式中}, R_o \text{ 是戴维南等效电路电阻})$$

$$u_C(0_+) = u_C(0_-) = 5\text{V}$$

$u_C(t)$ 的零输入响应

$$u'_C(t) = u_C(0_+)e^{-\frac{t}{\tau}} = 5e^{-\frac{5}{18}t}\text{V} \quad t \geqslant 0$$

$u_o(t)$ 的零输入响应

$$u'_o(t) = -2u'_C(t) \times 0.5 = -5e^{-\frac{5}{18}t}\text{V} \quad t \geqslant 0$$

当 $t \geqslant 0$ 时，$u_s(t) = 1$ 作用在电路，$u_C(t)$ 的零状态响应

$$u''_C(t) = \frac{2}{2+3} \times 1 \times \left(1 - e^{-\frac{5}{18}t}\right)\text{V} = \frac{2}{5}\left(1 - e^{-\frac{5}{18}t}\right)\text{V} \quad t \geqslant 0$$

$u_o(t)$ 的零状态响应

$$u''_o = \left[-2u''_C(t) \times 0.5\right]\text{V} = -\frac{2}{5}\left(1 - e^{-\frac{5}{18}t}\right)\text{V} \quad t \geqslant 0$$

4-8 电路如图 4-8 所示，电容 $C = 0.2\text{F}$ 时零状态响应 $u_C(t) = 20(1 - e^{-0.5t})\text{V}$。现若 $C = 0.05\text{F}$，且 $u_C(0_-) = 5\text{V}$，其他条件不变，求 $t \geqslant 0$ 时的全响应 $u_C(t)$。

分析：先求出原电路的戴维南等效电路，如图 4-8b 所示，首先确定等效电路参数，因为已知 $C = 0.2\text{F}$ 时的零状态响应，根据这个已知条件，就能确定 R_o 和 U_{oc}。确定了 R_o 和 U_{oc} 后，就可以在此电路上进一步进行分析。

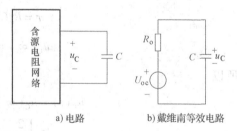

a) 电路   b) 戴维南等效电路

图 4-8 习题 4-8 电路及戴维南等效电路

解：由图 4-8 可知电容 C 电压的零状态响应为

$$u_C(t) = U_{oc}\left(1 - e^{-\frac{t}{\tau}}\right)\text{V}$$

根据已知条件，得：$U_{oc} = 20\text{V}$，$\tau = 2\text{s}$。因为 $\tau = R_o C$，所以 $R_o = 2/0.2\,\Omega = 10\Omega$

当电容 $C = 0.05\text{F}$ 时，时间常数 $\tau = 10 \times 0.05 = 0.5\text{s}$。电容电压初始值为 $u_\text{C}(0_+) = 5\text{V}$，稳态值为 $u_\text{C}(\infty) = 20\text{V}$，由三要素公式，可以得到全响应

$$u_\text{C}(t) = u_\text{C}(\infty) + [u_\text{C}(0_+) - u_\text{C}(\infty)]\text{e}^{-\frac{t}{\tau}} = \left(20 - 15\text{e}^{-2t}\right)\text{V}$$

4-9　如图4-9a所示电路中，$t = 0$ 时开关 S 闭合，在开关闭合前电路已处于稳态，求电流 $i(t)$。

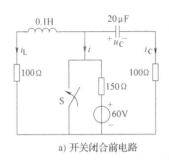 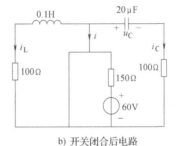

a) 开关闭合前电路　　　　　　　b) 开关闭合后电路

图4-9　习题4-9 电路图

分析：原电路开关 S 闭合后，左边 RL 回路和右边 RC 回路中的 i_L 和 u_C 可以求出，由 u_C 可以得到 i_C，从而可以得到 $i(t) = -[i_\text{L}(t) + i_\text{C}(t)]$。

解：开关闭合前电路(图4-9a)已处于稳态，电感相当于短路，电容相当于开路，于是可以得到电容和电感的初始条件

$$i_\text{L}(0_+) = i_\text{L}(0_-) = 60/(100 + 150)\text{A} = 0.24\text{A}$$
$$u_\text{C}(0_+) = 100 \times i_\text{L}(0_-) = 100 \times 0.24\text{V} = 24\text{V}$$

开关闭合后电路如图4-9b所示，短路线把电路分成了3个相互独立的回路。

由 R、L 串联回路，可得

$$i_\text{L}(t) = i_\text{L}(0_+)\text{e}^{-\frac{t}{\tau}} = 0.24\text{e}^{-\frac{100}{0.1}t}\text{A} = 0.24\text{e}^{-1000t}\text{A}$$

由 R、C 串联回路可得

$$u_\text{C}(t) = u_\text{C}(0_+)\text{e}^{-\frac{t}{RC}} = 24\text{e}^{-500t}\text{V}$$

所以，电容电流为

$$i_\text{C}(t) = C\frac{\text{d}u_\text{C}}{\text{d}t} = -0.24\text{e}^{-500t}\text{A}$$

根据 KCL，所求的电流为

$$i(t) = -[i_\text{L}(t) + i_\text{C}(t)] = 0.24(\text{e}^{-500t} - \text{e}^{-1000t})\text{A}$$

4-10　电路如图4-10所示，开关 S 在 $t = 0$ 时打开，打开前电路已处于稳态，求 $u_\text{C}(t)$、$i_\text{L}(t)$。

分析：在开关打开后，没有电源作用在电路上，但在开关打开前，电容和电感中已存储有能量，所以，这是一个求二阶电路零输入的问题。

解：开关打开前电路处于稳态，有

$$i_\text{L}(0_-) = \frac{150}{(1 + 4) \times 10^3}\text{A} = 0.03\text{A}$$

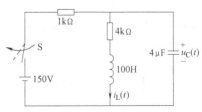

图4-10　习题4-10 电路

$$u_C(0_-) = \frac{4}{1+4} \times 150\text{V} = 120\text{V}$$

当 $t=0$ 时，开关打开，由于电感电流、电容电压均不跃变，有

$$i_L(0_+) = i_L(0_-) = 0.03\text{A}$$

$$u_C(0_+) = u_C(0_-) = 120\text{V}$$

当 $t \geqslant 0$ 时，根据基尔霍夫电压定律有

$$Ri_L + L\frac{di_L}{dt} - u_C = 0$$

而

$$i_L = -C\frac{du_C}{dt}$$

代入上式并整理得

$$LC\frac{d^2 u_C}{dt^2} + RC\frac{du_C}{dt} + u_C = 0$$

此微分方程的特征方程是

$$LCs^2 + RCs + 1 = 0$$

由于 $\left(\dfrac{R}{2L}\right)^2 - \dfrac{1}{LC} = 400 - 2500 < 0$　所以是属于二阶电路的振荡情况，衰减系数为

$$\alpha = \frac{R}{2L} = \frac{4 \times 10^3}{2 \times 100} = 20$$

电路的谐振角频率

$$\omega_0 = \frac{1}{\sqrt{LC}} = \frac{1}{\sqrt{100 \times 4 \times 10^{-6}}}\text{rad/s} = 50\text{rad/s}$$

衰减振荡角频率

$$\omega_d = \sqrt{\omega_0^2 - \alpha^2} = \sqrt{50^2 - 20^2}\text{rad/s} = 10\sqrt{21}\text{rad/s}$$

又因为

$$\phi = \arcsin\frac{\alpha}{\omega_0} = \arcsin\frac{20}{50} = \arcsin\frac{2}{5}$$

$$u_C(t) = u_C(0)\frac{\omega_0}{\omega_d}e^{-\alpha t}\cos(\omega_d t - \phi) + \frac{i_L(0)}{\omega_d C}\sin\omega_d t$$

$$= 120 \times \frac{50}{10\sqrt{21}}e^{-20t}\cos\left(10\sqrt{21}t - \arcsin\frac{2}{5}\right) + \frac{-0.03}{10\sqrt{21} \times 4 \times 10^{-6}}e^{-20t}\sin(10\sqrt{21}t)$$

$$= \frac{600}{\sqrt{21}}e^{-20t}\cos\left(10\sqrt{21}t - \arcsin\frac{2}{5}\right) - \frac{750}{\sqrt{21}}e^{-20t}\sin(10\sqrt{21}t)$$

根据上式可以容易计算出电感电流

$$i_L(t) = -C\frac{du_C}{dt} \quad (略)$$

4-11　图 4-11 所示电路中，已知：

$$i_s(t) = \begin{cases} 0 & t < 0 \\ 1 & t \geqslant 0 \end{cases}$$

电导 $G = 5\mathrm{S}$，电感 $L = 0.25\mathrm{H}$，电容 $C = 1\mathrm{F}$，求电流 $i_{\mathrm{L}}(t)$。

分析： 由于初始条件为 0，在 $t \geq 0$ 时，有一电流源 $i_{\mathrm{s}}(t) = 1$ 作用在电路上，所以是二阶电路零状态响应。

解： 电路的初始值为

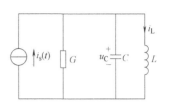

$$u_{\mathrm{C}}(0_+) = 0\mathrm{V}, \quad i_{\mathrm{L}}(0_+) = 0\mathrm{A}$$

图 4-11 习题 4-11 电路

$t \geq 0$ 后，电路的方程为

$$LC \frac{\mathrm{d}^2 i_{\mathrm{L}}}{\mathrm{d}t^2} + GL \frac{\mathrm{d}i_{\mathrm{L}}}{\mathrm{d}t} + i_{\mathrm{L}} = 1$$

特征方程为

$$0.25s^2 + 1.25s + 1 = 0$$

特征根为

$$s_1 = -1, \quad s_2 = -4$$

微分方程的通解为

$$i_{\mathrm{L}}(t) = k_1 \mathrm{e}^{-t} + k_2 \mathrm{e}^{-4t} + 1$$

代入初始条件 $i_{\mathrm{L}}(0_+) = 0$ 以及 $u_{\mathrm{C}}(0_+) = u_{\mathrm{L}}(0_+) = L \dfrac{\mathrm{d}i_{\mathrm{L}}}{\mathrm{d}t} = 0$，得

$$\left. \begin{array}{l} k_1 + k_2 + 1 = 0 \\ k_1 + 4k_2 = 0 \end{array} \right\}$$

解得

$$k_1 = -\frac{4}{3}, \quad k_2 = \frac{1}{3}$$

所以，电流为

$$i_{\mathrm{L}}(t) = \left(1 - \frac{4}{3} \mathrm{e}^{-t} + \frac{1}{3} \mathrm{e}^{-4t} \right) \mathrm{A}$$

47

第 5 章　正弦稳态电路分析

5.1　教学目标

本章教学目的是使学生掌握正弦稳态电路的分析方法——相量分析法。先介绍正弦信号概念以及正弦信号的相量表示，然后再介绍电路分析定理的相量形式和电路元件的相量模型，最后介绍正弦电路的应用——电路谐振。

5.2　教学内容

1. 正弦信号的基本概念。
2. 基本定理和基本元件的相量形式。
3. 相量法分析。
4. 电路谐振。

5.3　重点、难点指导

5.3.1　正弦信号基本概念

电压正弦信号表达式（电流的正弦信号表达式形式相同）

$$u(t) = U_m \sin(\omega t + \theta)$$

正弦信号三要素是幅值 U_m、角频率 ω 和初相角 θ。其中

$$U_m = \sqrt{2}U \qquad U \text{ 为有效值}$$
$$\omega = 2\pi f \qquad f \text{ 为频率}$$
$$\theta \qquad\qquad \text{可以是角度，也可以是弧度}$$

5.3.2　复数的概念

复数运算是正弦稳态电路分析法的数学工具，掌握复数运算和如何将正弦信号与复数建立关系是关键。

1. 正弦信号与复数之间的关系

欧拉公式

$$e^{jx} = \cos x + j\sin x$$

根据欧拉公式有

$$U_m e^{j(\omega t + \theta_i)} = U_m \cos(\omega t + \theta_i) + jU_m \sin(\omega t + \theta_i)$$

显然虚部即为正弦信号的表示形式，所以必须先熟悉复数运算。

2. 复数运算

（1）复数表示形式

$$
\begin{aligned}
A &= a_1 + \mathrm{j}a_2 \\
&= a\mathrm{e}^{\mathrm{j}\theta} \\
&= a\angle\theta
\end{aligned}
$$

（2）各种形式转换关系

$$
\left.
\begin{aligned}
a &= \sqrt{a_1^2 + a_2^2} \\
\theta &= \arctan\frac{a_2}{a_1}
\end{aligned}
\right\}
$$

$$
\left.
\begin{aligned}
a_1 &= \mathrm{Re}[A] = a\cos\theta \\
a_2 &= \mathrm{Im}[A] = a\sin\theta
\end{aligned}
\right\}
$$

（3）复数运算

设 $A = a_1 + \mathrm{j}a_2 = a\mathrm{e}^{\mathrm{j}\theta_A}$，$B = b_1 + \mathrm{j}b_2 = b\mathrm{e}^{\mathrm{j}\theta_B}$，则

$$
\begin{aligned}
A \pm B &= (a_1 + \mathrm{j}a_2) \pm (b_1 + \mathrm{j}b_2) \\
&= (a_1 \pm b_1) + \mathrm{j}(a_2 \pm b_2)
\end{aligned}
$$

$$
A \cdot B = ab\mathrm{e}^{\mathrm{j}(\theta_A + \theta_B)} = ab\angle(\theta_A + \theta_B)
$$

$$
\frac{A}{B} = \frac{a}{b}\mathrm{e}^{\mathrm{j}(\theta_A - \theta_B)} = \frac{a}{b}\angle(\theta_A - \theta_B)
$$

5.3.3 基本定理和电路元件相量形式

1. 正弦信号相量表示

以电压相量为例（电流相量形式相同）

$$
\begin{aligned}
u(t) &= U_\mathrm{m}\sin(\omega t + \theta_u) \\
&= \mathrm{Im}[U_\mathrm{m}\mathrm{e}^{\mathrm{j}(\omega t + \theta_u)}] = \mathrm{Im}[\dot{U}_\mathrm{m}\mathrm{e}^{\mathrm{j}\omega t}]
\end{aligned}
$$

式中，$\dot{U}_\mathrm{m} = U_\mathrm{m}\mathrm{e}^{\mathrm{j}\theta_u}$，称为正弦信号 $u(t) = U_\mathrm{m}\sin(\omega t + \theta_u)$ 的相量形式，即电压相量只考虑了正弦信号三要素中的幅值 U_m 和初相 θ，而忽略了角频率 ω，这是考虑到正弦电路达到稳态以后，电路中各处的频率相等。

2. 基尔霍夫定律相量形式

KCL 相量形式（对于节点）

$$
\sum_{k=1}^{n}\dot{I}_{km} = 0 \quad \text{或} \quad \sum_{k=1}^{n}\dot{I}_k = 0
$$

KVL 相量形式（对于回路）

$$
\sum_{k=1}^{n}\dot{U}_{km} = 0 \quad \text{或} \quad \sum_{k=1}^{n}\dot{U}_k = 0
$$

3. 基本元件伏安特性的相量表示

电阻元件：$\dot{U} = R\dot{I}$

电感元件：$\dot{U} = \mathrm{j}\omega L\dot{I}$

电容元件：$\dot{U} = \dfrac{1}{\mathrm{j}\omega C}\dot{I} = -\mathrm{j}\dfrac{1}{\omega C}\dot{I}$

4. 相量模型

所谓相量模型，就是将电路中正弦电压源和电流源用相量形式表示，电压变量和电流变量用相量形式表示，电阻、电感和电容用阻抗形式表示。

电阻阻抗形式：$Z_R = R$

电感阻抗形式：$Z_L = j\omega L$

电容阻抗形式：$Z_C = \dfrac{1}{j\omega C} = -j\dfrac{1}{\omega C}$

5.3.4 电路谐振

谐振条件，对于含有 R、L、C 二端口网络，端口电压 $\dot{U}$ 与端口电流 $\dot{i}$ 同相位。根据这一条件可知，只有当阻抗的虚部为零才能满足这个条件。使虚部为 0 的频率为谐振频率。

谐振分为串联谐振和并联谐振。串联谐振常用于无线接收设备中，并联谐振常用于带通滤波、选频电路等。

5.4 习题选解

5-1 若 $i_1(t) = \cos\omega t \text{A}$，$i_2(t) = \sqrt{3}\sin\omega t \text{A}$，求 $i_1(t) + i_2(t)$。

解：设 $i(t) = i_1(t) + i_2(t)$，各电流均为同频率的余弦波，即

$$i_1(t) = \cos\omega t \text{A}，\quad i_2(t) = \sqrt{3}\sin\omega t = \sqrt{3}\cos(\omega t - 90°)\text{A}$$

以相量表示后得

$$\dot{I}_m = \dot{I}_{1m} + \dot{I}_{2m}$$

根据已知条件，有

$$\dot{I}_{1m} = 1\angle 0°\text{A} = 1\text{A}，\quad \dot{I}_{2m} = \sqrt{3}\angle -90°\text{A} = -j\sqrt{3}\text{A}$$

所以

$$\dot{I}_m = (1 - j\sqrt{3})\text{A} = 2\angle -60°\text{A}$$

与相量 $\dot{I}$ 相对应的余弦电流 $i(t)$ 为

$$i(t) = i_1(t) + i_2(t) = 2\cos(\omega t - 60°)\text{A}$$

注：交变信号既可以用正弦表示也可以用余弦表示，两者仅差 90° 相位差，所以此处用余弦表示。

5-2 已知 $u_{ab} = 100\cos(314t + 30°)\text{V}$，$u_{bc} = 100\sin(314t + 60°)\text{V}$，在用相量法求 u_{ac} 时，下列 4 种算法的答案哪些是正确的？哪些是不正确的，错在何处？

上面两式可等效为：$u_{ab} = 100\sin(314t + 120°)\text{V}$，$u_{bc} = 100\cos(314t - 30°)\text{V}$

方法一：（以 cos 为标准算）

$$\dot{U}_{abm} = (86.6 + j50)\text{V}$$

$$\dot{U}_{bcm} = (86.6 - j50)\text{V}$$

$$\overline{\dot{U}_{abm} + \dot{U}_{bcm} = (173.2 + j0)\text{V}}$$

$$u_{ac} = 173.2\cos 314t \text{V}$$

方法二：

$$\dot{U}_{abm} = (86.6 + j50)\text{V}$$

$$\dot{U}_{bcm} = (50 + j86.6)\text{V}$$

$$\overline{\dot{U}_{abm} + \dot{U}_{bcm} = (136.6 + j136.6)\text{V}}$$

$$u_{ac} = 193.4\cos(314t + 45°)\text{V}$$

方法三：（以 SIN 为标准算）

$$\dot{U}_{abm} = (-50 + j86.6)\,V$$

$$\dot{U}_{bcm} = (50 + j86.6)\,V$$

$$\overline{\dot{U}_{abm} + U_{bcm} = (0 + j173.2)\,V}$$

$$u_{ac} = 173.2\sin\left(314t + \frac{\pi}{2}\right)V$$

方法四：

$$\dot{U}_{abm} = (-50 + j86.6)\,V$$

$$\dot{U}_{bcm} = (86.6 - j50)\,V$$

$$\overline{\dot{U}_{abm} + U_{bcm} = (36.6 + j36.6)\,V}$$

$$u_{ac} = 51.7\sin(314t + 45°)V$$

解： 方法一、三是正确的，方法二、四是错误的，它们的错误在于：在同一问题中采用了两种不同的标准来表示交变量，方法二中，$\dot{U}_{abm}$ 是 $\cos\omega t$ 为标准写出的，而 $\dot{U}_{bcm}$ 则是用 $\sin\omega t$ 为标准写出的，其结果显然是不正确的。方法四中，$\dot{U}_{abm}$ 是用 $\sin\omega t$ 为标准写出的，$\dot{U}_{bcm}$ 则是用 $\cos\omega t$ 为标准写出的，其结果仍然是不正确的。因此在分析正弦稳态电路时，虽然既可以用正弦表示也可以用余弦表示，但在分析题时只能选其中一种，不可混用，否则将导致错误。

5-3　（1）指出图 5-1a 所示相量模型是否正确。

（2）指出下列各式是否有错。

$$\dot{I} = \frac{\dot{U}}{R + \omega L}; \quad I_m = \frac{U_m}{R + \omega L}; \quad \dot{U}_L = \dot{U}\frac{j\omega L}{R + j\omega L}; \quad \dot{U}_R = \dot{U}\frac{R}{R + \omega L}$$

$$\dot{U} = \dot{U}_L + \dot{U}_R; \quad u = u_L + u_R; \quad U_m = U_{Lm} + U_{Rm}$$

解：（1）图 5-1a 所示的相量模型有错误，因为电流应该用相量表示，而电感需用感抗表示，故应改成如图 5-1b 所示的相量模型。

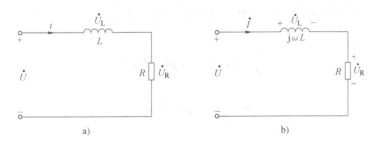

图 5-1　习题 5-3 电路相量图

（2）式 $\dot{U}_L = \dot{U}\frac{j\omega L}{R + j\omega L}$; $\dot{U} = \dot{U}_L + \dot{U}_R$; $u = u_L + u_R$ 是正确的，其余各式均有错。

式 $\dot{I} = \frac{\dot{U}}{R + \omega L}$ 应改为 $\dot{I} = \frac{\dot{U}}{R + j\omega L}$（欧姆定理在正弦稳态电路中的形式）

式 $I_m = \frac{U_m}{R + \omega L}$，应改为 $I_m = \frac{U_m}{\sqrt{R^2 + (\omega L)^2}}$，或改为 $\dot{I}_m = \frac{\dot{U}_m}{R + j\omega L}$

式 $\dot{U}_R = \dot{U}\frac{R}{R + \omega L}$ 应改为 $\dot{U}_R = \dot{U}\frac{R}{R + j\omega L}$

式 $U_m = U_{Lm} + U_{Rm}$ 应改为 $\dot{U}_m = \dot{U}_{Lm} + \dot{U}_{Rm}$。

5-4　电路如图 5-2a 所示，问频率 ω 为多大时，稳态电流 $i(t)$ 为零？

分析： 阻抗的值不仅取决于电路参数，还取决于电路的信号频率，利用相量分析法求出电流表达式，求出电流为 0 时的电路工作频率即可。

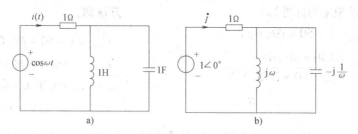

图 5-2　习题 5-4 电路图及相量图

解：画出原电路的相量模型如图 5-2b 所示，根据欧姆定律有

$$\dot{I} = \frac{1\angle 0°}{1 + \dfrac{j\omega\left(-j\dfrac{1}{\omega}\right)}{j\omega - j\dfrac{1}{\omega}}}\text{A} = \frac{\omega^2 - 1}{\omega^2 - 1 - j\omega}\text{A} = \frac{(\omega^2 - 1)(\omega^2 - 1 + j\omega)}{(\omega^2 - 1)^2 + \omega^2}\text{A} = \frac{(\omega^2 - 1)^2 + j\omega(\omega^2 - 1)}{(\omega^2 - 1)^2 + \omega^2}\text{A}$$

令 $\dot{I} = 0$，则有

$$\left.\begin{array}{l} (\omega^2 - 1)^2 = 0 \quad （实部） \\ \omega(\omega^2 - 1) = 0 \quad （虚部） \end{array}\right\}$$

解之得，当 $\omega = \pm 1$ 时，实部和虚部均为 0，舍去负值后得 $\omega = 1$。

故当 $\omega = 1\text{rad/s}$ 时，LC 并联电路发生谐振，其阻抗为无穷大，此时的电路相当于开路，故稳态电流为零。

5-5　若某电路的阻抗为 $Z = 3 + j4$，则导纳 $Y = \dfrac{1}{3} + j\dfrac{1}{4}$。对吗？为什么？

解：导纳 Y 定义为

$$Y = \frac{1}{Z}, \text{而 } Y = G + jB, \ Z = R + jX$$

故有

$$Y = G + jB = \frac{1}{R + jX} = \frac{R}{R^2 + X^2} - j\frac{X}{R^2 + X^2}$$

于是得

$$\left.\begin{array}{l} G = \dfrac{R}{R^2 + X^2} \neq \dfrac{1}{R} \\ B = \dfrac{-X}{R^2 + X^2} \neq \dfrac{1}{X} \end{array}\right\}$$

因此

$$Y = \left(\frac{3}{3^2 + 4^2} - j\frac{4}{3^2 + 4^2}\right)\text{S}^{\ominus} = \left(\frac{3}{25} - j\frac{4}{25}\right)\text{S}$$

5-6　在某一频率时，测得若干线性时不变无源电路的阻抗如下：

RC 电路：　　$Z = 5 + j2$

RL 电路：　　$Z = 5 - j7$

RLC 电路：　$Z = 2 - j3$

LC 电路：　　$Z = 2 + j3$

⊖　此处 S 是导纳单位西门子。

这些结果合理吗？为什么？

分析：利用相量分析法分析正弦稳态电路时，我们借助复数作为数学工具进行分析，实部表示消耗能量的电阻，虚部表示存储能量的电容和电感，根据电容和电感中的电压、电流的相位差，定义了电容虚部量为负，电感的虚部量为正。

解：

（1）此结果不合理。因为 RC 电路阻抗 Z 的虚部应为负值。

（2）此结果不合理。因为 RL 电路阻抗 Z 的虚部应为正值。

（3）此结果合理。

（4）此结果不合理。因为 LC 电路阻抗 Z 的实部应为零。

5-7　指出并改正下列表达式中的错误

（1）$i(t)\,\text{A}=2\sin(\omega t-15°)\,\text{A}=2e^{-j15°}\,\text{A}$

（2）$\dot{U}=5\angle 90°\,\text{V}=5\sqrt{2}\sin(\omega t+90°)\,\text{V}$

（3）$i(t)=2\cos(\omega t-15°)\,\text{A}=2\angle-15°\,\text{A}$

（4）$U=220\angle 38°\,\text{V}$

分析：相量分析法只是为了简化正弦稳态电路分析而引入的分析方法，在使用相量分析法时，我们只关注了正弦信号三要素中的振幅和初相角，而正弦信号的频率在分析的过程中并不关注，这是因为对于正弦稳态电路，电路中的频率处处相等，所以实际的信号与相量是对应关系，而不是相等关系。

答：

（1）$i(t)=2\sin(\omega t-15°)\,\text{A}\leftrightarrow\dot{I}_{\text{m}}=2e^{-j15°}\,\text{A}$

若用等式表示，则应写为

$$i(t)=2\sin(\omega t-15°)\,\text{A}=I_{\text{m}}\left[2e^{j(\omega t-15°)}\right]\text{A}$$

（2）$\dot{U}=5\angle 90°\,\text{V}\leftrightarrow u(t)=5\sqrt{2}\sin(\omega t+90°)\,\text{AV}$

（3）$i(t)=2\cos(\omega t-15°)\,\text{A}=2\sin(\omega t+75°)\,\text{A}\leftrightarrow\dot{I}_{\text{m}}=2\angle 75°\,\text{A}$

（4）U 应该是相量形式，而不是有效值，即 $\dot{U}=220\angle 38°\,\text{V}$

5-8　试求下列正弦信号的振幅、频率和初相角，并画出其波形图。

（1）$u(t)=10\sin 314t\,\text{V}$

（2）$u(t)=5\sin(100t+30°)\,\text{V}$

（3）$u(t)=4\cos(2t-120°)\,\text{V}$

（4）$u(t)=8\sqrt{2}\sin(2t-45°)\,\text{V}$

解：

（1）$U_{\text{m}}=10\,\text{V}$，$\omega=314$，$\omega=2\pi f$，$f=\omega/2\pi=314/2\pi=50\,\text{Hz}$，$\theta_u=0°$。

（2）$U_{\text{m}}=5\,\text{V}$，$\omega=100$，$\omega=2\pi f$，$f=\omega/2\pi=100/2\pi=15.92\,\text{Hz}$，$\theta_u=30°$。

（3）$U_{\text{m}}=4\,\text{V}$，$\omega=2$，$\omega=2\pi f$，$f=\omega/2\pi=2/2\pi=0.32\,\text{Hz}$，$\theta_u=-120+90=-30°$。

（4）$U_{\text{m}}=11.31\,\text{V}$，$\omega=2$，$\omega=2\pi f$，$f=\omega/2\pi=2/2\pi=0.32\,\text{Hz}$，$\theta_u=-45°$。

根据三角函数的三要素，可以画出正弦信号的波形图如图 5-3 所示。

5-9　写出下列相量所表示的正弦信号的瞬时表达式（设角频率均为 ω）

（1）$\dot{I}_{1\text{m}}=(8+j12)\,\text{A}$

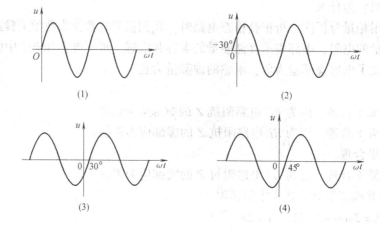

图 5-3　正弦信号波形图

(2) $\dot{I}_2 = 11.18\angle{-26.6°}\,\mathrm{A}$

(3) $\dot{U}_{1\mathrm{m}} = (-6+\mathrm{j}8)\,\mathrm{V}$

(4) $\dot{U}_2 = 15\angle{-38°}\,\mathrm{V}$

解：

(1) $\dot{I}_{1\mathrm{m}} = (8+\mathrm{j}12)\,\mathrm{A} = 14.42\angle56.31°\,\mathrm{A}$

　　　$i_1(t) = 14.42\sin(\omega t + 56.31°)\,\mathrm{A}$

(2) $i_2(t) = 11.18\sqrt{2}\sin(\omega t - 26.6°)\,\mathrm{A} = 15.81\sin(\omega t - 26.6°)\,\mathrm{A}$

(3) $\dot{U}_{1\mathrm{m}} = (-6+\mathrm{j}8)\,\mathrm{V} = 10\angle126.87°\,\mathrm{V}$

　　　$u_1(t) = 10\sin(\omega t + 126.87°)\,\mathrm{V}$

(4) $u_2(t) = 15\sqrt{2}\sin(\omega t - 38°)\,\mathrm{V} = 21.21\sin(\omega t - 38°)\,\mathrm{V}$

求解时注意有效值和最大值之间的区别。

5-10　电路如图 5-4a 所示，已知 $u_C(t) = \cos 2t\ \mathrm{V}$，试求电源电压 $u_s(t)$。分别绘出图中所标出的所有电压及所标出的所有电流的相量图。

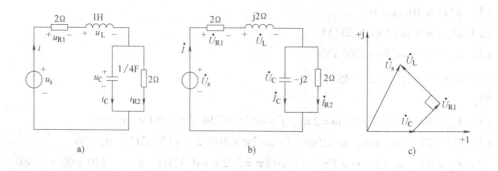

图 5-4　习题 5-10 电路图和相量模型

解： 做原电路的相量模型，如图 5-4b 所示。

已知：$\dot{U}_C = 1\angle0°\,\mathrm{V}$，根据分压公式得

$$\dot{U}_C = \frac{\dfrac{-\mathrm{j}2\times2}{2-\mathrm{j}2}}{2+\mathrm{j}2+\dfrac{-\mathrm{j}2\times2}{2-\mathrm{j}2}}\dot{U}_s\,\mathrm{V} = \frac{1-\mathrm{j}}{2+\mathrm{j}2+1-\mathrm{j}}\dot{U}_s\,\mathrm{V} = 0.447\angle-63.4°\times\dot{U}_s\,\mathrm{V}$$

则

$$\dot{U}_s = \frac{\dot{U}_C}{0.447\angle-63.4°}\mathrm{V} = 2.24\angle63.4°\,\mathrm{V}$$

故

$$u_s(t) = 2.24\cos(2t+63.4°)\,\mathrm{V}$$

如图 5-4c 所示，画出电压相量图。同理可以画出电流 $\dot{I}$、$\dot{I}_C$、$\dot{I}_{R2}$ 相量图。

5-11 电路如图 5-5a 所示，写出输入阻抗与角频率 ω 的关系式，当 $\omega=0$ 时，输入阻抗是多少？

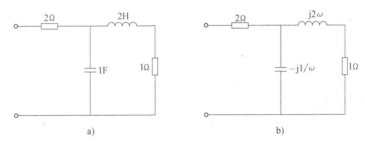

a)   b)

图 5-5 习题 5-11 电路图及相量模型

解：原电路的相量模型如图 5-5b 所示，输入阻抗为

$$Z = \left[2+\frac{(1+\mathrm{j}2\omega)\left(-\mathrm{j}\dfrac{1}{\omega}\right)}{1+\mathrm{j}2\omega-\mathrm{j}\dfrac{1}{\omega}}\right]\Omega = \left[2+\frac{2\omega-\mathrm{j}}{\omega+\mathrm{j}(2\omega^2-1)}\times\frac{\omega-\mathrm{j}(2\omega^2-1)}{\omega-\mathrm{j}(2\omega^2-1)}\right]\Omega$$

$$= \left[2+\frac{1+\mathrm{j}(-4\omega^3+\omega)}{\omega^2+(2\omega^2-1)^2}\right]\Omega = \left[\frac{8\omega^4-6\omega^2+3+\mathrm{j}(-4\omega^3+\omega)}{4\omega^4-3\omega^2+1}\right]\Omega$$

当 $\omega=0$ 时，说明电路是在直流电源作用下，因此，达到稳态后，电容相当于开路，电感相当于短路，所以输入阻抗为两电阻之和，即 $Z=3\,\Omega$。

5-12 电路如图 5-6 所示，电压源均为正弦电压。已知图 5-6a 中电压表读数为 V_1 为 30V、V_2 为 60V；图 5-6b 中的 V_1 为 15V、V_2 为 80V、V_3 为 100V，求电源电压 u_s。

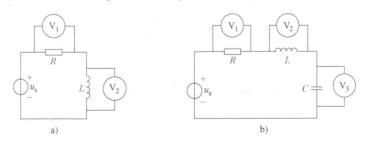

a)   b)

图 5-6 习题 5-12 电路图

分析：我们在日常生活中用万用表测试交流电压，电压表的读数是正弦电压的有效值。

从电压表的读数得到电压有效值,那么初相角呢?我们必须利用电路元件特性,即,电阻电压与电流同相,电感电压超前电流90°,电容电压滞后电流90°。我们均假定图5-6中的两个电路中的电流相量为$\dot{I} = I\angle 0°$。

解: 根据分析,可以画出各元件电压相量如图5-7所示。

从图5-7a中可以得到

$$U_s = \sqrt{U_R^2 + U_L^2} = \sqrt{30^2 + 60^2}\,\text{V} = 67.08\,\text{V}$$

$$\theta = \arctan\frac{U_L}{U_R} = \arctan\frac{60}{30} = 63.4°$$

$$u_s = 67.08\sqrt{2}\sin(\omega t - 63.4°)\,\text{V}$$

从图5-7b中可以得到

$$U_s = \sqrt{U_R^2 + (U_L - U_C)^2} = \sqrt{15^2 + (80-100)^2}\,\text{V} = 25\,\text{V}$$

$$\theta = \arctan\frac{U_L - U_C}{U_R} = \arctan\frac{80-100}{15} = -53.1°$$

$$u_s = 25\sqrt{2}\sin(\omega t - 53.1°)\,\text{V}$$

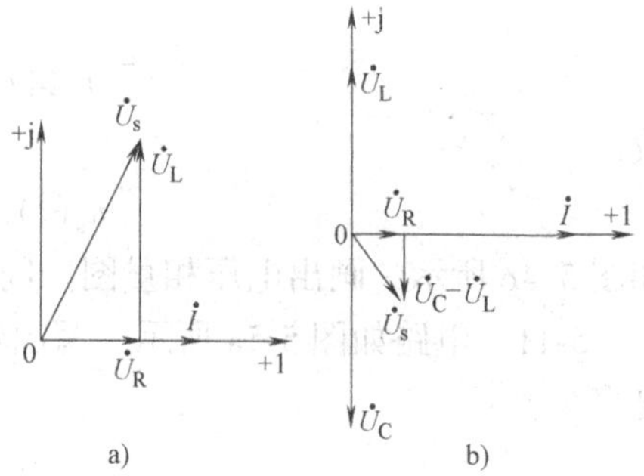

显然,如果电流初相角为任意角度,即$\dot{I} = I\angle\varphi_i\,\text{A}$,所得结论相同。

图 5-7 习题 5-12 相量图

5-13 电感线圈可等效成由一个电阻和一个电感组成的串联电路,为了测量电阻值和电感值,首先在端口加30V直流电压,如图5-8a所示,测得电流为1A;再加$f=50\text{Hz}$、有效值为90V的正弦电压,测得电流有效值为1.8A。求R和L的值。

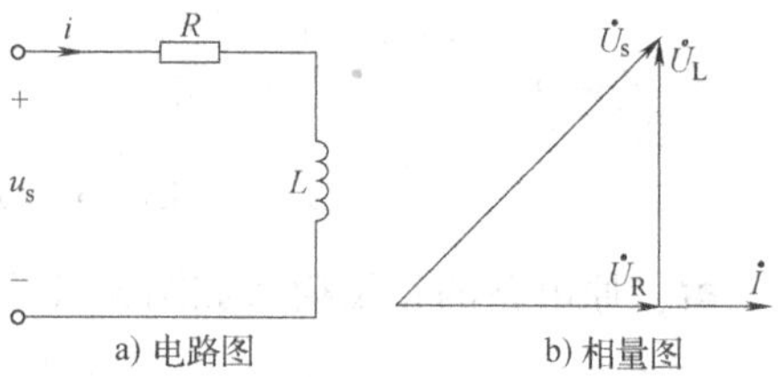

分析: 当电感线圈加直流电源时,电感相当于短路,所以根据电压和电流可以得到电阻值;若加交流信号,根据电压和电流可以得到阻抗,即$Z = R + j\omega L$,因为已求出R,所以可以计算出L的值。

图 5-8 习题 5-13 电路图与相量图

解: 当加30V直流电压时,则电阻

$$R = \frac{U_s}{I} = \frac{30}{1}\Omega = 30\Omega$$

当加正弦电压时,设电流为$\dot{I} = I\angle\varphi_i$,根据相量法,可以画出相量图如图5-8b所示。其中,$\dot{U}_R = R\dot{I}$,$\dot{U}_L = jX_L\dot{I}$,$\dot{U}_s = \dot{U}_R + \dot{U}_L$,所以

$$Z = \frac{\dot{U}_s}{\dot{I}} = R + jX_L \Rightarrow |Z| = \left|\frac{\dot{U}_s}{\dot{I}}\right| = \sqrt{R^2 + X_L^2}$$

得

$$X_L = \sqrt{\frac{U_s^2}{I^2} - R^2} = \sqrt{\left(\frac{90}{1.8}\right)^2 - 30^2}\,\Omega = 40\Omega$$

再由$X_L = \omega L$,得

$$L = \frac{X_L}{\omega} = \frac{X_L}{2\pi f} = \frac{40}{100\pi}\text{H} \approx 0.127\text{H}$$

5-14 电路如图5-9a所示,已知电源电压为正弦电压,电流$I_1 = I_2 = 10\text{A}$,试求$\dot{I}$和$\dot{U}_s$,

设 $\dot{U}_s$ 的初相角为零。

解：以 $\dot{U}_s$ 为参考相量，可以画出各电流相量如图 5-9b 所示。由图可知

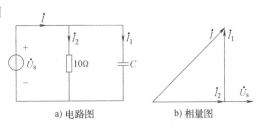

$$I = \sqrt{I_1^2 + I_2^2} = 10\sqrt{2}\,\text{A}$$

$$\varphi_1 = 45°$$

$$U_s = RI_2 = 100\,\text{V}$$

故 $\dot{U}_s$ 和 $\dot{I}$ 分别为

$$\dot{U}_s = 100\angle 0°\,\text{V}$$

$$\dot{I} = 10\sqrt{2}\angle 45°\,\text{A}$$

图 5-9 习题 5-14 电路图与相量图

5-15 电路如图 5-10a 所示，已知 $R_1 = 1\,\Omega$，$C = 10^3\,\mu\text{F}$，$R_2 = 0.5\,\Omega$，$\omega = 1000\,\text{rad/s}$，$\dot{U}_s = U_s\angle 0°\,\text{V}$。求当电流有效值 I 最大时，电感 L 为何值？

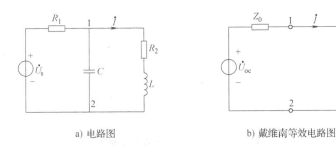

图 5-10 习题 5-15 电路图与等效电路图

分析：欲求 I 的最大值，最直观的方法是将图 5-10a 中的 1-2 点左边等效为戴维南等效电路，然后再确定电流最大时 L 的值。

解：求 1 端和 2 端的开路电压。根据分压公式，得

$$\dot{U}_{oc} = \frac{jX_C}{R_1 + jX_C}\dot{U}_s$$

式中，$jX_C = -j\dfrac{1}{\omega C}\Omega = -j1\,\Omega$，所以

$$\dot{U}_{oc} = \frac{-j}{1-j}U_s\angle 0°\,\text{V} = \frac{U_s}{\sqrt{2}}\angle -45°\,\text{V}$$

再求等效阻抗

$$Z_0 = \frac{R_1(jX_C)}{R_1 + jX_C} = \frac{-j}{1-j}\Omega = (0.5 - 0.5j)\,\Omega$$

可以画出戴维南等效电路如图 5-10b 所示，从图 5-10b 可知

$$\dot{I} = \frac{\dot{U}_{oc}}{Z_0 + R_2 + j\omega L} = \frac{\dfrac{U_s}{\sqrt{2}}\angle -45°}{0.5 - 0.5j + 0.5 + j\omega L}\,\text{A} = \frac{\dfrac{U_s}{\sqrt{2}}\angle -45°}{1 + j(\omega L - 0.5)}\,\text{A}$$

电流有效值为

$$I = \frac{\dfrac{U_s}{\sqrt{2}}}{\sqrt{1 + (\omega L - 0.5)^2}} \text{A}$$

若 I 取得最大值，上式分母应最小，即 $\omega L - 0.5 = 0$，所以，此时电感量 L 为

$$L = \frac{0.5}{\omega} = 0.5 \text{mH}$$

5-16 在图 5-11a 所示电路中，已知 $g = 1\text{S}$，$u_s = 10\sqrt{2}\sin t\text{V}$，$i_s = 10\sqrt{2}\cos t\text{A}$。求受控电流源两端电压 u_{12}。

分析：将原电路转换为相量模型后，直流电路中的分析方法全部适用，用相量分析完成后，将结果转换为正弦表示即可。根据该题的特点，用节点分析法较简单。

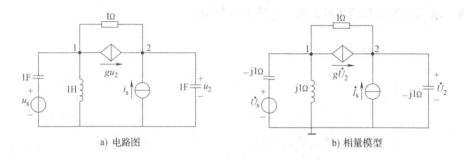

a) 电路图   b) 相量模型

图 5-11 习题 5-16 电路图和相量模型

解：原电路的相量模型如图 5-11b 所示。

由 $u_s = 10\sqrt{2}\sin t\text{V}$，$i_s = 10\sqrt{2}\cos t = 10\sqrt{2}\sin(t + 90°)\text{A}$ 得

$$\dot{U}_s = 10\angle 0° = 10\text{V}$$

$$\dot{I}_s = 10\angle 90° = \text{j}10\text{A}$$

这里采用有效值相量。对节点 1、2 应用节点法，得

$$\left(\frac{1}{-\text{j}} + \frac{1}{\text{j}} + \frac{1}{1}\right)\text{S} \times \dot{U}_1 - \left(\frac{1}{1}\right)\text{S} \times \dot{U}_2 = \frac{\dot{U}_s}{-\text{j}} - g\dot{U}_2$$

$$-\left(\frac{1}{1}\right)\text{S} \times \dot{U}_1 + \left(\frac{1}{-\text{j}} + \frac{1}{1}\right)\text{S} \times \dot{U}_2 = \dot{I}_s + g\dot{U}_2$$

解得

$$\dot{U}_1 = \text{j}\dot{U}_s，\quad \dot{U}_2 = \dot{U}_s - \text{j}\dot{I}_s$$

所以

$$\dot{U}_{12} = \dot{U}_1 - \dot{U}_2 = (-1 + \text{j})\dot{U}_s + \text{j}\dot{I}_s = (-20 + \text{j}10)\text{V} = 10\sqrt{5}\angle 153.4°\text{V}$$

故

$$u_{12} = 10\sqrt{10}\sin(t + 153.4°)\text{V}$$

5-17 电路相量模型如图 5-12a 所示。(1)用节点分析法求流过电容的电流。(2)用叠加定理求流过电容的电流。

解：(1) 以节点 0 为参考点，设节点 1、2 的电位相量分别为 $\dot{U}_1$ 及 $\dot{U}_2$，则节点方程为

$$(1 + j)S \times \dot{U}_1 - jS \times \dot{U}_2 = 10\angle 0A$$
$$-jS \times \dot{U}_1 + \left(\frac{1}{2} + \frac{1}{2} + j\right)S \times \dot{U}_2 = \left(\frac{1}{2} \times j20\right)A$$

化简得

$$(1 + j)\dot{U}_1 - j\dot{U}_2 = 10A$$
$$-j\dot{U}_1 + (1 + j)\dot{U}_2 = j10A$$

解之得

$$\dot{U}_1 = (4 + j2)\,V, \quad \dot{U}_2 = (6 + j8)\,V$$

设流过电容的电流为 $\dot{I}$，方向如图 5-12a 所示，则

$$\dot{I} = j(\dot{U}_2 - \dot{U}_1) = j(6 + j8 - 4 - j2)A = (-6 + j2)A = 6.32\angle 161.6°A$$

（2）根据叠加定理，流过电容的电流 $\dot{I}$ 可看做是电流源和电压源分别单独作用所产生电流的代数和。

电流源单独作用时，见图 5-12b，根据分流关系可得

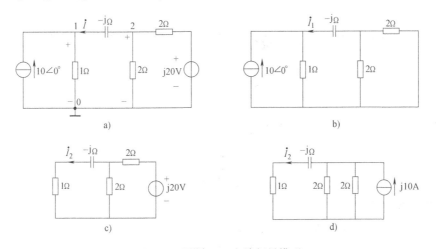

a)   b)

c)   d)

图 5-12　习题 5-17 电路相量模型

$$\dot{I}_1 = -\frac{1}{1 + \left(\frac{2 \times 2}{2 + 2} - j\right)} \times 10\angle 0°A = \frac{-10}{2 - j}A = (-4 - j2)A$$

电压源单独作用时，电路如图 5-12c 所示，将电压源与电阻串联电路等效为电流源与电阻并联的电路，如图 5-12d 所示，根据分流关系可得

$$\dot{I}_2 = \frac{\frac{2 \times 2}{2 + 2}}{\frac{2 \times 2}{2 + 2} + (1 - j)} \times j10A = \frac{j10}{2 - j}A = (-2 + j4)A$$

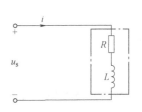

图 5-13　习题 5-18 电路图

流过电容的总电流为

$$\dot{I} = \dot{I}_1 + \dot{I}_2 = (-4 - j2 - 2 + j4)A = (-6 + j2)A = 6.32\angle 161.6°A$$

5-18　图 5-13 中点画线框部分为荧光灯等效电路，其中 R 为荧光灯等效电阻，L 为铁心电感，称为镇流器。已知 $\dot{U}_s = 220\angle 0°V$，$f = 50Hz$，荧光灯功率为 40W 额定电流为 0.4A，试求电

阻 R 和电感 L。

分析：荧光灯等效为电阻和电感串联形式，分析方法可以从两个方面考虑：①从相量分析法入手；②从能量消耗角度考虑。以下用两种方法进行求解。

解：设 $Z = R + j\omega L$，阻抗角为 ϕ。

方法一：相量分析法

设电压的初相为零，即 $\dot{U}_s = 220\angle 0° \text{V}$，则电流相量为 $\dot{I} = 0.4\angle\theta_i$，其中 $\theta_i = -\phi$，荧光灯管总功率为

$$P_总 = \dot{U}\dot{I} = 220\angle 0° \times 0.4\angle\theta_i \text{W} = 88\angle\theta_i \text{W}$$

荧光灯管实际消耗的功率为

$$P_{消耗} = 40\text{W}$$

且感性元件电流滞后电压，所以

$$\theta_i = \arccos\frac{P_{消耗}}{P_总} = \arccos\frac{40}{88} = -62.96°（注 \cos\theta_i \text{通常称为功率因素}）$$

又

$$Z = \frac{\dot{U}}{\dot{I}} = \frac{220\angle 0°}{0.4\angle -62.96°} = 550\angle 62.96\Omega = (250 + j489.9)\Omega$$

即

$$R = 250\Omega, \quad \omega L = 489.9\Omega$$

已知

$$f = 50\text{Hz}, \quad \omega = 2\pi f = 314\text{rad/s}$$

故

$$L = \frac{489.9}{314}\text{H} = 1.56\text{H}$$

方法二：阻抗法

因为荧光灯的功率为 40W，是实际消耗功率，所以

$$R = \frac{P}{I^2} = \frac{40}{0.4^2}\Omega = 250\Omega$$

加在荧光灯管的电压为 220V，流入荧光灯管电流为 0.4A，所以阻抗的模为电压与电流有效值之比（注意不考虑幅角），即

$$|Z| = \sqrt{R^2 + (\omega L)^2} = \frac{U}{I} = \frac{220}{0.4}\Omega = 550\Omega$$

$$\omega L = \sqrt{\left(\frac{U}{I}\right)^2 - R^2} = \sqrt{302500 - 62500}\Omega = 489.9\Omega$$

已知

$$f = 50\text{Hz}, \quad \omega = 2\pi f = 314\text{rad/s}$$

故

$$L = \frac{489.9}{314}\text{H} = 1.56\text{H}$$

5-19 图 5-14 所示电路中，$R_1 = 100\Omega$、$L_1 = 1\text{H}$、$R_2 = 200\Omega$、$L_2 = 1\text{H}$，正弦电源电压为 $\dot{U}_s = 100\sqrt{2}\angle 0° \text{V}$，角频率 $\omega = 100\text{rad/s}$，电流有效值 $I_2 = 0$，求其他各支路电流。

分析：该电路分析时的一个关键条件是 $I_2 = 0$，充分利用这个条件。

解：首先计算感抗

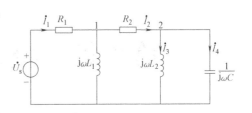

图 5-14　习题 5-19 电路图

$$jX_{L_1} = j\omega L_1 = j100\,\Omega$$

$$jX_{L_2} = j\omega L_2 = j100\,\Omega$$

由于 $I_2 = 0$，R_2 支路可看为开路，所以节点 1 和节点 2 等电位，故有

$$\dot{I}_1 = \frac{\dot{U}_s}{R_1 + jX_{L_1}} = \frac{100\sqrt{2}\angle 0^\circ}{100 + j100}\text{A} = 1\angle -45^\circ\text{A}$$

$$\dot{U}_{L_1} = \dot{U}_{L_2} = jX_{L_1}\dot{I}_1 = j100 \times 1\angle -45^\circ\text{V} = 100\angle 45^\circ\text{V}$$

$$\dot{I}_3 = \frac{\dot{U}_{L_2}}{jX_{L_2}} = \frac{100\angle 45^\circ}{100\angle 90^\circ}\text{A} = 1\angle -45^\circ\text{A}$$

由 $\dot{I}_3 + \dot{I}_4 = 0$，得

$$\dot{I}_4 = -\dot{I}_3 = -1\angle -45^\circ\text{A}$$

本题中 L_2 和 C 的并联支路实际发生了并联谐振，即 $\omega = \dfrac{1}{\sqrt{L_2 C}}$，该支路入端阻抗为 ∞，因此 $I_2 = 0$，可以看做开路，但 $\dot{I}_3$ 和 $\dot{I}_4$ 不等于零，它们振幅相同，相位相差 180°，L_2 和 C 构成的回路中呈现电磁振荡。

5-20　求图 5-15 所示电路的谐振角频率。

解：由 KCL 得

$$\dot{I} = \dot{I}_C + 2\dot{I}_C = 3\dot{I}_C$$

由 KVL 得

$$\dot{U}_s = j\omega L\dot{I} + \frac{1}{j\omega C}\dot{I}_C = j\left(3\omega L - \frac{1}{\omega C}\right)\dot{I}_C$$

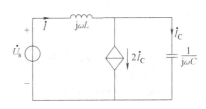

图 5-15　习题 5-20 电路图

电路的入端阻抗为

$$Z = \frac{\dot{U}_s}{\dot{I}} = j\frac{3\omega L - \dfrac{1}{\omega C}}{3}\,\Omega$$

显然当电路谐振时，应满足 $\dot{U}_s$、$\dot{I}$ 同相位，即 $Z = 0$，故有

$$3\omega L - \frac{1}{\omega C} = 0$$

$$\omega = \frac{1}{\sqrt{3LC}}$$

第2篇 模拟电子技术基础

本篇介绍模拟电子技术基础的基本概念、基本理论、基本分析方法。通过此部分的学习，使学习者掌握半导体器件的构成原理，分析模拟电子电路的基本组成方法，特别是放大电路的工作原理，为今后学习和工作打下基础。

第6章 半导体器件的基本特性

6.1 教学目标

让学生掌握半导体基础知识，了解半导体二极管、晶体管的结构，理解 PN 结的单向导电特性，理解二极管的工作原理、伏安特性和主要参数，理解晶体管的电流放大作用，为学习后面各章打下基础。

6.2 教学内容

1. 了解半导体的特性和导电方式，理解 PN 结的单向导电特性。
2. 了解半导体二极管、晶体管的结构。
3. 理解二极管的工作原理、伏安特性和主要参数。
4. 理解晶体管的电流放大作用、输入和输出特性及其主要参数。

6.3 重点、难点指导

本章重点：
（1）PN 结的工作原理。
（2）二极管的工作原理、伏安特性和主要参数。
（3）晶体管的电流放大作用、输入和输出特性及其主要参数。
本章难点：
（1）半导体二极管的限幅、钳位等作用。
（2）晶体管的电流分配与电流放大作用。

6.3.1 PN 结

1. 半导体的导电特征

半导体的导电能力介于导体和绝缘体之间。纯净的半导体称为本征半导体，其导电能力在不同的条件下有着显著的差异。本征半导体在温度升高或受光照射时产生激发，形成自由电子和空穴，使载流子数目增多，导电能力增强。

杂质半导体是在本征半导体中掺入杂质元素形成的，有 N 型半导体和 P 型半导体两种类型。N 型半导体是在本征半导体中掺入五价元素形成的，自由电子为多数载流子，空穴为少数载流子。P 型半导体是在本征半导体中掺入三价元素形成的，空穴为多数载流子，自由电子为少数载流子。杂质半导体的导电能力比本征半导体强得多。

2. PN 结及其单向导电性

在同一硅片两边分别形成 N 型半导体和 P 型半导体，交界面处就形成了 PN 结。PN 结的形成是多数载流子扩散和少数载流子漂移的结果。PN 结具有单向导电性：PN 结加正向电压(P 区接电源正极,N 区接电源负极)时，正向电阻很小，PN 结导通，可以形成较大的正向电流。PN 结加反向电压(P 区接电源负极,N 区接电源正极)时，反向电阻很大，PN 结截止，反向电流基本为零。

6.3.2 半导体二极管

在 PN 结的两端各引出一个电极便构成了半导体二极管。由 P 区引出的电极称为阳极或正极，由 N 区引出的电极称为阴极或负极。二极管的核心实质是一个 PN 结。

1. 二极管的伏安特性

（1）正向特性 正向电压小于死区电压(硅管约为 0.5V，锗管约为 0.1V)时二极管截止，电流几乎为零。正向电压大于死区电压后二极管导通，电流较大。导通后的二极管端电压变化很小，基本上是一个常量，硅管约为 0.7V，锗管约为 0.2V。

（2）反向特性 反向电压在一定范围内时二极管截止，电流几乎为零。反向电压增大到反向击穿电压 U_{BR} 时，反向电流突然增大，二极管击穿，失去单向导电性。

2. 二极管的主要参数

（1）最大整流电流 I_{OM} 指二极管长期使用时允许通过的最大正向平均电流。

（2）反向工作峰值电压 U_{DRM} 指二极管使用时允许加的最大反向电压。

（3）反向峰值电流 I_{RM} 指二极管加上反向峰值电压时的反向电流值。

（4）最高工作频率 f_M 指二极管所能承受的外施电压的最高频率。

二极管在电路中主要用于整流、限幅、钳位等。整流是将输入的交流电压变换为单方向脉动的直流电压；限幅是将输出电压限制在某一数值以内；钳位是将输出电压限制在某一特定的数值上。

3. 特殊二极管

（1）稳压管 稳压管的反向击穿特性曲线比普通二极管陡，正常工作时处于反向击穿区，且在外加反向电压撤除后又能恢复正常。稳压管工作在反向击穿区时，电流虽然在很大范围内变化，但稳压管两端的电压变化很小，所以能起稳定电压的作用。如果稳压管的反向电流超过允许值，将会因过热而损坏，所以与稳压管配合的限流电阻要适当，这样才能起稳压作用。稳压管除用于稳压外，还可用于限幅、欠电压或过电压保护、报警等。

（2）光敏二极管 光敏二极管用于将光信号转变为电信号输出，正常工作时处于反向工作状态，没有光照射时反向电流很小，有光照射时就形成较大的光电流。

（3）发光二极管 发光二极管用于将电信号转变为光信号输出，正常工作时处于正向导通状态，当有正向电流通过时，电子就与空穴直接复合而发出光来。

（4）二极管应用电路的分析方法

1）判断二极管是导通还是截止的判断方法是：假设将二极管开路，计算接二极管阳极处的电位 U_A 和接二极管阴极处的电位 U_K。当将二极管视为理想元件（即忽略二极管正向压降和反向漏电流）时，若 $U_A \geqslant U_K$，则接上二极管必然导通，其两端电压为零。否则接上二极管必然截止，其反向电流为零。当计及二极管的正向压降 U_D 时，若 $U_A - U_K \geqslant U_D$，则接上二极管必然导通，其两端电压硅管通常取 0.7V、锗管通常取 0.2V。否则接上二极管必然截止，其反向电流为零。

2）由二极管的工作状态画出等效电路，由于在等效电路中不含二极管，故可根据电路分析方法（如支路电流法、叠加定理、戴维南定理等）分析计算。

例如，在如图 6-1a 所示电路中，设二极管 VD 的正向电阻为零，反向电阻为无穷大，试求 A 点电位 U_A。

将二极管断开，得电路如图 6-1b 所示，此时 A、K 两点的电位分别为

$$U_{AO} = \frac{60}{30 + 60} \times 60\text{V} = 40\text{V}$$

$$U_{KO} = \left(\frac{60 + 20}{20 + 20} \times 20 - 20\right)\text{V} = 20\text{V}$$

因为 $U_{AO} > U_{KO}$，所以图 6-1a 所示电路中的二极管是导通的，可以用短路线代替，如图 6-1c 所示，运用节点电压法即可求出 A 点电位为

$$U_A = \frac{\dfrac{60}{20} + \dfrac{-20}{20} + \dfrac{60}{30}}{\dfrac{1}{20} + \dfrac{1}{20} + \dfrac{1}{30} + \dfrac{1}{60}}\text{V} = 40\text{V}$$

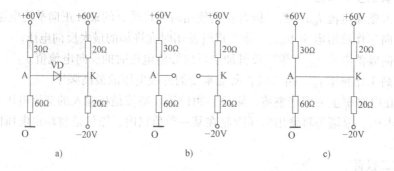

图 6-1　二极管电路计算示例

6.3.3　晶体管

1. 结构与工作原理

双极型三极管简称晶体管或三极管，有 NPN 型和 PNP 型两种类型。晶体管有发射区、基区和集电区 3 个区，从这 3 个区分别引出发射极 E、基极 B 和集电极 C，基区和发射区之间的 PN 结称为发射结，基区与集电区之间的 PN 结称为集电结。

晶体管具有电流放大作用的内部条件是：

1）发射区的掺杂浓度大，以保证有足够的载流子可供发射。

2）集电区的面积大，以便收集从发射区发射来的载流子。

3）基区很薄，且掺杂浓度低，以减小基极电流，即增强基极电流的控制作用。

晶体管实现电流放大作用的外部条件是：发射结正向偏置，集电结反向偏置。对 NPN 型晶体管，电源的接法应使 3 个电极的电位关系为 $U_C > U_B > U_E$。对 PNP 型晶体管，则应使 $U_C < U_B < U_E$。

工作于放大状态的晶体管，基极电流 I_B 远小于集电极电流 I_C 和发射极电流 I_E，只要发射结电压 U_{BE} 有微小变化，造成基极电流 I_B 有微小变化，就能引起集电极电流 I_C 和发射极电流 I_E 很大的变化，这就是晶体管的电流放大作用。

2. 特性曲线

晶体管的输入特性曲线 $I_B = f(U_{BE})\,|_{U_{CE}=常数}$ 与二极管的正向特性曲线相似，也有同样的死区电压和管压降范围，如图 6-2a 所示。

晶体管的输出特性曲线 $I_C = f(U_{CE})\,|_{I_B=常数}$ 是一簇曲线，如图 6-2b 所示。根据晶体管工作状态的不同，输出特性曲线分为放大区、截止区和饱和区 3 个工作区。晶体管在不同工作状态下的特点见表 6-1。

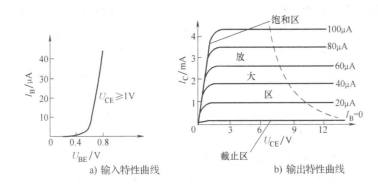

a) 输入特性曲线　　　　　b) 输出特性曲线

图 6-2　晶体管的特性曲线

3. 主要参数

（1）电流放大系数 $\bar{\beta}$ 和 β。

直流（静态）电流放大系数：$\bar{\beta} = I_C / I_B$

交流（动态）电流放大系数：$\beta = \Delta I_C / \Delta I_B$

小功率晶体管 $\beta \approx \bar{\beta} = 50 \sim 200$，大功率管的 β 值一般较小。选用晶体管时应注意，β 太小的管子放大能力差，而 β 太大则管子的热稳定性较差，一般以 $\beta = 100$ 左右为宜。

（2）反向饱和电流 I_{CBO} 和穿透电流 I_{CEO}。二者的关系为 $I_{CEO} = (1+\beta)I_{CBO}$，它们随温度升高而增大，影响电路工作的稳定性。

（3）集电极最大允许电流 I_{CM}。集电极电流超过 I_{CM} 时 β 值将明显下降。

（4）反向击穿电压 $U_{(BR)CEO}$。基极开路时集电极与发射极之间的最大允许电压。

（5）集电极最大允许耗散功率 P_{CM}。$P_{CM} = I_C U_{CE}$。

I_{CM}、$U_{(BR)CEO}$ 和 P_{CM} 称为晶体管的极限参数，由它们共同确定晶体管的安全工作区。

表 6-1　晶体管在不同工作状态下的特点

工作状态	截　止	放　大	饱　和
偏置情况	发射结反偏 集电结反偏	发射结正偏 集电结反偏	发射结正偏 集电结正偏
特点 （NPN 硅管）	$U_{BE} \leqslant 0$ $I_B = 0$ $I_C = 0$ $U_{CE} = U_{CC}$	$U_{BE} = 0.7V$ $I_C = \beta I_B$ $U_{CC} > U_{CE} > U_{BE}$	$U_{BE} = 0.7V$ $I_C = I_{CS}$ $I_B \geqslant I_{BS} = \dfrac{I_{CS}}{\beta}$ $U_{CE} = 0.3V < U_{BE}$

4. 晶体管工作状态、类型和引脚的判别方法

（1）晶体管的工作状态可根据发射结和集电结的偏置情况判断。对 NPN 型晶体管，若 $U_{BE} \leqslant 0$，则发射结反偏，晶体管工作在截止状态。若 $U_{BE} > 0$，则发射结正偏，这时可再根据集电结的偏置情况判断晶体管是工作在放大状态还是饱和状态，集电结反偏为放大状态，集电结正偏为饱和状态；也可根据 I_B 与 I_{BS} 的关系判断，$I_B < I_{BS} = I_{CS}/\beta$ 为放大状态，$I_B \geqslant I_{BS} = I_{CS}/\beta$ 为饱和状态。

（2）晶体管的类型（NPN 型还是 PNP 型,硅管还是锗管）和引脚可根据各极电位来判断。NPN 型集电极电位最高，发射极电位最低，即 $U_C > U_B > U_E$，$U_{BE} > 0$；PNP 型集电极电位最低，发射极电位最高，即 $U_C < U_B < U_E$，$U_{BE} < 0$。硅管基极电位与发射极电位大约相差 0.6V 或 0.7V；锗管基极电位与发射极电位大约相差 0.2V 或 0.3V。由于硅材料价格便宜，工作温度高，因此目前绝大多数的晶体管是用硅材料制成的。

此外，还可根据各极电流来判断晶体管的引脚以及是 NPN 型还是 PNP 型。根据晶体管各极电流关系 $I_E = I_B + I_C$ 和 $I_C = \beta I_B$ 可知，发射极电流最大，基极电流最小，并且发射极电流从晶体管流出的为 NPN 型，流入晶体管的为 PNP 型。

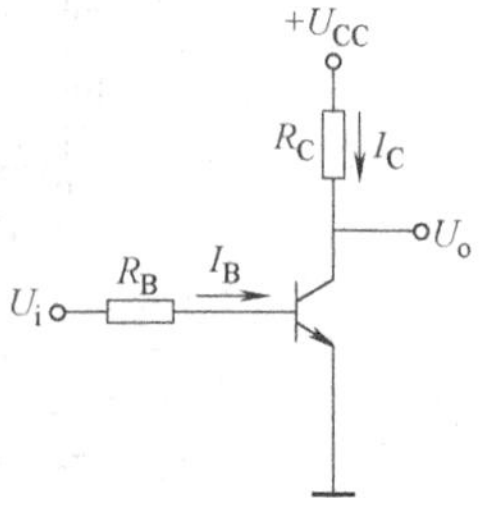

例如，在图 6-3 所示的电路中，已知 $R_C = 1k\Omega$、$R_B = 10k\Omega$、$U_{CC} = 5V$，晶体管的 $\beta = 50$、$U_{BE} = 0.7V$、$U_{CES} = 0.3V$。试分别计算 $U_i = -1V$、$U_i = 1V$ 以及 $U_i = 3V$ 时的 I_B、I_C 和 U_o，并指出晶体管所处的工作状态。

图 6-3　晶体管工作状态计算示例

当 $U_i = -1V$ 时 $U_{BE} < 0$，晶体管发射结反偏，工作在截止状态，故有

$$I_B = 0A$$
$$I_C = 0A$$
$$U_o = U_{CE} = U_{CC} = 5V$$

当 $U_i = 1V$ 时 $U_{BE} > 0$，晶体管发射结正偏，因而导通，故有

$$I_B = \frac{U_i - U_{BE}}{R_B} = \frac{1 - 0.7}{10 \times 1000}A = 0.03mA$$

$$I_C = \beta I_B = 50 \times 0.03mA = 1.5mA$$

$$U_o = U_{CE} = U_{CC} - I_C R_C = (5 - 1.5 \times 10^{-3} \times 1 \times 10^3)V = 3.5V$$

$$U_{BC} = U_{BE} - U_{CE} = (0.7 - 3.5)V = -2.8V < 0V$$

计算结果表明，晶体管的发射结正偏，集电结反偏，处于放大状态。

或由

$$I_{BS} = \frac{I_{CS}}{\beta} = \frac{1}{\beta} \times \frac{U_{CC} - U_{CES}}{R_C} = \frac{1}{50} \times \frac{5 - 0.3}{1 \times 10^3}A = 0.094 mA$$

得 $I_B < I_{BS}$，所以晶体管处于放大状态。

当 $U_i = 3V$ 时，$U_{BE} > 0$，晶体管发射结正偏，因而导通，故有

$$I_B = \frac{U_i - U_{BE}}{R_B} = \frac{3 - 0.7}{10 \times 10^3}A = 0.23 mA$$

$$I_C = \beta I_B = 50 \times 0.23 mA = 11.5 mA$$

$$U_o = U_{CE} = U_{CC} - I_C R_C = (5 - 11.5 \times 10^{-3} \times 1 \times 10^3)V = -6.5V$$

$$U_{BC} = U_{BE} - U_{CE} = [0.7 - (-6.5)]V = 7.2V > 0V$$

计算结果表明，晶体管的发射结正偏，集电结也正偏，处于饱和状态。因为 U_{CE} 绝不可能为负值，所以从计算结果 $U_o = U_{CE} < 0$ 也说明晶体管已不处于放大状态，故应处于饱和状态。

当然，也可由 $I_B > I_{BS}$ 知晶体管处于放大状态。此时 $U_o = U_{CE}$ 应为

$$U_o = U_{CE} = U_{CES} = 0.3V$$

在饱和状态下，集电极电流 I_C 和基极电流 I_B 之间已不存在 $I_C = \beta I_B$ 的关系，这时的集电极电流 I_C 为

$$I_C = \frac{U_{CC} - U_{CE}}{R_C} = \frac{5 - 0.3}{1 \times 10^3}A = 4.7 mA$$

6.4 习题选解

6-1 什么是 PN 结的击穿现象？击穿有哪两种？击穿是否意味着 PN 结坏了？为什么？

答：当 PN 结加反向电压(P 极接电源负极，N 极接电源正极)超过一定值的时候，反向电流突然急剧增加，这种现象叫做 PN 结的反向击穿。击穿分为齐纳击穿和雪崩击穿两种，齐纳击穿是由于 PN 结中的掺杂浓度过高引起的，而雪崩击穿则是由于强电场引起的。PN 结的击穿并不意味着 PN 结坏了，只要能够控制流过 PN 结的电流在 PN 结的允许范围内，不会使 PN 结过热而烧坏，则 PN 结的性能是可以恢复正常的，稳压二极管正是利用了二极管的反向特性，才能保证输出电压的稳定。

6-2 二极管电路如图 6-4 所示，判断图 6-4 中的二极管是导通还是截止，并求出 A、O 两端的电压 U_{AO}。

解：对于图 6-4a，在闭合回路中 12V 电源大于 6V 电源，故在二极管 VD 的两端加了正向电压，二极管导通，由于是理想二极管，二极管的管压降为 0，所以 $U_{AO} = -6V$。

对于图 6-4b，假定 VD_1、VD_2 截止，A 点电位是 $-12V$，VD_1 的阳极电位是 0V，VD_2 的阳极电位是 $-15V$，所以 VD_1 两端加正向电压导通，VD_2 加反向电压截止，因此，$U_{AO} = 0V$。

对于图 6-4c，同样假定 VD_1、VD_2 截止，A 点电位是 12V，VD_1 的阴极电位是 $-6V$，VD_2 的阴极电位是 0V，两个二极管都具备导通条件，但一旦 VD_1 导通，A 点的电位就为 $-6V$，VD_2 两端加反向电压，故 VD_2 必截止，所以输出 $U_{AO} = -6V$(也可以假定 VD_2 导通，则 A 点电位为 0V，而 VD_1 仍是正向偏置，所以 VD_1 必然导通，一旦 VD_1 导通，则 $U_{AO} = -6V$)。

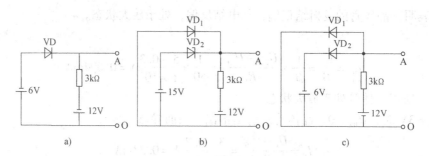

图 6-4　习题 6-2 电路图

6-3　二极管电路如图 6-5 所示。输入波形 $u_i = U_{im}\sin\omega t$，$U_{im} > U_R$，二极管的导通电压降可忽略，试画出输出电压 $u_{o1} \sim u_{o4}$ 的波形图。

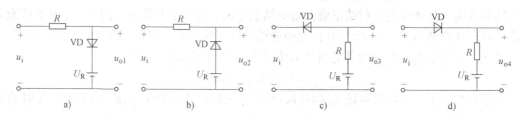

图 6-5　习题 6-3 电路图

解： 由于 $u_i = U_{im}\sin\omega t$，且 $U_{im} > U_R$，则有

图 6-5a，当 $u_i < U_R$ 时，二极管截止，输出为 u_i，当 $u_i > U_R$ 时，二极管 VD 导通，输出为 U_R。

图 6-5b，当 $u_i < U_R$ 时，二极管导通，输出为 U_{Ri}，当 $u_i > U_R$ 时，二极管 VD 截止，输出为 u_i。

图 6-5c，当 $u_i < U_R$ 时，二极管导通，输出为 u_i，当 $u_i > U_R$ 时，二极管 VD 截止，输出为 U_R。

图 6-5d，当 $u_i < U_R$ 时，二极管截止，输出为 U_R，当 $u_i > U_R$ 时，二极管 VD 导通，输出为 u_i。

$u_{o1} \sim u_{o4}$ 的波形如图 6-6 所示，其中图 6-6a 是图 6-5a、c 的波形图；图 6-6b 是图 6-5b、d 的波形图。

6-4　晶体管工作在放大区时，要求发射结上加正向电压，集电结上加反向电压。试就 NPN 型和 PNP 型两种情况讨论：

（1）U_C 和 U_B 的电位哪个高？U_{CB} 是正还是负？

（2）U_B 和 U_E 的电位哪个高？U_{BE} 是正还是负？

（3）U_C 和 U_E 的电位哪个高？U_{CE} 是正还是负？

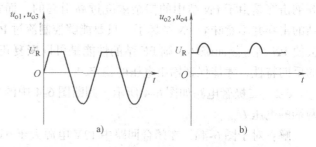

图 6-6　习题 6-3 答案图

分析： 晶体管工作在放大区时，要求发射结上加正向电压，集电结上加反向电压。对 NPN 型晶体管，电源的接法应使 3 个电极的电位关系为 $U_C > U_B > U_E$；对 PNP 型晶体管，则应使 $U_C < U_B < U_E$。

答：（1）对 NPN 型晶体管，由 $U_C > U_B > U_E$ 可知：$U_C > U_B$、$U_B > U_E$、$U_C > U_E$，即

$U_{CB} > 0$、$U_{BE} > 0$、$U_{CE} > 0$。

（2）对 PNP 型晶体管，由 $U_C < U_B < U_E$ 可知：$U_C < U_B$、$U_B < U_E$、$U_C < U_E$，即 $U_{CB} < 0$、$U_{BE} < 0$、$U_{CE} < 0$。

6-5　放大电路中，测得几个晶体管的 3 个电极电位 U_1、U_2、U_3 分别为下列各组数值，判断它们是 NPN 型还是 PNP 型？是硅管还是锗管？并确定 e、b、c 极。

（1）$U_1 = 3.3\text{V}$、$U_2 = 2.6\text{V}$、$U_3 = 15\text{V}$。

（2）$U_1 = 3.2\text{V}$、$U_2 = 3\text{V}$、$U_3 = 15\text{V}$。

（3）$U_1 = 6.5\text{V}$、$U_2 = 14.3\text{V}$、$U_3 = 15\text{V}$。

（4）$U_1 = 8\text{V}$、$U_2 = 14.8\text{V}$、$U_3 = 15\text{V}$。

答：先确定是硅管还是锗管。由于硅管的结电压降一般为 $0.6 \sim 0.8\text{V}$，锗管的结电压降约为 $0.1 \sim 0.3\text{V}$，所以（1）（$3.3 - 2.6 = 0.7\text{V}$）、（2）（$3.2 - 3 = 0.2\text{V}$）、（3）（$15 - 14.3 = 0.7\text{V}$）为硅管、（4）（$15 - 14.8 = 0.2\text{V}$）为锗管。

然后确定是 NPN 还是 PNP 管。对于 NPN 管，基极电位高于发射极电位（发射极正向偏置），而集电极的电位高于基极（集电极反向偏置）。对于 PNP 管，发射极电位高于基极电位（发射结正向偏置），基极电位高于集电极电位（集电结反向偏置），所以（1）、（2）是 NPN 管；（3）、（4）是 PNP 管。因此：

（1）是 NPN 硅晶体管；3.3V—b 极、2.6V—e 极、15V—c 极。

（2）是 NPN 锗晶体管；3.2V—b 极、3V—e 极、15V—c 极。

（3）是 PNP 硅晶体管；6.5V—c 极、14.3V—b 极、15V—e 极。

（4）是 PNP 锗晶体管；8V—c 极、14.8V—b 极、15V—e 极。

6-6　在图 6-7 所示的各个电路中，已知直流电压 $U_i = 3\text{V}$，电阻 $R = 1\text{k}\Omega$，二极管的正向压降为 0.7V，求 U_o。

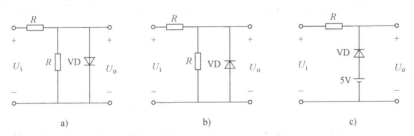

a)　　　　　　　　b)　　　　　　　　c)

图 6-7　习题 6-6 的图

分析：U_o 的值与二极管的工作状态有关，所以必须先判断二极管是导通还是截止。若二极管两端电压为正向偏置则导通，可将其等效为一个 0.7V 的恒压源；若二极管两端电压为反向偏置则截止，则可将其视为开路。

解：对图 6-7a 所示电路，由于 $U_i = 3\text{V}$，二极管 VD 承受正向电压，处于导通状态，故：

$$U_o = U_D = 0.7\text{V}$$

对图 6-7b 所示电路，由于 $U_i = 3\text{V}$，二极管 VD 承受反向电压截止，故：

$$U_o = \frac{R}{R + R} U_i = \frac{1}{2} \times 3\text{V} = 1.5\text{V}$$

对图 6-7c 所示电路，由于 $U_i = 3\text{V}$，二极管 VD 承受正向电压导通，故：

$$U_o = 5 - U_D = (5 - 0.7)\,\text{V} = 4.3\,\text{V}$$

6-7 在图 6-8 所示的电路中，试求下列几种情况下输出端 F 的电位 U_F 及各元器件（R、VD_A、VD_B）中的电流，图 6-8 中的二极管为理想二极管。

(1) $U_A = U_B = 0\text{V}$。

(2) $U_A = 3\text{V}$、$U_B = 0\text{V}$。

(3) $U_A = U_B = 3\text{V}$。

分析：在一个电路中有多个二极管的情况下，一些二极管的电压可能会受到另一些二极管电压的影响，所以，在判断各个二极管的工作状态时，应全面考虑各种可能出现的因素。一般方法是先找出正向电压最高和(或)反向电压最低的二极管，正向电压最高者必然导通，反向电压最低者必然截止，然后再根据这些二极管的工作状态来确定其他二极管承受的是正向电压还是反向电压。

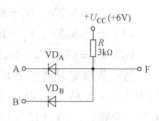

图 6-8 习题 6-7 的图

解：(1) 因为 $U_A = U_B = 0\text{V}$ 而 $U_{CC} = 6\text{V}$，所以两个二极管 VD_A、VD_B 承受同样大的正向电压，都处于导通状态，均可视为短路，输出端 F 的电位 U_F 为

$$U_F = U_A = U_B = 0\text{V}$$

电阻中的电流为

$$I_R = \frac{U_{CC} - U_F}{R} = \frac{6 - 0}{3 \times 10^3}\text{A} = 2\text{mA}$$

两个二极管 VD_A、VD_B 中的电流为

$$I_{DA} = I_{DB} = \frac{1}{2}I_R = \frac{1}{2} \times 2\text{mA} = 1\text{mA}$$

(2) 因为 $U_A = 3\text{V}$、$U_B = 0\text{V}$ 而 $U_{CC} = 6\text{V}$，所以二极管 VD_B 承受的正向电压最高，处于导通状态，可视为短路，输出端 F 的电位 U_F 为

$$U_F = U_B = 0\text{V}$$

电阻中的电流为

$$I_R = \frac{U_{CC} - U_F}{R} = \frac{6 - 0}{3 \times 10^3}\text{A} = 2\text{mA}$$

VD_B 导通后，VD_A 上加的是反向电压，因而 VD_A 截止，所以，两个二极管 VD_A、VD_B 中的电流分别为

$$I_{DA} = 0\text{mA}$$
$$I_{DB} = I_R = 2\text{mA}$$

(3) 因为 $U_A = U_B = 3\text{V}$ 而 $U_{CC} = 6\text{V}$，所以两个二极管 VD_A、VD_B 承受同样大的正向电压，都处于导通状态，均可视为短路，输出端 F 的电位 U_F 为

$$U_F = U_A = U_B = 3\text{V}$$

电阻中的电流为

$$I_R = \frac{U_{CC} - U_F}{R} = \frac{6 - 3}{3 \times 10^3}\text{A} = 1\text{mA}$$

两个二极管 VD_A、VD_B 中的电流为

$$I_{DA} = I_{DB} = \frac{1}{2}I_R = \frac{1}{2} \times 1\text{mA} = 0.5\text{mA}$$

6-8　有两个晶体管，一个管子的 $\beta = 150$、$I_{CEO} = 200\mu A$，另一个管子的 $\beta = 50$、$I_{CEO} = 10\mu A$，其他参数都一样，哪个管子的性能更好一些？为什么？

分析：虽然在放大电路中晶体管的放大能力是一个非常重要的指标，但并非 β 越大就意味着管子性能越好。衡量一个晶体管的性能不能光看一两个参数，而要综合考虑它的各个参数。在其他参数都一样的情况下，β 太小，放大作用小；β 太大，温度稳定性差。一般在放大电路中，以 $\beta = 100$ 左右为好。I_{CBO} 受温度影响大，此值越小，温度稳定性越好。I_{CBO} 越大、β 越大的管子，则 I_{CEO} 越大，稳定性越差。

答：第二个管子的性能更好一些。这是因为在放大电路中，固然要考虑晶体管的放大能力，更主要的是要考虑放大电路的稳定性。

第7章 晶体管基本放大电路

7.1 教学目标

让学生掌握晶体管放大电路的3种基本形式及性能特点。

7.2 教学内容

1. 理解共发射极单管放大电路的基本结构和工作原理。
2. 掌握放大电路的静态工作点估算和微变等效电路分析方法。
3. 了解放大电路输入电阻和输出电阻的概念。
4. 理解射极输出器的电路结构、性能特点及应用。

7.3 重点、难点指导

本章重点：
（1）共发射极单管放大电路的工作原理。
（2）放大电路静态工作点的估算。
（3）放大电路的微变等效电路分析方法。
（4）射极输出器的性能特点及应用。

本章难点：
（1）放大电路的微变等效电路分析方法。
（2）放大电路静态工作点的稳定。

7.3.1 放大电路的组成和工作原理

不管放大电路的结构形式如何，组成放大电路时只要遵循以下几个原则就能实现放大作用：

（1）外加直流电源的极性必须使晶体管的发射结正向偏置，集电结反向偏置，以保证晶体管工作在放大区。此时，若基极电流 i_B 有一个微小的变化量 Δi_B，将控制集电极电流 i_C 产生一个较大的变化量 Δi_C，二者之间的关系为：$\Delta i_C = \beta \Delta i_B$。

（2）输入回路的接法，应该使输入电压的变化量能够传送到晶体管的基极回路，并使基极电流产生相应的变化量 Δi_B。

（3）输出回路的接法，应该使集电极电流的变化量 Δi_C 能够转化为集电极电压的变化量 Δu_{CE}，并传送到放大电路的输出端。

（4）为了保证放大电路能够正常工作，在电路没有外加信号时，不仅必须要使晶体管处于放大状态，而且要有一个合适的静态工作电压和静态工作电流，即要合理地设置放大电

72

路的静态工作点。

7.3.2 放大电路的主要分析方法

放大电路的分析方法主要有以下几种：

1. 放大电路的特点是直流和交流共存

（1）静态分析　以直流通路为依据，主要分析放大电路的各直流电流、电压值。

（2）动态分析　以交流通路和微变等效电路为依据，主要分析放大电路的电压放大倍数 $\dot{A}_u$、输入电阻 r_i 和输出电阻 r_o 等。

2. 放大电路的静态分析有估算法和图解法两种

（1）估算法　固定偏置放大电路的求解顺序为：$I_B \to I_C \to U_{CE}$；分压式偏置放大电路的求解顺序为：$U_B \to I_C \to U_{CE}(I_B)$。

（2）图解法　其步骤为：用估算法求出基极电流 $I_B \to$ 根据 I_B 在输出特性曲线中找到对应的曲线 $\to$ 作直流负载线 $\to$ 确定静态工作点 Q 及其相应的 I_C 和 U_{CE} 值。

3. 放大电路的动态分析有图解法和微变等效电路法两种

（1）图解法　其步骤为：根据静态分析方法求静态工作点 $Q(I_B、I_C$ 和 $U_{CE})\to$ 根据 u_i 在输入特性上求 u_{BE} 和 $i_B \to$ 作交流负载线 $\to$ 由输出特性曲线和交流负载线求 i_C 和 u_{CE}。

（2）微变等效电路法　用于分析小信号情况下放大电路的动态性能，关键在于正确作出放大电路的微变等效电路。晶体管的微变等效电路如图 7-1 所示。

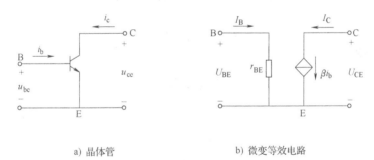

a）晶体管　　　　　　　　b）微变等效电路

图 7-1　晶体管的微变等效电路

晶体管的输入电阻 r_{be} 常用下式估算：

$$r_{be} = \left[300 + (1+\beta)\frac{26\text{mV}}{I_E \text{mA}} \right]\Omega$$

7.3.3 几种常见基本放大电路的静态与动态分析

1. 共发射极固定偏置放大电路

共发射极固定偏置放大电路及其直流通路、交流通路和微变等效电路如图 7-2 所示。

（1）静态分析

$$I_B = \frac{U_{CC} - U_{BE}}{R_B}$$

$$I_C = \beta I_B$$

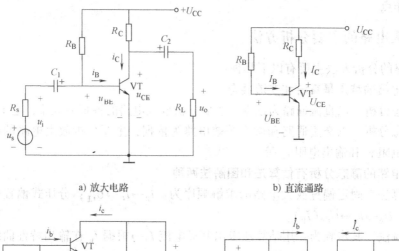

a) 放大电路

b) 直流通路

c) 交流通路

d) 微变等效电路

图 7-2　共发射极固定偏置放大电路

$$U_{CE} = U_{CC} - I_C R_C$$

（2）动态分析

$$\dot{A}_u = -\frac{\beta R'_L}{r_{be}}$$

式中，$R'_L = R_C /\!/ R_L$。

$$r_i = R_B /\!/ r_{be}$$
$$r_o = R_C$$

2. 共发射极分压式偏置放大电路

共发射极分压式偏置放大电路及其直流通路、交流通路和微变等效电路如图 7-3 所示。

（1）静态分析

$$U_B = \frac{R_{B2}}{R_{B1} + R_{B2}} U_{CC}$$

$$I_C \approx I_E = \frac{U_B - U_{BE}}{R_E}$$

$$U_{CE} = U_{CC} - I_C (R_C + R_E)$$

$$I_B = \frac{I_C}{\beta}$$

（2）动态分析

$$\dot{A}_u = -\frac{\beta R'_L}{r_{be}}$$

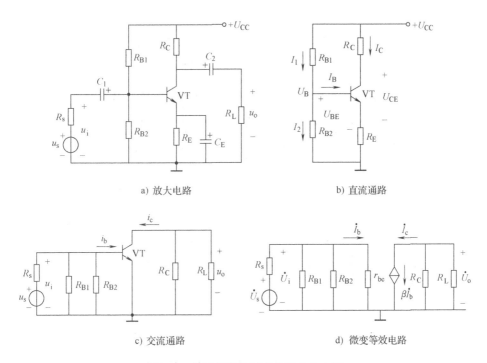

a) 放大电路   b) 直流通路

c) 交流通路   d) 微变等效电路

图 7-3 共发射极分压式偏置放大电路

式中，$R_L' = R_C /\!/ R_L$。

$$r_i = R_{B1} /\!/ R_{B2} /\!/ r_{be}$$
$$r_o = R_C$$

3. 带交直流负反馈的共发射极分压式偏置放大电路

带交直流负反馈的共发射极分压式偏置放大电路及其直流通路、交流通路和微变等效电路如图 7-4 所示。

（1）静态分析

$$U_B = \frac{R_{B2}}{R_{B1} + R_{B2}} U_{CC}$$

$$I_C \approx I_E = \frac{U_B - U_{BE}}{R_{E1} + R_{E2}}$$

$$U_{CE} = U_{CC} - I_C (R_C + R_{E1} + R_{E2})$$

$$I_B = \frac{I_C}{\beta}$$

（2）动态分析

$$\dot{A}_u = -\frac{\beta R_L'}{r_{be} + (1 + \beta) R_{E1}}$$

式中，$R_L' = R_C /\!/ R_L$。

$$r_i = R_{B1} /\!/ R_{B2} /\!/ [r_{be} + (1 + \beta) R_{E1}]$$
$$r_o = R_C$$

4. 射极输出器（共集电极放大电路）

射极输出器及其直流通路、交流通路和微变等效电路如图 7-5 所示。

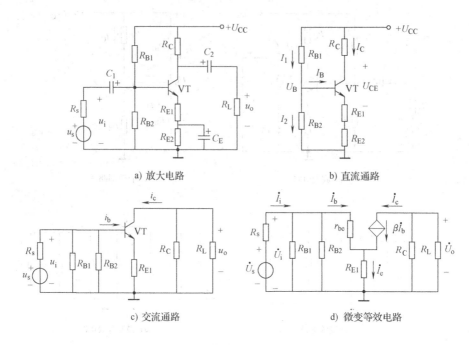

a) 放大电路

b) 直流通路

c) 交流通路

d) 微变等效电路

图 7-4 带直流负反馈的共发射极分压式偏置放大电路

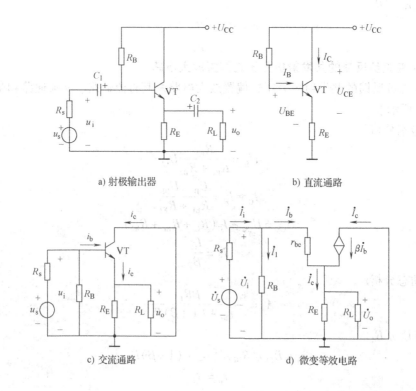

a) 射极输出器

b) 直流通路

c) 交流通路

d) 微变等效电路

图 7-5 射极输出器

（1）静态分析

$$I_B = \frac{U_{CC} - U_{BE}}{R_B + (1+\beta)R_E}$$

$$I_C = \beta I_B$$

$$U_{CE} = U_{CC} - I_C R_E$$

（2）动态分析

$$\dot{A}_u = \frac{(1+\beta)R_L'}{r_{be} + (1+\beta)R_L'}$$

式中，$R_L' = R_E /\!/ R_L$。

$$r_i = R_B /\!/ [r_{be} + (1+\beta)R_L']$$

$$r_o \approx \frac{r_{be} + R_S'}{\beta}$$

式中，$R_S' = R_S /\!/ R_B$。

5. 几点说明

（1）电压放大倍数与 R_C、R_L、β 及 I_E 等有关。R_C 或 R_L 增大，电压放大倍数也增大。β 的增大对提高电压放大倍数效果不明显，反而是 I_E 稍微增大一些，就能使电压放大倍数在一定范围内有明显的提高，但 I_E 的增大是有限制的。此外，电压放大倍数式子中的负号表示电路的输出电压 u_o 与输入电压 u_i 反相，正号表示输出电压 u_o 与输入电压 u_i 同相。

（2）输入电阻 r_i 是从放大电路输入端求得的等效交流电阻，其中不包括信号源内阻 R_s。输出电阻 r_o 是从放大电路输出端求得的等效交流电阻，其中不包括放大电路的负载电阻 R_L。

（3）射极输出器的主要特点是电压放大倍数接近于1、输入电阻高、输出电阻低。由于输入电阻高，常被用做多级放大电路的输入级，以减少信号源的负担；由于输出电阻低，常被用做多级放大电路的输出级，以提高带负载能力；由于它的阻抗变换作用，可作为两个共发射极放大电路之间的中间缓冲级，以改善工作性能。

7.3.4 影响放大质量的几个因素

1. 静态工作点设置不合理

影响静态工作点的电路参数是 R_B、R_C 及 U_{CC}。如 R_B 过小，则 I_B 过大，使静态工作点过高，会产生饱和失真；R_B 过大，则 I_B 过小，使静态工作点过低，会产生截止失真。这些都是晶体管的非线性特性引起的，统称非线性失真。一般可通过改变 R_B 的阻值来调节静态工作点。

2. 静态工作点不稳定

静态工作点不稳定主要是由于受温度变化的影响。温度变化要影响晶体管的参数 I_{CBO}、β 和 U_{BE}。这些参数随温度升高的变化，都使集电极电流的静态值 I_C 增大。稳定静态工作点的方法之一是采用分压式偏置放大电路。

7.4 习题选解

7-1 根据组成放大电路时必须遵循的几个原则，分析图 7-6 所示各电路能否正常放大交流信号？为什么？若不能，应如何改正？

分析：判断电路能否正常放大交流信号，只要判断是否满足组成放大电路时必须遵循的几个原则。对于定性分析，只要判断晶体管是否满足发射结正偏、集电结反偏的条件，以及有无完善的直流通路和交流通路即可。

解：如图7-6所示各电路均不能正常放大交流信号。原因和改进措施如下：

（1）图7-6a中没有完善的交流通路。这是因为$R_B = 0$，$U_{BE} = U_{DD}$恒定，所以输入端对交流信号短路，输入信号不能送入。应在电源U_{BB}支路中串联电阻R_B。

（2）图7-6b中没有完善的直流通路。这是因为电容C_1的隔直作用，晶体管无法获得偏流，$I_B = 0$。应将C_1改接在交流信号源与R_B之间。

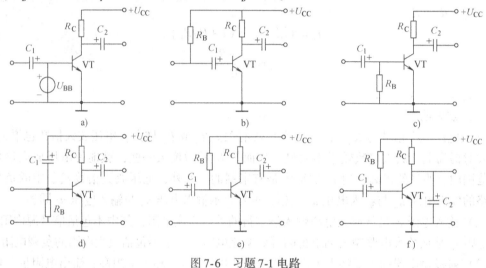

图7-6 习题7-1电路

（3）图7-6c中发射结零偏，$U_{BE} = 0$，晶体管无法获得偏流，$I_B = 0$。应将R_B接电源U_{CC}与晶体管基极之间。

（4）图7-6d中电容C_1接在电源U_{CC}与晶体管基极之间带来两个问题：①由于C_1的隔直作用，晶体管无法获得偏流，$I_B = 0$；②由于C_1对交流信号短路，输入信号不能送入。应将C_1改接成电阻。

（5）图7-6e中电源U_{CC}和电容C_1、C_2的极性连接错误。应将它们的极性对调。

（6）图7-6f中电容C_2连接错误。应将C_2由与负载并联改成与负载串联。

7-2 试求图7-7所示各电路的静态工作点。设图7-7中的所有晶体管都是硅管。

解：图7-7a静态工作点

$$I_b = \frac{24 - 0.7}{120 \times 10^3}\text{A} \approx 0.194\text{mA} = 194\mu\text{A}, \quad I_c = \beta I_b = 50 \times 0.194\text{mA} = 9.7\text{mA}$$

$$U_{ce} = U_{cc} - I_c R_c = (24 - 9.7 \times 10^{-3} \times 1 \times 10^3)\text{V} = 14.3\text{V}$$

图7-7b和图7-7c的发射结反向偏置，晶体管截止，所以$I_b = 0$，$I_c = \beta I_b \approx 0$，晶体管工作在截止区，$U_{ce} \approx U_{cc}$。

图7-7d的静态工作点

$$I_e = \frac{6 - 0.7}{2 \times 10^3}\text{A} = 2.65\text{mA}, \quad I_b = \frac{I_e}{\beta + 1} \approx 0.026\text{mA} = 26\mu\text{A}, \quad I_c \approx I_e = 2.65\text{mA}$$

$$U_{ce} \approx -[6 - (-6) - I_e(R_a + R_c)] = -[12 - 2.65 \times 10^{-3} \times (12 + 2) \times 10^3]\text{V} = 25.1\text{V}$$

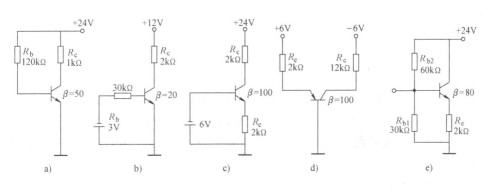

图7-7 习题7-2 电路

依此 I_c 电流，在电阻上的压降高于电源电压，这是不可能的，由此可知电流 I_c 一定要小于此值，而根据晶体管工作放大区有 $I_c=\beta I_b$，现在 $I_c<\beta I_b$，所以晶体管工作在饱和状态。

图7-7e 的静态工作点

$$U_B=\frac{24}{(30+60)\times10^3}\times3\times10^3V=8V,\quad I_e=\frac{8-0.7}{2\times10^3}A=3.85mA,\quad I_c\approx I_e$$

$$I_b=\frac{I_e}{\beta+1}=\frac{3.85}{80+1}A=0.0475mA,\quad U_{ce}=U_{cc}-I_eR_e=(24-3.85\times10^3\times2\times10^{-3})V=16.3V$$

7-3 求图7-8所示电路中晶体管的 β 值，晶体管的结电压为0.7V。

解： 对于图7-8a。因为 $U_o=U_{CC}-I_cR_c$，

$$I_b=\frac{U_{CC}-0.7}{R_b}$$

所以：$I_b=\frac{15-0.7}{680\times10^3}A=21\times10^{-6}A=21\mu A$

$$I_c=\frac{15-7}{10\times10^3}A=0.8\times10^{-3}A=0.8mA$$

$$\beta=\frac{I_c}{I_b}=\frac{0.8\times10^{-3}}{21\times10^{-6}}=38$$

对于图7-8b

$$I_b=\frac{15-0.7}{680\times10^3}A=21\times10^{-6}A$$

$$I_c=\frac{7}{10\times10^3}A=0.7\times10^{-3}A$$

$$\beta=\frac{I_c}{I_b}=\frac{0.7\times10^{-3}}{21\times10^{-6}}=33$$

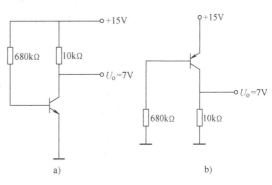

图7-8 习题7-3 电路

7-4 求图7-9所示电路中的 I 和 U_o。其中晶体管的结压降为0.7V、$\beta=100$。

解： 对于图7-9a，由于晶体管的基极接地，因而 $I_b=0$、$I_c=0$，所以

$$I=I_c=0,\quad U_o=10-I\times2.7\times10^3=10V$$

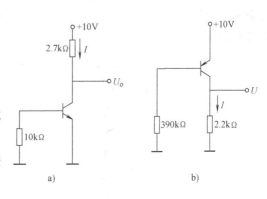

图7-9 习题7-4 电路

79

对于图 7-9b

$$I_{\mathrm{b}} = \frac{10 - 0.7}{390 \times 10^3}\mathrm{A} = 23.8 \times 10^{-6}\mathrm{A}$$

所以

$$I = I_{\mathrm{c}} = \beta I_{\mathrm{b}} = 100 \times 23.8 \times 10^{-6}\mathrm{A} = 2.38 \times 10^{-3}\mathrm{A}$$

$$U_{\mathrm{o}} = 2.2 \times 10^3 \times 2.38 \times 10^{-3}\mathrm{V} = 5.24\mathrm{V}$$

7-5　在图 7-10a 所示的放大电路中，已知 $U_{\mathrm{CC}} = 12\mathrm{V}$、$R_{\mathrm{B}} = 240\mathrm{k}\Omega$、$R_{\mathrm{C}} = 3\mathrm{k}\Omega$，晶体管的 $\beta = 40$。

（1）试用直流通路估算静态值 I_{B}、I_{C}、U_{CE}。

（2）晶体管的输出特性曲线如图 7-10b 所示，用图解法确定电路的静态值。

（3）在静态时 C_1 和 C_2 上的电压各为多少？并标出极性。

分析：放大电路的静态分析有估算法和图解法两种。估算法可以推出普遍适用于同类电路的公式，缺点是不够直观。图解法可以直观形象地看出静态工作点的位置以及电路参数对静态工作的影响，缺点是作图过程比较麻烦，并且不具备普遍适用的优点。

解：（1）用估算法求静态值，得

$$I_{\mathrm{B}} = \frac{U_{\mathrm{CC}} - U_{\mathrm{BE}}}{R_{\mathrm{B}}} \approx \frac{U_{\mathrm{CC}}}{R_{\mathrm{B}}} = \frac{12}{240 \times 10^3}\mathrm{A} = 0.05\mathrm{mA}$$

$$I_{\mathrm{C}} = \beta I_{\mathrm{B}} = 40 \times 0.05\mathrm{mA} = 2\mathrm{mA}$$

$$U_{\mathrm{CE}} = U_{\mathrm{CC}} - I_{\mathrm{C}}R_{\mathrm{C}} = (12 - 2 \times 3)\mathrm{V} = 6\mathrm{V}$$

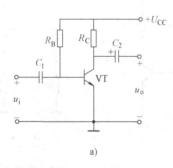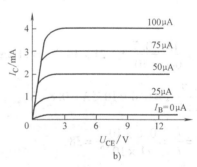

图 7-10　习题 7-5 的图

（2）用图解法求静态值。在图 7-10b 中，根据 $U_{\mathrm{CC}}/R_{\mathrm{C}} = 12/3 \times 10^3\mathrm{A} = 4\mathrm{mA}$、$U_{\mathrm{CC}} = 12\mathrm{V}$ 作直流负载线，与 $I_{\mathrm{B}} = 50\mu\mathrm{A}$ 的特性曲线相交得静态工作点 Q，如图 7-11b 所示，根据 Q 点查坐标得

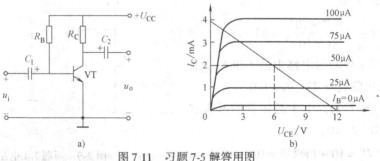

图 7-11　习题 7-5 解答用图

$$I_C = 2\text{mA}$$
$$U_{CE} = 6\text{V}$$

（3）静态时 $U_{C1} = U_{BE}$、$U_{C2} = U_{CE} = 6\text{V}$。$C_1$ 和 C_2 的极性如图 7-11a 所示。

7-6　在题 7-5 中，若改变 R_B，使 $U_{CE} = 3\text{V}$，则 R_B 应为多大？若改变 R_B，使 $I_C = 1.5\text{mA}$，则 R_B 又为多大？并分别求出两种情况下电路的静态工作点。

分析：设计放大电路的一个重要环节就是 R_B、R_C 等元件的选择。选择电阻 R_B、R_C 的常用方法是根据晶体管的参数 β 等和希望设置的静态工作点（静态值 I_C、U_{CE}）计算出 R_B、R_C 的阻值。

解：（1）$U_{CE} = 3\text{V}$ 时，集电极电流为

$$I_C = \frac{U_{CC} - U_{CE}}{R_C} = \frac{12 - 3}{3 \times 10^3}\text{A} = 3\text{mA}$$

基极电流为

$$I_B = \frac{I_C}{\beta} = \frac{3}{40}\text{mA} = 0.075\text{mA}$$

基极电阻为

$$R_B = \frac{U_{CC} - U_{BE}}{I_B} \approx \frac{U_{CC}}{I_B} = \frac{12}{0.075 \times 10^{-3}}\Omega = 160\text{k}\Omega$$

（2）$I_C = 1.5\text{mA}$ 时，基极电流为

$$I_B = \frac{I_C}{\beta} = \frac{1.5}{40}\text{mA} = 0.0375\text{mA}$$

基极电阻为

$$R_B = \frac{U_{CC} - U_{BE}}{I_B} \approx \frac{U_{CC}}{I_B} = \frac{12}{0.0375 \times 10^{-3}}\Omega = 320\text{k}\Omega$$

$$U_{CE} = U_{CC} - I_C R_C = (12 - 1.5 \times 3)\text{V} = 7.5\text{V}$$

7-7　在图 7-11a 所示电路中，若晶体管的 $\beta = 100$，其他参数与习题 7-5 相同，重新计算电路的静态值，并与习题 7-5 的结果进行比较，说明晶体管 β 值的变化对该电路静态工作点的影响。

分析：影响静态工作点的有电路参数 R_B、R_C 和 U_{CC} 以及晶体管的参数 I_{CBO}、β 和 U_{BE}。在其他参数不变的情况下，β 增大将使晶体管集电极电流的静态值 I_C 增大，静态工作点上移。

解：用估算法求静态值，得

$$I_B = \frac{U_{CC} - U_{BE}}{R_B} \approx \frac{U_{CC}}{R_B} = \frac{12}{240 \times 10^3}\text{A} = 0.05\text{mA}$$

$$I_C = \beta I_B = 100 \times 0.05\text{mA} = 5\text{mA}$$

$$U_{CE} = U_{CC} - I_C R_C = (12 - 5 \times 3)\text{V} = -3\text{V}$$

集电结和发射结都加正向电压，晶体管饱和。这时，U_{CE} 和 I_C 分别为

$$U_{CE} = U_{CES} = 0.3\text{V}$$

$$I_C = \frac{U_{CC} - U_{CES}}{R_C} \approx \frac{U_{CC}}{R_C} = \frac{12}{3 \times 10^3}\text{A} = 4\text{mA}$$

与习题 7-5 的结果比较可知，在其他参数不变的情况下，晶体管 β 值由 40 变为 100 时，I_{B} 不变，但 I_{C} 和 U_{CE} 分别由 2mA 和 6V 变为 4mA 和 0.3V，静态工作点从放大区进入了饱和区。

7-8　在图 7-11a 所示电路中，已知 $U_{\mathrm{CC}} = 10\mathrm{V}$、晶体管的 $\beta = 40$。若要使 $U_{\mathrm{CE}} = 5\mathrm{V}$、$I_{\mathrm{C}} = 2\mathrm{mA}$，试确定 R_{C}、R_{B} 的值。

解： 由 $U_{\mathrm{CE}} = U_{\mathrm{CC}} - I_{\mathrm{C}} R_{\mathrm{C}}$ 得

$$R_{\mathrm{C}} = \frac{U_{\mathrm{CC}} - U_{\mathrm{CE}}}{I_{\mathrm{C}}} = \frac{10 - 5}{2 \times 10^{-3}} \Omega = 2.5\mathrm{k}\Omega$$

由 $I_{\mathrm{C}} = \beta I_{\mathrm{B}}$，得

$$I_{\mathrm{B}} = \frac{I_{\mathrm{C}}}{\beta} = \frac{2}{40}\mathrm{mA} = 0.05\mathrm{mA}$$

基极电阻为

$$R_{\mathrm{B}} = \frac{U_{\mathrm{CC}} - U_{\mathrm{BE}}}{I_{\mathrm{B}}} \approx \frac{U_{\mathrm{CC}}}{I_{\mathrm{B}}} = \frac{10\mathrm{V}}{0.05\mathrm{mA}} = 200\mathrm{k}\Omega$$

7-9　在图 7-11a 所示电路中，若输出电压 u_{o} 波形的正半周出现了平顶畸变，试用图解法说明产生失真的原因，并指出是截止失真还是饱和失真。

分析： 如图 7-11a 所示电路的输出电压 u_{o}（u_{CE} 的交流分量 u_{ce}）与输入电压 u_{i}（u_{BE} 的交流分量 u_{be}）反相，而 i_{b}、i_{c} 与 u_{i} 同相，所以 u_{o} 与 i_{b} 反相。

解： 由于 u_{o} 与 i_{b} 反相，所以 u_{o} 波形的正半周出现平顶畸变时，i_{b} 波形的负半周出现平顶畸变，可见这是由于静态工作点设置得太低，致使 i_{B} 的负半周进入输入特性曲线的死区，使 i_{B} 波形的负半周不能正常放大而引起的失真，属于截止失真。图解过程如图 7-12 所示。

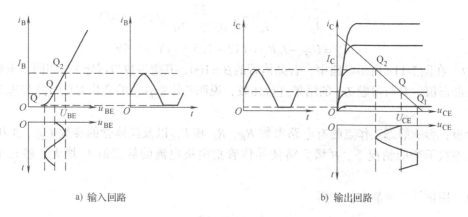

a) 输入回路　　　　　　　　　　　b) 输出回路

图 7-12　题 7-9 解答用图

7-10　在图 7-13 所示的电路中，晶体管是 PNP 型锗管。请回答下列问题：

（1）U_{CC} 和 C_1、C_2 的极性如何考虑？请在图上标出。

（2）设 $U_{\mathrm{CC}} = -12\mathrm{V}$、$R_{\mathrm{C}} = 3\mathrm{k}\Omega$、$\beta = 75$，如果要将静态值 I_{C} 调到 1.5mA，问 R_{B} 应调到多大？

（3）在调整静态工作点时，如不慎将 R_{B} 调到零，对晶体管有无影响？为什么？通常采取何种措施来防止发生这种情况？

分析：PNP型晶体管与NPN型晶体管工作原理相似，不同之处仅在于使用时工作电源极性相反，相应地，电容的极性也相反。

解：（1）U_{CC}和C_1、C_2的极性如图7-14所示。

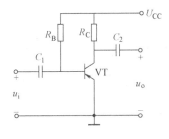

图7-13 习题7-10的图

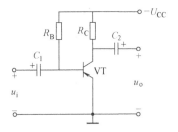

图7-14 习题7-10解答用图

（2）$I_C = 1.5\text{mA}$时，基极电流为

$$I_B = \frac{I_C}{\beta} = \frac{1.5}{75}\text{mA} = 0.02\text{mA}$$

基极电阻为

$$R_B = \frac{U_{BE} - U_{CC}}{I_B} \approx \frac{-U_{CC}}{I_B} = \frac{-(-12)}{0.02 \times 10^{-3}}\Omega = 600\text{k}\Omega$$

这时集电极与发射极之间的电压为

$$U_{CE} = U_{CC} - I_C R_C = (-12 + 1.5 \times 3)\text{V} = -7.5\text{V}$$

（3）如不慎将R_B调到零，则12V电压全部加到晶体管的基极与发射极之间，使I_B大大增加，会导致PN结发热而损坏。通常与R_B串联一个较小的固定电阻来防止发生这种情况。

7-11 在如图7-15所示的放大电路中，已知$U_{CC} = 12\text{V}$、$R_{B1} = 60\text{k}\Omega$、$R_{B2} = 20\text{k}\Omega$、$R_C = 3\text{k}\Omega$、$R_E = 3\text{k}\Omega$、$R_s = 1\text{k}\Omega$、$R_L = 3\text{k}\Omega$、晶体管的$\beta = 50$、$U_{BE} = 0.6\text{V}$。

（1）求静态值I_B、I_C、U_{CE}。

（2）画出微变等效电路。

（3）求输入电阻r_i和输出电阻r_o。

（4）求电压放大倍数$\dot{A}_u$和源电压放大倍数$\dot{A}_{us}$。

分析：分压式偏置放大电路可以保持静态工作点基本稳定。这种电路稳定工作点的实质，是由于输出电流I_C的变化通过发射极电阻R_E上电压降（$U_E = I_E R_E$）的变化反映出来，而后引回到输入回路，和U_B比较，使U_{BE}发生变化来抑制I_C的变化。R_E越大，静态工作点越稳定。但R_E会对变化的交流信号产生影响，使电压放大倍数下降。用电容C_E与R_E并联可以消除R_E对交流信号的影响。

解：（1）静态值I_B、I_C、U_{CE}分别为

$$U_B = \frac{R_{B2}}{R_{B1} + R_{B2}} U_{CC} = \frac{20}{60 + 20} \times 12\text{V} = 3\text{V}$$

$$I_C \approx I_E = \frac{U_B - U_{BE}}{R_E} = \frac{3 - 0.6}{3 \times 10^3}\text{A} = 0.8\text{mA}$$

$$I_B = \frac{I_C}{\beta} = \frac{0.8}{50}\text{mA} = 0.016\text{mA}$$

$$U_{CE} = U_{CC} - I_C(R_C + R_E) = [12 - 0.8 \times (3 + 3)]V = 7.2V$$

（2）微变等效电路如图 7-16 所示。

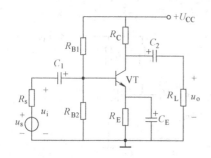

图 7-15 习题 7-11 的图

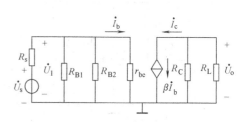

图 7-16 习题 7-11 解答用图

（3）输入电阻 r_i 和输出电阻 r_o 分别为

$$r_{be} = \left[300 + (1 + \beta)\frac{26}{I_E}\right]\Omega = \left[300 + (1 + 50) \times \frac{26}{0.8}\right]\Omega = 1960\Omega$$

$$r_i = R_{B1} // R_{B2} // r_{be} = (60 // 20 // 1.96)k\Omega = 1.74k\Omega$$

$$r_o = R_C = 3k\Omega$$

（4）电压放大倍数 $\dot{A}_u$ 和源电压放大倍数 $\dot{A}_{us}$ 分别为

$$\dot{A}_u = -\frac{\beta R_L'}{r_{be}} = -\frac{50 \times \frac{3 \times 3}{3 + 3}}{1.96} = -38$$

$$\dot{A}_{us} = \frac{\dot{U}_o}{\dot{U}_s} = \frac{\dot{U}_i}{\dot{U}_s} \times \frac{\dot{U}_o}{\dot{U}_i} = \frac{r_i}{R_s + r_i}\dot{A}_u = \frac{1.74}{1 + 1.74} \times (-38) = -24.1$$

7-12 在图 7-17 所示的放大电路中，已知 $U_{CC} = 12V$、$R_{B1} = 120k\Omega$、$R_{B2} = 40k\Omega$、$R_C = 3k\Omega$、$R_{E1} = 200\Omega$、$R_{E2} = 1.8k\Omega$、$R_s = 100\Omega$、$R_L = 3k\Omega$，晶体管的 $\beta = 100$、$U_{BE} = 0.6V$。

（1）求静态值 I_B、I_C、U_{CE}。

（2）画出微变等效电路。

（3）求输入电阻 r_i 和输出电阻 r_o。

（4）求电压放大倍数 $\dot{A}_u$ 和源电压放大倍数 $\dot{A}_{us}$。

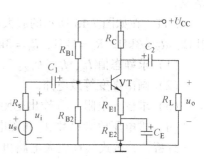

图 7-17 习题 7-12 电路

分析：由于电阻 R_{E1} 没有与电容并联，所以 R_{E1} 中既有直流电流通过，又有交流电流通过，对电路的静态性能和动态性能都有影响。

解：（1）求静态值 I_B、I_C、U_{CE}。

$$U_B = \frac{R_{B2}}{R_{B1} + R_{B2}}U_{CC} = \frac{40}{120 + 40} \times 12V = 3V$$

$$I_C \approx I_E = \frac{U_B - U_{BE}}{R_{E1} + R_{E2}} = \frac{3 - 0.6}{0.2 + 1.8}mA = 1.2mA$$

$$I_B = \frac{I_C}{\beta} = \frac{1.2}{100}mA = 0.012mA$$

$$U_{CE} = U_{CC} - I_C(R_C + R_{E1} + R_{E2}) = [12 - 1.2 \times (3 + 0.2 + 1.8)]V = 6V$$

（2）微变等效电路如图7-18所示。

（3）求输入电阻 r_i 和输出电阻 r_o。

$$r_{be} = 300 + (1+\beta)\frac{26}{I_E} = \left(300 + 101 \times \frac{26}{1.2}\right)\Omega = 2.5\text{k}\Omega$$

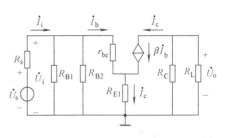

图7-18 习题7-12解答用图

$$r_i = R_{B1}//R_{B2}//[r_{be} + (1+\beta)R_{E1}]$$
$$= \{120//40//[2.5 + (1+100)\times 0.2]\}\text{k}\Omega = 12.9\text{k}\Omega$$
$$r_o = R_C = 3\text{k}\Omega$$

（4）求电压放大倍数 $\dot{A}_u$ 和源电压放大倍数 $\dot{A}_{us}$。

$$\dot{A}_u = \frac{\dot{U}_o}{\dot{U}_i} = -\frac{\beta R'_L}{r_{be}+(1+\beta)R_{E1}} = -\frac{100\times\frac{3\times3}{3+3}\text{k}\Omega}{[2.5+(1+100)\times0.2]\text{k}\Omega} = -6.6$$

$$\dot{A}_{us} = \frac{\dot{U}_o}{\dot{U}_s} = \frac{\dot{U}_i}{\dot{U}_s}\times\frac{\dot{U}_o}{\dot{U}_i} = \frac{r_i}{R_s+r_i}\dot{A}_u = \frac{12.9\text{k}\Omega}{(0.1+12.9)\text{k}\Omega}\times(-6.6)\approx -6.55$$

7-13 在如图7-19所示的放大电路中，已知 $U_{CC} = 12\text{V}$、$R_B = 360\text{k}\Omega$、$R_C = 3\text{k}\Omega$、$R_E = 2\text{k}\Omega$、$R_L = 3\text{k}\Omega$、晶体管的 $\beta = 60$。

（1）求静态值 I_B、I_C、U_{CE}。

（2）画出微变等效电路。

（3）求输入电阻 r_i 和输出电阻 r_o。

（4）求电压放大倍数 $\dot{A}_u$。

分析： 与习题7-12一样，由于电阻 R_E 没有与电容并联，所以 R_E 中既有直流电流通过，又有交流电流通过，对电路的静态性能和动态性能都有影响。

解：（1）求静态值 I_B、I_C、U_{CE}。根据图7-19，可画出该放大电路的直流通路，如图7-20a所示。由图7-20a可得

$$I_B R_B + U_{BE} + I_E R_E = U_{CC}$$

而

$$I_E = I_B + I_C = (1+\beta)I_B$$

所以，基极电流的静态值为

图7-19 习题7-13 电路图

$$I_B = \frac{U_{CC}-U_{BE}}{R_B+(1+\beta)R_E} \approx \frac{U_{CC}}{R_B+(1+\beta)R_E} = \frac{12}{360+(1+60)\times2}\text{mA} = 0.025\text{mA}$$

集电极电流的静态值为

$$I_C = \beta I_B = 60\times0.025\text{mA} = 1.5\text{mA}$$

集-射极电压的静态值为

$$U_{CE} = U_{CC} - I_C R_C - I_E R_E \approx U_{CC} - I_C(R_C + R_E) = [12 - 1.5\times(3+2)]\text{V} = 4.5\text{V}$$

（2）画出微变等效电路。根据图7-20可画出该放大电路的交流通路和微变等效电路，如图7-20b、c所示。

（3）求输入电阻 r_i 和输出电阻 r_o。

晶体管的输入电阻为

$$r_{be} = \left[300 + (1+\beta)\frac{26}{I_E}\right]\Omega = \left(300 + 61\times\frac{26}{1.5}\right)\Omega = 1.4k\Omega$$

由图 7-20c，可得

$$\dot{U}_i = r_{be}\dot{I}_b + R_E\dot{I}_e = r_{be}\dot{I}_b + R_E(1+\beta)\dot{I}_b = [r_{be} + (1+\beta)R_E]\dot{I}_b$$

$$\dot{I}_i = \frac{\dot{U}_i}{R_B} + \dot{I}_b = \frac{\dot{U}_i}{R_B} + \frac{\dot{U}_i}{r_{be} + (1+\beta)R_E}$$

所以，输入电阻为

$$r_i = \frac{\dot{U}_i}{\dot{I}_i} = R_B /\!/ [r_{be} + (1+\beta)R_E] = 360k\Omega /\!/ [1.4 + (1+60)\times 2]k\Omega = 92k\Omega$$

计算输出电阻 r_o 的等效电路如图 7-20d 所示。由于 $\dot{U}_i = 0$，有 $\dot{I}_b = 0$、$\dot{I}_c = \beta\dot{I}_b = 0$，所以，输出电阻为

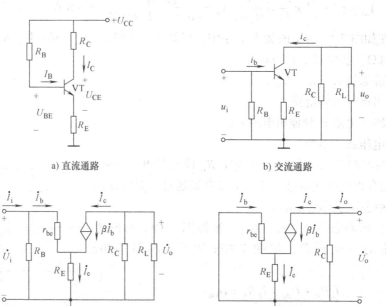

a) 直流通路   b) 交流通路

c) 微变等效电路   d) 计算r_o的电路

图 7-20 习题 7-13 解答用图

$$r_o = \frac{\dot{U}_o}{\dot{I}_o} = R_C = 3k\Omega$$

（4）求电压放大倍数 $\dot{A}_u$。

由图 7-20c，可得

$$\dot{U}_o = -\dot{I}_c R_L' = -\beta\dot{I}_b R_L'$$

式中

$$R_L' = R_C /\!/ R_L$$

所以，电压放大倍数为

$$\dot{A}_u = \frac{\dot{U}_o}{\dot{U}_i} = -\frac{\beta R'_L}{r_{be} + (1+\beta)R_E} = -\frac{60 \times \frac{3 \times 3}{3+3}\text{k}\Omega}{[1.4 + (1+60) \times 2]\text{k}\Omega} = -0.73$$

7-14 在如图 7-21 所示的放大电路中，已知 $U_{CC} = 12\text{V}$、$R_B = 280\text{k}\Omega$、$R_E = 2\text{k}\Omega$、$R_L = 3\text{k}\Omega$，晶体管的 $\beta = 100$。

（1）求静态值 I_B、I_C、U_{CE}。

（2）画出微变等效电路。

（3）求电压放大倍数 $\dot{A}_u$、输入电阻 r_i 和输出电阻 r_o。

分析：本题电路为射极输出器，射极输出器的主要特点是电压放大倍数接近于 1，输入电阻高，输出电阻低。

解：（1）求静态值 I_B、I_C 和 U_{CE}，为

$$I_B = \frac{U_{CC} - U_{BE}}{R_B + (1+\beta)R_E} \approx \frac{U_{CC}}{R_B + (1+\beta)R_E} = \frac{12}{280 + (1+100) \times 2}\text{mA} = 0.025\text{mA}$$

$$I_C = \beta I_B = 100 \times 0.025\text{mA} = 2.5\text{mA}$$

$$U_{CE} \approx U_{CC} - I_C R_E = [12 - 2.5 \times 2]\text{V} = 7\text{V}$$

（2）微变等效电路如图 7-22 所示。

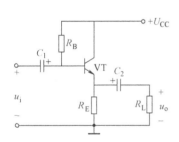

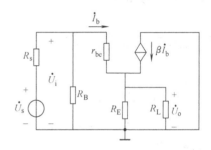

图 7-21 习题 7-14 电路图　　图 7-22 习题 7-14 电路的微变等效电路

（3）求电压放大倍数 $\dot{A}_u$、输入电阻 r_i 和输出电阻 r_o，为

$$r_{be} = 300\Omega + (1+\beta)\frac{26}{I_E} = 300\Omega + (1+100) \times \frac{26}{2.5}\Omega = 1.35\text{k}\Omega$$

$$\dot{A}_u = \frac{\dot{U}_o}{\dot{U}_i} = \frac{(1+\beta)R'_L}{r_{be} + (1+\beta)R'_L} = \frac{(1+100) \times 1.2\text{k}\Omega}{[1.35 + (1+100) \times 1.2]\text{k}\Omega} = 0.99$$

式中

$$R'_L = R_E // R_L = 2 // 3\text{k}\Omega = 1.2\text{k}\Omega$$

$$r_i = R_B // [r_{be} + (1+\beta)R'_L] = 280\text{k}\Omega // [1.35 + (1+100) \times 1.2]\text{k}\Omega = 85\text{k}\Omega$$

$$r_o \approx \frac{r_{be} + R'_s}{\beta} = \frac{1350 + 0}{100}\Omega = 13.5\Omega$$

式中

$$R'_s = R_B // R_s = 200 \times 10^3\Omega // 0 = 0\Omega$$

第8章　负反馈放大器

8.1　教学目标

让学生掌握反馈的概念、负反馈电路的 4 种形式以及负反馈对放大电路性能的影响。

8.2　教学内容

1. 理解反馈的概念。
2. 学习反馈类型的判断。
3. 负反馈对放大电路性能的影响。
4. 了解深度负反馈电路放大倍数的计算。

8.3　重点、难点指导

本章重点：
（1）反馈类型的判断。
（2）负反馈对放大电路性能的影响。

本章难点：
（1）反馈的极性与类型的判断。
（2）负反馈对放大电路性能的改善及其分析方法。

8.3.1　放大电路中的负反馈

1. 反馈的概念

反馈是指将放大电路输出信号（电压或电流）的一部分或全部，通过某种电路（称为反馈电路）送回到输入回路，从而影响输入信号的过程。根据对输入信号的作用，反馈可分为：

（1）正反馈反馈信号增强输入信号。

（2）负反馈反馈信号削弱输入信号。

负反馈放大电路的原理框图如图 8-1 所示。

放大倍数（闭环放大倍数）为

$$A_f = \frac{x_o}{x_i} = \frac{A}{1+AF}$$

式中，A 是基本放大电路的放大倍数（开环放大倍数），$A = x_o/x_d$；F 是反馈网络的反馈系数，$F = x_f/x_o$。

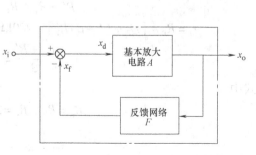

图 8-1　负反馈放大电路的原理框图

2. 反馈极性判别

可应用瞬时极性法判别反馈极性(判别是正反馈还是负反馈),判别的方法如下:

(1)任意设定输入信号的瞬时极性为正或为负(以⊕或⊖标记)。

(2)沿反馈环路逐步确定反馈信号的瞬时极性。

(3)根据反馈信号对输入信号的作用(增强或削弱)确定反馈极性。

晶体管、场效应晶体管及集成运算放大器的瞬时极性如图 8-2 所示。

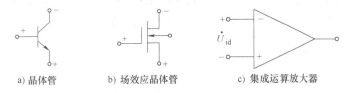

a) 晶体管   b) 场效应晶体管   c) 集成运算放大器

图 8-2　晶体管、场效应晶体管及集成运算放大器的瞬时极性

8.3.2　负反馈的类型及其判别

负反馈放大电路有电压串联负反馈、电压并联负反馈、电流串联负反馈和电流并联负反馈 4 种类型。

(1)电压反馈和电流反馈的判别　电压反馈的反馈信号取自输出电压,反馈信号与输出电压成正比,所以反馈电路是直接从输出端引出的,若输出端交流短路(即 $u_o=0$),则反馈信号消失;电流反馈的反馈信号取自输出电流,反馈信号与输出电流成正比,所以反馈电路不是直接从输出端引出的,若输出端交流短路,反馈信号仍然存在。

(2)串联反馈和并联反馈的判别　串联反馈的反馈信号和输入信号以电压串联方式叠加,即 $u_d=u_i-u_f$,以得到基本放大电路的净输入电压 u_d,所以反馈信号与输入信号加在两个不同的输入端;并联反馈的反馈信号和输入信号以电流并联方式叠加,即 $i_d=i_i-i_f$,以得到基本放大电路的净输入电流 i_d,所以反馈信号与输入信号加在同一个输入端。

8.3.3　负反馈对放大电路性能的影响

(1)减小放大倍数,$A_f=\dfrac{A}{1+AF}$。

(2)稳定放大倍数,$\dfrac{dA_f}{A_f}=\dfrac{1}{1+AF}\dfrac{dA}{A}$。

(3)减小非线性失真。

(4)展宽通频带。

(5)改变输入电阻和输出电阻。

对输入电阻的影响:串联负反馈使输入电阻增大,并联负反馈使输入电阻减小。

对输出电阻的影响:电压负反馈使输出电阻减小,电流负反馈使输出电阻增大。

8.3.4　深度负反馈条件下,电压放大倍数的估算方法

在反馈的一般表达式中 $\left(A_f=\dfrac{A}{1+AF}\right)$,已知 A_f 为闭环放大倍数,A 为开环放大倍数,$1+$

AF 为反馈深度。当 $|1+AF|\gg1$ 时，$A_\mathrm{f}=\dfrac{A}{1+AF}\approx\dfrac{1}{F}$，称为电路满足深度负反馈条件。此时，可利用关系式 $X_\mathrm{i}\approx X_\mathrm{f}$ 估算电路的（电压）放大倍数。

8.4 习题选解

8-1 一负反馈放大电路的开环放大倍数 A 的相对误差为 $\pm25\%$ 时，闭环放大倍数 A_f 的相对误差为 $100\pm1\%$，试计算开环放大倍数 A 及反馈系数 F。

解： 由 $A_\mathrm{f}=\dfrac{A}{1+AF}$ 得

$$1+AF=\frac{A}{A_\mathrm{f}}=\frac{A}{100}=0.01A$$

由 $\dfrac{\mathrm{d}A_\mathrm{f}}{A_\mathrm{f}}=\dfrac{1}{1+AF}\dfrac{\mathrm{d}A}{A}$ 得

$$\pm1\%=\frac{1}{0.01A}\times(\pm25\%)$$

解得

$$A=2500$$

$$F=\frac{0.01A-1}{A}=\frac{0.01\times2500-1}{2500}=0.0096$$

8-2 一负反馈放大电路的开环放大倍数 $A=10^4$，反馈系数 $F=0.0099$，若 A 减小了 10%，求闭环放大倍数 A_f 及其相对变化率。

解： 反馈深度为

$$1+AF=1+10^4\times0.0099=100$$

闭环放大倍数为

$$A_\mathrm{f}=\frac{A}{1+AF}=\frac{10^4}{100}=100$$

闭环放大倍数的相对变化率为

$$\frac{\mathrm{d}A_\mathrm{f}}{A_\mathrm{f}}=\frac{1}{1+AF}\frac{\mathrm{d}A}{A}=\frac{1}{100}\times10\%=0.1\%$$

8-3 指出图 8-3 所示各放大电路中的反馈环节，判别其反馈极性和类型。

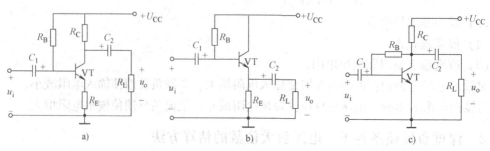

图 8-3 习题 8-3 的图

分析： 在判别放大电路的反馈极性和类型之前，首先要判断放大电路是否存在反馈。如果电路中存在既同输入电路有关，又同输出电路有关的元件或网络，则电路存在反馈，否则不存在反馈。在运用瞬时极性法判别反馈极性时，注意晶体管的基极和发射极瞬时极性相同，而与集电极瞬时极性相反。

答：对图 8-3a 所示电路，引入反馈的是电阻 R_E，为电流串联负反馈。理由如下：①如图 8-4a 所示，设 u_i 为正，则 u_f 亦为正，净输入信号 $u_{be} = u_i - u_f$，与没有反馈时相比减小了，故为负反馈；②由于反馈电路不是直接从输出端引出的，若输出端交流短路（即 $u_o = 0$），反馈信号 u_f 仍然存在（$u_f = i_e R_E \neq 0$），故为电流反馈；③由于反馈信号与输入信号加在两个不同的输入端，两者以电压串联方式叠加，故为串联反馈。

对图 8-3b 所示电路，引入反馈的是电阻 R_E，为电压串联负反馈。理由如下：①如图 8-4b 所示，设 u_i 为正，则 u_f 亦为正，净输入信号 $u_{be} = u_i - u_f$，与没有反馈时相比减小了，故为负反馈；②由于反馈电路是直接从输出端引出的，若输出端交流短路（即 $u_o = 0$），反馈信号 u_f 消失（$u_f = u_o = 0$），故为电压反馈；③由于反馈信号与输入信号加在两个不同的输入端，两者以电压串联方式叠加，故为串联反馈。

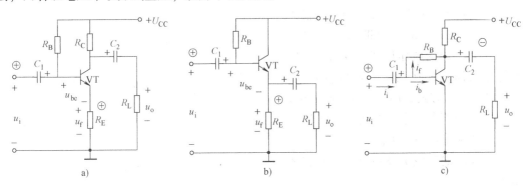

图 8-4　习题 8-3 解答用图

对图 8-3c 所示电路，引入反馈的是电阻 R_B，为电压并联负反馈。理由如下：①如图 8-4c 所示，设 u_i 为正，则 i_i 为正，u_o 为负，i_f 为正，净输入信号 $i_b = i_i - i_f$，与没有反馈时相比减小了，故为负反馈；②由于反馈电路是直接从输出端引出的，若输出端交流短路（即 $u_o = 0$），反馈信号 i_f 消失（$i_f = 0$），故为电压反馈；③由于反馈信号与输入信号加在同一个输入端，两者以电流并联方式叠加，故为并联反馈。

8-4 * 指出图 8-5 所示各放大电路中的反馈环节，判别其反馈极性和类型。

分析：* 本题可在学完第 9 章后再学习，以下同。本题电路由两级运算放大器组成，反馈极性和类型的判别方法与晶体管放大电路的判别方法一样，反馈极性运用瞬时极性法判别，电压反馈和电流反馈的判别看反馈电路是否直接从输出端引出，

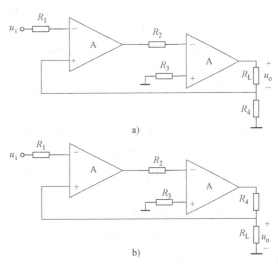

图 8-5　习题 8-4 电路图

并联反馈和串联反馈的判别看反馈信号与输入信号是否加在同一个输入端。

答：对图8-5a所示电路，引入反馈的是电阻 R_4，为电流串联负反馈。理由如下：①如图8-6a所示，设 u_i 为正，则第一级运放的输出为负，第二级运放的输出为正，u_f 亦为正，净输入信号 $u_d = u_i - u_f$，与没有反馈时相比减小了，故为负反馈；②由于反馈电路不是直接从输出端引出的，若输出端交流短路（即 $u_o = 0$），反馈信号 u_f 仍然存在（$u_f = i_o R_4 \neq 0$），故为电流反馈；③由于反馈信号与输入信号加在两个不同的输入端，两者以电压串联方式叠加，故为串联反馈。

对图8-5b所示电路，引入反馈的是电阻 R_L，为电压串联负反馈。理由如下：①如图8-6b所示，设 u_i 为正，则第一级运放的输出为负，第二级运放的输出为正，u_f 亦为正，净输入信号 $u_d = u_i - u_f$，与没有反馈时相比减小了，故为负反馈；②由于反馈电路是直接从输出端引出的，若输出端交流短路（即 $u_o = 0$），反馈信号 u_f 消失（$u_f = u_o = 0$），故为电压反馈；③由于反馈信号与输入信号加在两个不同的输入端，两者以电压串联方式叠加，故为串联反馈。

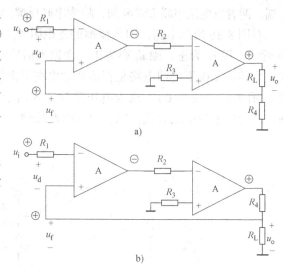

图8-6 习题8-4 解答用图

8-5 对下面的要求，如何引入反馈？

（1）要求稳定静态工作点。

（2）要求输出电流基本不变，且输入电阻提高。

（3）要求电路的输入端向信号源索取的电流较小。

（4）要求降低输出电阻。

（5）要求增大输入电阻。

答：（1）要稳定静态工作点，必须引入直流负反馈。

（2）要求输出电流基本不变，且输入电阻提高，应该引入电流串联负反馈。

（3）要求电路的输入端向信号源索取的电流较小，应该使输入电阻增大，增大输入电阻的方法是引入串联负反馈。

（4）要求降低输出电阻，应该引入的反馈是电压负反馈。

（5）要求增大输入电阻，可以通过引入串联负反馈来实现。

8-6 指出图8-7所示放大电路中的反馈环节，并判别其反馈极性和类型。

分析：本题电路由两级共发射极分压式放大电路组成，其中每级电路存在的反馈称为本级反馈；两级之间存在的反馈称为级间反馈。在既有本级反馈又有级间反馈的多级放大电路中，起主要作用的是级间反馈。

答：第一级引入反馈的是电阻 R_{E1}，为电

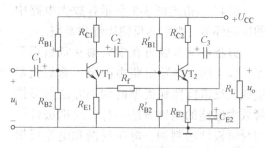

图8-7 习题8-6 的图

流串联负反馈，交流负反馈与直流负反馈同时存在。第二级引入反馈的是电阻 R_{E2}，也是电流串联负反馈，并且只有直流负反馈。引入级间反馈的是电阻 R_{E1} 和 R_f，为电压串联负反馈，并且只有交流负反馈。

8-7 指出图 8-8 所示放大电路中的反馈环节，并判别其反馈极性和类型。

解：第一级引入反馈的是电阻 R_{E1}，为电流串联负反馈，并且只有直流负反馈。第二级引入反馈的是电阻 R_{E2}，也是电流串联负反馈，交流负反馈与直流负反馈同时存在。引入级间反馈的是电阻 R_{E2} 和 R_f，为电流并联负反馈，并且也是交流负反馈与直流负反馈同时存在。

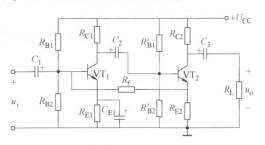

图 8-8 习题 8-7 的图

8-8* 为了增加运算放大器的输出功率，通常在其后面加接互补对称电路来做输出级，如图 8-9 所示。分析图 8-9 中各电路负反馈的类型，并指出能稳定输出电压还是输出电流？输入电阻、输出电阻如何变化？

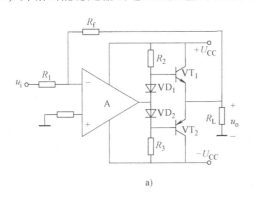

a)

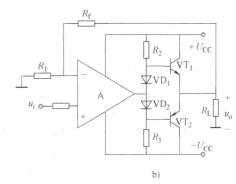

b)

图 8-9 习题 8-8 的图

分析：电压负反馈使输出电阻减小，故能稳定输出电压，电流负反馈使输出电阻增大，故能稳定输出电流。

答：图 8-9a 所示电路引入的是电压并联负反馈，故能稳定输出电压，输入电阻和输出电阻均减小。图 8-9b 所示电路引入的是电压串联负反馈，故能稳定输出电压，输入电阻增大，输出电阻减小。

8-9 在图 8-10 所示的两级放大电路中，试回答：

（1）哪些是直流反馈？

（2）哪些是交流反馈？并说明其反馈极性及类型。

（3）如果 R_f 不接在 VT_2 的集电极，而是接在 C_2 与 R_L 之间，两者有何不同？

（4）如果 R_f 的另一端不是接在 VT_1 的发射极，而是接在 VT_1 的基极，有何不同？是否会变成正反馈？

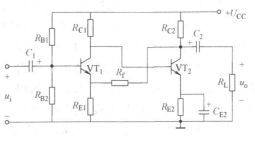

图 8-10 习题 8-9 的图

分析：直流反馈是直流通路中存在的反馈，其作用是稳定静态工作点。交流反馈是交流通路中存在的反馈，其作用是改善放大电路的动态性能。必须注意的是，在负反馈放大电路中，往往同时存在直流反馈和交流反馈。

答：（1）直流反馈有：由 R_{E1} 和 R_{E2} 分别构成第一级和第二级的电流串联负反馈；由 R_{E1} 和 R_f 构成级间的电压串联负反馈。

（2）交流反馈有：由 R_{E1} 构成第一级的电流串联负反馈；由 R_{E1} 和 R_f 构成级间的电压串联负反馈。

（3）如果 R_f 接在 C_2 与 R_L 之间，则只产生级间的交流电压串联负反馈，不产生级间的直流电压串联负反馈。

（4）如果 R_f 的另一端接在 VT$_1$ 的基极，则构成电压并联正反馈。

8-10　试说明对于如图 8-11 所示放大电路欲达到下述目的，应分别引入何种方式的负反馈，并分别画出接线图。

（1）增大输入电阻。

（2）稳定输出电压。

（3）稳定电压放大倍数 A_u。

（4）减小输出电阻但不影响输入电阻。

分析：负反馈对输入电阻的影响只取决于反馈电路在输入端的连接方式（串联或并联），而与反馈电路在输出端的连接方式（电压或电流）无关，串联负反馈使输入电阻增大，并联负反馈使输入电阻减小。负反馈对输出电阻的影响只取决于反馈电路在输出端的连接方式（电压或电流），而与反馈电路在输入端的连接方式（串联或并联）无关，电压负反馈使输出电阻减小，能稳定输出电压，电流负反馈使输出电阻增大，能稳定输出电压。

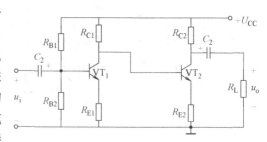

图 8-11　习题 8-10 的图

解：（1）要增大输入电阻，需要引入串联负反馈，所以应将反馈电阻 R_{f1} 从 VT$_1$ 的发射极接至 VT$_2$ 的集电极。

（2）要稳定输出电压，需要引入电压负反馈，所以应将反馈电阻 R_{f1} 从 VT$_1$ 的发射极接至 VT$_2$ 的集电极。

（3）稳定电压放大倍数 A_u 就是要稳定输出电压，需要引入电压负反馈，所以应将反馈电阻 R_{f1} 从 VT$_1$ 的发射极接至 VT$_2$ 的集电极。

（4）要减小输出电阻但又不影响输入电阻，只能在第二级引入电压负反馈，所以应将反馈电阻 R_{f2} 从 VT$_2$ 的集电极接至 VT$_2$ 的基极。

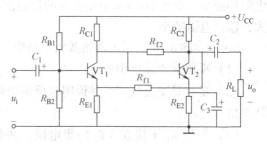

图 8-12　习题 8-10 的解答图

接线图如图 8-12 所示，接入 R_{f1} 同时满足题中前 3 个要求。接入 R_{f2} 满足题中第 4 个要求。

第9章　集成运算放大器基础

9.1　教学目标

让学生掌握集成运算放大器的组成、差动放大电路的工作原理、理想运算放大器在线性和非线性应用时的分析方法。

9.2　教学内容

1. 差动放大电路的工作原理及分析方法。
2. 掌握理想运算放大器在线性和非线性应用时的分析方法。
3. 掌握集成运算放大器的反相、同相、差动 3 种基本输入方式及其电路的特点。
4. 熟悉比例、加减、积分、微分等基本运算电路的结构、工作原理、特点和功能。

9.3　重点、难点指导

本章重点：
(1) 理想运算放大器在线性和非线性应用时的分析方法。
(2) 集成运算放大器的反相、同相、差动 3 种基本输入方式及其电路的特点。
(3) 各种基本线性运算放大电路的结构、工作原理、特点和功能。
本章难点：
(1) 差动放大电路的工作原理及分析方法。
(2) 各种基本线性运算放大电路的分析计算。

9.3.1　差动放大电路

1. 电路组成和工作原理

差动放大电路由完全相同的两个单管放大电路组成，两个晶体管特性一致，两侧电路参数对称，是抑制直接耦合放大电路零点漂移的最有效电路。

2. 信号输入

(1) 共模输入　两个输入信号的大小相等、极性相同，即 $u_{i1} = u_{i2} = u_{ic}$。在共模输入信号作用下，电路的输出电压 $u_o = 0$，共模电压放大倍数 $A_c = 0$。

(2) 差模输入　两个输入信号的大小相等、极性相反，即 $u_{i1} = -u_{i2} = u_{id}/2$。在共模输入信号作用下，电路的输出电压 $u_o = 2u_{o1}$，差模电压放大倍数 $A_d = A_{d1}$。

(3) 比较输入　两个输入信号大小不等、极性可相同或相反，即 $u_{i1} \neq u_{i2}$，可分解为共模信号和差模信号的组合，即

$$u_{i1} = u_{ic} + u_{id}$$

$$u_{i2} = u_{ic} - u_{id}$$

式中，u_{ic} 为共模信号，u_{id} 为差模信号，分别为

$$u_{ic} = \frac{1}{2}(u_{i1} + u_{i2})$$

$$u_{id} = \frac{1}{2}(u_{i1} - u_{i2})$$

输出电压为

$$u_{o1} = A_c u_{ic} + A_d u_{id}$$

$$u_{o2} = A_c u_{ic} - A_d u_{id}$$

$$u_o = u_{o1} - u_{o2} = 2A_d u_{id} = A_d(u_{i1} - u_{i2})$$

3. 共模抑制比

共模抑制比是衡量差动放大电路放大差模信号和抑制共模信号的能力的重要指标，定义为 A_d 与 A_c 之比的绝对值，即

$$CMRR = \left| \frac{A_d}{A_c} \right|$$

或用对数形式表示为

$$CMR = 20\lg \left| \frac{A_d}{A_c} \right| \, \text{dB}$$

提高共模抑制比的方法有：调零电位器 R_P、增大发射极电阻 R_E、采用恒流源。

4. 差动放大电路的输入输出方式

差动放大电路有 4 种输入输出方式，双端输出时差动放大电路的差模电压放大倍数为

$$A_d = \frac{u_o}{u_{i1} - u_{i2}} = -\frac{\beta R'_L}{r_{be}}$$

式中，$R'_L = R_C /\!/ \dfrac{R_L}{2}$，相当于每管各带一半负载电阻。

单端输出时差动放大电路的差模电压放大倍数为

$$A_d = -\frac{1}{2} \frac{\beta R'_L}{r_{be}} (\text{反相输出})$$

$$A_d = \frac{1}{2} \frac{\beta R'_L}{r_{be}} (\text{同相输出})$$

式中，$R'_L = R_C /\!/ R_L$。

9.3.2　集成运算放大器

1. 集成运算放大器的特点

（1）内部电路采用直接耦合，没有电感和电容，需要时可外接。

（2）用于差动放大电路的对管在同一芯片上制成，对称性好、温度漂移小。

（3）大电阻用晶体管恒流源代替，动态电阻大、静态压降小。

（4）二极管由晶体管构成，把发射极、基极、集电极三者适当组配使用。

2. 集成运算放大器的组成

（1）输入级　是双端输入、单端输出的差动放大电路，两个输入端分别为同相输入端和反相输入端，作用是减小零点漂移、提高输入电阻。

（2）中间级　是带有源负载的共发射极放大电路，作用是进行电压放大。

（3）输出级　是互补对称射极输出电路，作用是为了提高电路的带负载能力。

（4）偏置电路　由各种恒流源电路构成，作用是决定各级的静态工作点。

3. 集成运放的理想模型

集成运放的主要参数有：差模开环电压放大倍数 A_{do}，共模开环电压放大倍数 A_{co}，共模抑制比 K_{CMR}，差模输入电阻 r_{id}，输入失调电压 U_{io}，失调电压温度系数 $\Delta U_{io}/\Delta T$，转换速率 S_R 等。

在分析计算集成运放的应用电路时，通常将运放的各项参数都理想化。集成运放的理想参数主要有：

（1）开环电压放大倍数 $A_{do} = \infty$。

（2）差模输入电阻 $r_{id} = \infty$。

（3）输出电阻 $r_o = 0$。

（4）共模抑制比 $CMRR = \infty$。

理想运放的符号以及运放的电压传输特性 $u_o = A_{do}u_i = A_{do}(u_+ - u_-)$ 如图 9-1 所示。

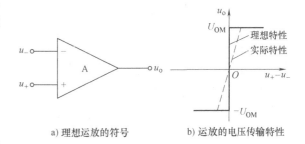

a）理想运放的符号　　b）运放的电压传输特性

图 9-1　理想运放的符号和电压传输特性

4. 运放工作在线性区的分析依据

引入深度负反馈时，运放工作在线性区。工作在线性区的理想运放的分析依据为：

（1）两个输入端的输入电流为零，即 $i_+ = i_- = 0$，称为"虚断"。

（2）两个输入端的电位相等，即 $u_+ = u_-$，称为"虚短"。若 $u_+ = 0$，则 $u_- = 0$，即反相输入端的电位为"地"电位，称为"虚地"。

5. 运放工作在非线性区的分析依据

处于开环状态或引入正反馈时，运放工作在非线性区。工作在非线性区的理想运放的分析依据为：

（1）$u_+ > u_-$ 时，$u_o = +U_{OM}$；$u_+ < u_-$ 时，$u_o = -U_{OM}$。

（2）$i_+ = i_- = 0$。

9.3.3　集成运算放大器的线性应用

线性应用是指运算放大器工作在线性状态，即输出电压与输入电压是线性关系，主要用来实现对各种模拟信号进行比例、求和、积分、微分等数学运算，以及有源滤波、采样保持等信号处理工作，分析方法是应用"虚断"和"虚短"这两条分析依据。线性应用的条件是必须引入深度负反馈。集成运算放大器线性应用的基本电路以及输出电压与输入电压的关系(电压传输关系)见表 9-1。

表9-1 集成运算放大器线性应用的基本电路以及输出电压与输入电压的关系

名称	电路	电压传输关系	说明
反相比例运算		$u_o = -\dfrac{R_f}{R_1}u_i$ $R_2 = R_1 /\!/ R_f$	电压并联负反馈 $u_- = u_+ = 0$ R_2 为平衡电阻
同相比例运算		$u_o = \left(1 + \dfrac{R_f}{R_1}\right)u_i$ $R_2 = R_1 /\!/ R_f$	电压串联负反馈 $u_- = u_+ = u_i$ R_2 为平衡电阻
电压跟随器		$u_o = u_i$	电压串联负反馈 $u_- = u_+ = u_i$
反相加法运算		$u_o = -\left(\dfrac{R_f}{R_1}u_{i1} + \dfrac{R_f}{R_2}u_{i2}\right)$ $R_3 = R_1 /\!/ R_2 /\!/ R_f$	电压并联负反馈 $u_- = u_+ = 0$ R_2 为平衡电阻
减法运算		$u_o = -\dfrac{R_f}{R_1}u_{i1} + \left(1 + \dfrac{R_f}{R_1}\right)\dfrac{R_3}{R_2+R_3}u_{i2}$ 当 $R_f = R_3$, $R_1 = R_2$ 时 $u_o = \dfrac{R_f}{R_1}(u_{i2} - u_{i1})$ $R_2 /\!/ R_3 = R_1 /\!/ R_f$	R_f 对 u_{i1} 电压并联负反馈，对 u_{i2} 电压串联负反馈 $u_- = u_+$ 运用叠加定理分析
积分运算		$u_o = -\dfrac{1}{RC}\int u_i dt$ $R_1 = R$	电压并联负反馈 $u_- = u_+ = 0$ R_1 为平衡电阻
微分运算		$u_o = -RC\dfrac{du_i}{dt}$ $R_1 = R$	电压并联负反馈 $u_- = u_+ = 0$ R_1 为平衡电阻
有源低通滤波器		$\dfrac{U_o}{U_i} = \dfrac{1 + \dfrac{R_f}{R_1}}{\sqrt{1 + \left(\dfrac{\omega}{\omega_c}\right)^2}}$	电压串联负反馈 $u_- = u_+$ $\omega_c = \dfrac{1}{RC}$

（续）

名称	电路	电压传输关系	说明
有源高通滤波器	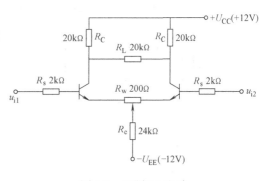	$$\frac{U_o}{U_i} = \frac{1 + \dfrac{R_f}{R_1}}{\sqrt{1 + \left(\dfrac{\omega_c}{\omega}\right)^2}}$$	电压串联负反馈 $u_- = u_+$ $\omega_c = \dfrac{1}{RC}$

9.4 习题选解

9-1 什么是零点漂移？产生零点漂移的主要原因是什么？差动放大电路为什么能抑制零点漂移？

答：由于集成运放的级间采用直接耦合方式，各级的静态工作点相互影响，前一级的静态工作点的变化将会影响到后面各级的静态工作点。由于各级的放大作用，第一级的微弱信号变化，经多级放大后在输出端也会产生很大变化。当输入电压为零时，输出电压偏离零值的变化称为"零点漂移"。产生"零点漂移"的原因主要是因为晶体管的参数受温度的影响。差动电路是采用两个参数完全对称的电路，两个管子的温度特性也完全对称，所以当输入电压为零时，两个管子集电极电位是相等的，差动电路能够抑制"零点漂移"。

9-2 长尾式差动放大电路中 R_e 的作用是什么？它对共模输入信号和差模输入信号有何影响？

答：对共模电路的影响。对于双端输出电路而言，由于电路对称，其共模输出电压为零。但当单端输出时，由于 R_e 引入了很强的负反馈，将对零漂起到抑制作用。所以 R_e 接入使得共模放大倍数下降很多，对零漂有很强的抑制作用。

对于差模电路而言。流过 R_e 的电流大小相同、方向相反，在 R_e 上的压降为零，相当于"虚地"，所以对差模信号不产生任何影响。

所以，R_e 引入的目的是抑制零漂，提高电路的共模抑制比。

9-3 差动放大电路如图 9-2 所示，晶体管的参数 $\beta_1 = \beta_2 = 50$，$r'_{bb1} = r'_{bb2} = 300\Omega$，其他电路参数如图 9-2 所示。试求：

（1）静态工作点。

（2）差模电压放大倍数和共模电压放大倍数。

（3）共模抑制比。

（4）差模输入电阻和输出电阻。

解：（1）静态工作点

静态时，输入短路，流过 R_e 的电流为 I_{E1} 和 I_{E2} 之和，且电路对称，故 $I_{E1} = I_{E2} = I_E$，因为 $U_{EE} - U_{BE} = I_B R_s + I_E(R_w/2) + 2I_E R_e$

图 9-2 习题 9-3 电路

又

$$I_B = \frac{I_E}{1+\beta}$$

所以

$$I_E = \frac{U_{EE} - U_{BE}}{2R_e + \dfrac{R_w}{2} + \dfrac{R_s}{1+\beta}} = \frac{12 - 0.7}{2 \times 24000 + 50 + 40} \text{A} \approx 0.23 \text{mA}$$

（2）差模电压放大倍数和共模电压放大倍数

由于对于差模电压放大倍数 R_c 不产生任何影响，故双端输出的差模放大倍数为

$$R'_L = R_c \mathbin{/\mkern-5mu/} \left(\frac{R_L}{2} \right) = 20/3 \text{k}\Omega$$

$$A_{ud} = -\frac{\beta R'_L}{R_s + r_{be}} = -\frac{50 \times \dfrac{20}{3} \times 10^3 \Omega}{(2000 + 300)\Omega} \approx -145$$

双端输出的共模电压放大倍数，由于电路对称，故输出电压为 0，所以，放大倍数为零。

单端输出的共模电压放大倍数为

$$A_{uc} = -\frac{\beta R'_L}{R_s + r_{be} + (1+\beta)\dfrac{R_w}{2} + (1+\beta)2R_e} = -\frac{50 \times \dfrac{20}{3} \times 10^3 \Omega}{(2000 + 300 + 51 \times 100 + 51 \times 48000)\Omega} \approx -0.14$$

（3）共模抑制比

$$CMRR = \left| \frac{A_{ud}}{A_{uc}} \right| = \left| \frac{145}{0.14} \right| \approx 10000$$

（4）差模输入电阻和输出电阻

$$r_{id} = 2\left[R_s + r_{be} + (1+\beta)\frac{R_w}{2} \right] = 2 \times [2000 + 300 + 51 \times 100]\Omega = 14.8 \text{k}\Omega$$

$$r_{od} = 2R_c = 2 \times 20 \text{k}\Omega = 40 \text{k}\Omega$$

9-4　假设图 9-3 所示电路中的集成运放是理想的，试求该电路的电压传输函数关系式。

解：要求电路的传输函数就是确定输出电压与输入电压之间的关系。由图可知：假定流过 R_1 的电流为 I，则

$$u_i = IR_1$$

$$u_A = -IR_2 = -\frac{u_i}{R_1}R_2$$

$$u_o = -\left(I - \frac{u_A}{R_3} \right)R_4 + u_A = -\left(\frac{u_i}{R_1} + \frac{u_i R_2}{R_1 R_3} \right)R_4 - \frac{u_i R_2}{R_1} = -\frac{R_2}{R_1}\left(\frac{R_4}{R_2} + \frac{R_4}{R_3} + 1 \right)u_i$$

9-5　图 9-4 所示为同相加法器，试证明：

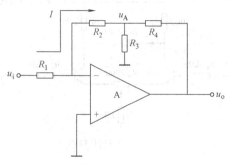

图 9-3　习题 9-4 电路图

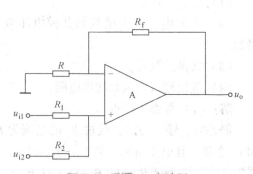

图 9-4　习题 9-5 电路图

$$u_o = \left(1 + \frac{R_f}{R}\right)\left(\frac{R_2}{R_1+R_2}u_{i1} + \frac{R_1}{R_1+R_2}u_{i2}\right)$$

证明： $u_- = \dfrac{u_o}{R_f+R}R = u_+$（先计算出 u_-，又因为"虚地"概念，所以 $u_- = u_+$）

$$\frac{u_{i1}-u_+}{R_1} + \frac{u_{i2}-u_+}{R_2} = 0 \ (r_i = \infty，所以 i = 0)$$

故

$$\frac{u_{i1}}{R_1} + \frac{u_{i2}}{R_2} = \left(\frac{1}{R_1}+\frac{1}{R_2}\right)u_+ = \frac{R_1+R_2}{R_1R_2}\left(\frac{u_o}{R_f+R}\right)R$$

$$u_o = \left(1 + \frac{R_f}{R}\right)\left(\frac{R_2}{R_1+R_2}u_{i1} + \frac{R_1}{R_1+R_2}u_{i2}\right) 证毕。$$

9-6 试求图9-5所示电路的电压传输关系式。

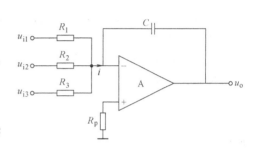

解： $i = \dfrac{u_{i1}}{R_1} + \dfrac{u_{i2}}{R_2} + \dfrac{u_{i3}}{R_3}$

$$u_o = -u_c = -\frac{1}{C}\int i\,dt = -\frac{1}{C}\int\left(\frac{u_{i1}}{R_1}+\frac{u_{i2}}{R_2}+\frac{u_{i3}}{R_3}\right)dt$$

9-7 求图9-6所示电路中 u_o 与 u_i 的关系。

图9-5 习题9-6电路图

分析： 在分析计算多级运算放大电路时，重要的是找出各级之间的相互关系。首先分析第一级输出电压与输入电压的关系，再分析第二级输出电压与输入电压的关系，逐级类推，最后确定整个电路的输出电压与输入电压之间的关系。本题电路是两级反相输入比例运算电路，第二级的输入电压 u_{i2} 就是第一级的输出电压 u_{o1}，整个电路的输出电压 $u_o = u_{o2} - u_{o1}$。

解： 第一级的输出电压为

$$u_{o1} = -\frac{5R_1}{R_1}u_i = -5u_i$$

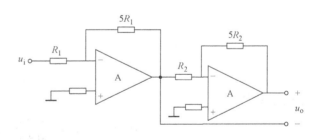

第二级的输出电压为

$$u_{o2} = -\frac{5R_2}{R_2}u_{o1} = -5u_{o1} = 25u_i$$

所以

$$u_o = u_{o2} - u_{o1} = 25u_i - (-5u_i) = 30u_i$$

图9-6 习题9-7的图

9-8 求图9-7所示电路中 u_o 与 u_i 的关系。

分析： 本题电路第一级为电压跟随器，第二级为同相输入比例运算电路，整个电路的输出电压 $u_o = u_{o2}$。

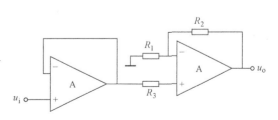

解： 第一级的输出电压为

$$u_{o1} = u_i$$

第二级的输出电压为

图9-7 习题9-8的图

$$u_o = u_{o2} = \left(1 + \frac{R_2}{R_1}\right)u_{o1} = \left(1 + \frac{R_2}{R_1}\right)u_i$$

9-9　按下列运算关系设计运算电路，并计算各电阻的阻值。

（1）$u_o = -2u_i$（已知 $R_f = 100\text{k}\Omega$）。

（2）$u_o = 2u_i$（已知 $R_f = 100\text{k}\Omega$）。

（3）$u_o = -2u_{i1} - 5u_{i2} - u_{i3}$（已知 $R_f = 100\text{k}\Omega$）。

（4）$u_o = 2u_{i2} - 5u_{i1}$（已知 $R_f = 100\text{k}\Omega$）。

（5）$u_o = -2\int u_{i1}\mathrm{d}t - 5\int u_{i2}\mathrm{d}t$（已知 $C = 1\mu\text{F}$）。

分析：运算放大电路的设计，首先应根据已知的运算关系式确定待设计电路的性质，其次再计算满足该关系式的电路元件参数。

解：（1）根据运算关系式 $u_o = -2u_i$，可知待设计电路为反相输入比例运算电路，如图 9-8a 所示。由于

$$u_o = -2u_i = -\frac{R_f}{R_1}u_i$$

所以

$$R_1 = \frac{1}{2}R_f = \frac{1}{2} \times 100\text{k}\Omega = 50\text{k}\Omega$$

平衡电阻为

$$R_2 = R_1 /\!/ R_f = \frac{50 \times 100}{50 + 100}\text{k}\Omega = 33\text{k}\Omega$$

（2）根据运算关系式 $u_o = 2u_i$，可知待设计电路为同相输入比例运算电路，如图 9-8b 所示。由于

$$u_o = 2u_i = \left(1 + \frac{R_f}{R_1}\right)u_i$$

所以

$$R_1 = R_f = 100\text{k}\Omega$$

平衡电阻为

$$R_2 = R_1 /\!/ R_f = \frac{100 \times 100}{100 + 100}\text{k}\Omega = 50\text{k}\Omega$$

（3）根据运算关系式 $u_o = -2u_{i1} - 5u_{i2} - u_{i3}$，可知待设计电路为反相输入加法运算电路，如图 9-8c 所示。由于

$$u_o = -2u_{i1} - 5u_{i2} - u_{i3} = -\frac{R_f}{R_1}u_{i1} - \frac{R_f}{R_2}u_{i2} - \frac{R_f}{R_3}u_{i3}$$

所以

$$R_1 = \frac{1}{2}R_f = \frac{1}{2} \times 100\text{k}\Omega = 50\text{k}\Omega$$

$$R_2 = \frac{1}{5}R_f = \frac{1}{5} \times 100\text{k}\Omega = 20\text{k}\Omega$$

$$R_3 = R_f = 100\text{k}\Omega$$

平衡电阻为

$$R_4 = R_1 /\!/ R_2 /\!/ R_3 /\!/ R_f = (50 /\!/ 20 /\!/ 100 /\!/ 100) \text{k}\Omega = 11 \text{k}\Omega$$

（4）根据运算关系式 $u_o = 2u_{i2} - 5u_{i1}$，可知待设计电路为减法运算电路，如图 9-8d 所示。由于

$$u_o = 2u_{i2} - 5u_{i1} = \left(1 + \frac{R_f}{R_1}\right)\frac{R_3}{R_2 + R_3}u_{i2} - \frac{R_f}{R_1}u_{i1}$$

所以

$$R_1 = \frac{1}{5}R_f = \frac{1}{5} \times 100\text{k}\Omega = 20\text{k}\Omega$$

$$\left(1 + \frac{R_f}{R_1}\right)\frac{R_3}{R_2 + R_3} = 6 \times \frac{R_3}{R_2 + R_3} = 2$$

取

$$R_2 = R_f = 100\text{k}\Omega$$

则

$$R_3 = \frac{1}{2} \times R_f = \frac{1}{2} \times 100\text{k}\Omega = 50\text{k}\Omega$$

（5）根据运算关系式 $u_o = -2\int u_{i1}\mathrm{d}t - 5\int u_{i2}\mathrm{d}t$，可知待设计电路为反相输入积分加法运算电路，如图 9-8e 所示。应用"虚断"和"虚短"这两条分析依据，得

$$\frac{u_{i1}}{R_1} + \frac{u_{i2}}{R_2} = -C\frac{\mathrm{d}u_o}{\mathrm{d}t}$$

解得

$$u_o = -\frac{1}{R_1 C}\int u_{i1}\mathrm{d}t - \frac{1}{R_2 C}\int u_{i2}\mathrm{d}t$$

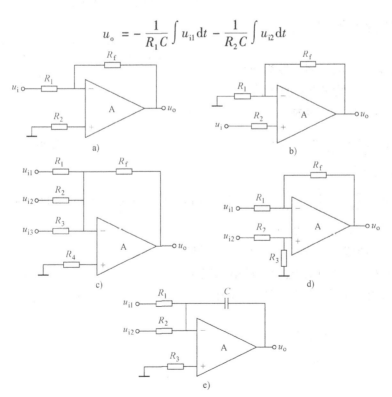

图 9-8　习题 9-9 解答用图

与关系式 $u_o = -2\int u_{i1}dt - 5\int u_{i2}dt$ 对照，可得

$$R_1 = \frac{1}{2C} = \frac{1}{2 \times 1 \times 10^{-6}}\Omega = 500\text{k}\Omega$$

$$R_2 = \frac{1}{5C} = \frac{1}{5 \times 1 \times 10^{-6}}\Omega = 200\text{k}\Omega$$

平衡电阻为

$$R_3 = R_1 /\!/ R_2 = 500 /\!/ 200 = 143\text{k}\Omega$$

在设计过程中，有时并不是一种运算关系式仅有一种电路，有的关系式可用不同形式的电路来实现。

9-10　求图 9-9 所示电路中 u_o 与 u_{i1}、u_{i2} 的关系。

分析：本题两级电路第一级为两个电压跟随器，第二级为加法运算电路。

解：第一级两个电压跟随器的输出电压为

$$u_{o1} = u_{i1}$$
$$u_{o2} = u_{i2}$$

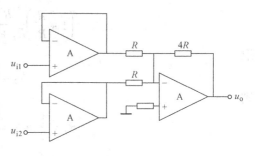

图 9-9　习题 9-10 的图

第二级的输出电压为

$$u_o = -\left(\frac{4R}{R}u_{o1} + \frac{4R}{R}u_{o2}\right) = -(4u_{o1} + 4u_{o2}) = -4(u_{i1} + u_{i2})$$

9-11　求图 9-10 所示电路中 u_o 与 u_{i1}、u_{i2} 的关系。

分析：本题两级电路第一级为同相输入比例运算电路，第二级为减法运算电路。

解：第一级的输出电压为

$$u_{o1} = \left(1 + \frac{40}{120}\right)u_{i1} = \frac{4}{3}u_{i1}$$

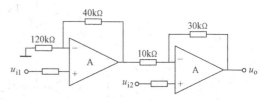

图 9-10　习题 9-11 的图

第二级的输出电压为

$$u_o = -\frac{30}{10}u_{o1} + \left(1 + \frac{30}{10}\right)u_{i2} = -3u_{o1} + 4u_{i2} = -3 \times \frac{4}{3}u_{i1} + 4u_{i2} = 4(u_{i2} - u_{i1})$$

9-12　求图 9-11 所示电路中 u_o 与 u_{i1}、u_{i2} 的关系。

分析：本题两级电路第一级为两个电压跟随器，第二级为一个电压跟随器，求第二级电压跟随器输入电压最简便的方法是利用叠加定理。

解：第一级的输出电压为

$$u_{o1} = u_{i1}$$
$$u_{o2} = u_{i2}$$

利用叠加定理，得第二级的输出电压为

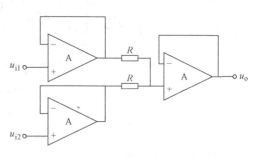

图 9-11　习题 9-12 的图

$$u_o = u_{2+} = \frac{R}{R+R}u_{o1} + \frac{R}{R+R}u_{o2} = 0.5(u_{o1}+u_{o2}) = 0.5(u_{i1}+u_{i2})$$

9-13　求图 9-12 所示电路中 u_o 与 u_{i1}、u_{i2}、u_{i3} 的关系。

分析：本题两级电路第一级由一个加法运算电路和一个反相输入比例运算电路组成，第二级为减法运算电路。

解：第一级的输出电压为

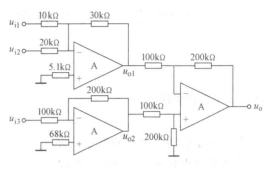

$$u_{o1} = -\left(\frac{30}{10}u_{i1} + \frac{30}{20}u_{i2}\right) = -3u_{i1} - 1.5u_{i2}$$

$$u_{o2} = -\frac{200}{100}u_{i3} = -2u_{i3}$$

图 9-12　习题 9-13 的图

第二级的输出电压为

$$u_o = \frac{200}{100}(u_{o2}-u_{o1}) = 2\left[-2u_{i3} - (-3u_{i1}-1.5u_{i2})\right] = 6u_{i1} + 3u_{i2} - 4u_{i3}$$

9-14　电路如图 9-13 所示，运算放大器最大输出电压 $U_{OM} = \pm 12\text{V}$，$u_i = 3\text{V}$，分别求 $t = 1\text{s}$、2s、3s 时电路的输出电压 u_o。

分析：本题两级电路第一级为由反相输入比例运算电路组成，第二级为积分电路。计算时注意集成运算放大器的输出电压不会超过最大输出电压 U_{OM}。

解：第一级的输出电压为

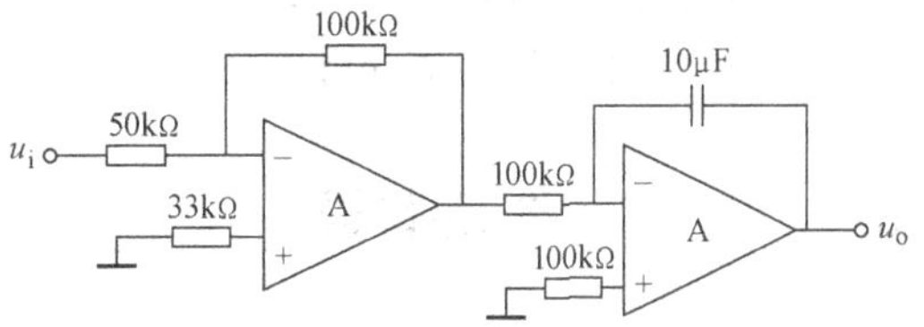

图 9-13　习题 9-14 的图

$$u_{o1} = -\frac{100}{50}u_i = -2 \times 3\text{V} = -6\text{V}$$

第二级的输出电压为

$$u_o = -\frac{1}{100 \times 10^3 \times 10 \times 10^{-6}}\int u_{o1}\,\mathrm{d}t = 6t\text{V}$$

$t = 1\text{s}$ 时电路的输出电压 u_o 为

$$u_o = 6 \times 1\text{V} = 6\text{V}$$

$t = 2\text{s}$ 时电路的输出电压 u_o 为

$$u_o = 6 \times 2\text{V} = 12\text{V}$$

$t = 3\text{s}$ 时电路的输出电压 u_o 为

$$u_o = 6 \times 3\text{V} = 18\text{V}$$

这时输出电压 u_o 已超过运算放大器的最大输出电压 U_{OM}，因此，这是不可能的。实际上 u_o 等于 U_{OM} 时运算放大器已经工作在饱和状态，此后 u_o 不会再增大，所以，$t = 3\text{s}$ 时电路的输出电压 u_o 仍为 12V。

第10章 功率放大电路与直流稳压电源

10.1 教学目标

让学生掌握功率放大的概念，功率放大电路的基本形式及相关参数的计算。让学生掌握直流电源电路的构成，学习基本电源电路的分析与设计。

10.2 教学内容

1. 理解功率放大的概念。
2. 学习功率放大电路的形式。
3. 理解直流电源的基本构成。
4. 学习直流电源电路分析与设计。

10.3 重点、难点指导

本章重点：
(1) 功率放大电路的分析。
(2) 直流稳压电路的组成。
本章难点：
(1) 功率放大电路分析与计算。
(2) 直流稳压电源的分析与设计方法。

10.3.1 功率放大电路学习指导

1. 电路特点

功率放大器作为放大电路的输出级，具有以下几个特点：

1) 由于功率放大器的主要任务是向负载提供一定的功率，因而输出电压和电流的幅度足够大。

2) 由于输出信号幅度较大，使晶体管工作在饱和区与截止区的边沿，因此输出信号存在一定程度的失真。

3) 功率放大器在输出功率的同时，晶体管消耗的能量亦较大，因此，不可忽视管耗问题。

2. 电路要求

根据功率放大器在电路中的作用及特点，首先要求它输出功率大、非线性失真小、效率高。其次，由于晶体管工作在大信号状态，要求它的极限参数 I_{CM}、P_{CM}、$U_{(BR)CEO}$ 等应满足电路正常工作并留有一定余量，同时还要考虑晶体管有良好的散热功能，以降低结温，确保晶体管安全工作。

3. 功率放大器的分类

根据放大器中晶体管静态工作点设置的不同，可分成甲类、乙类和甲乙类 3 种。

甲类放大器的工作点设置在放大区的中间，这种电路的优点是在输入信号的整个周期内晶体管都处于导通状态，输出信号失真较小（前面讨论的电压放大器都工作在这种状态），缺点是晶体管有较大的静态电流 I_{CQ}，这时管耗 P_C 大，电路能量转换效率低。

乙类放大器的工作点设置在截止区，这时，由于晶体管的静态电流 $I_{CQ}=0$，所以能量转换效率高，它的缺点是只能对半个周期的输入信号进行放大，非线性失真大。

甲乙类放大电路的工作点设在放大区但接近截止区，即晶体管处于微导通状态，这样可以有效克服乙类放大电路的失真问题，且能量转换效率也较高，目前使用较广泛。

10.3.2 直流稳压电源学习指导

1. 整流电路

整流电路的作用是将交流电（正弦或非正弦）变换为单方向脉动的直流电，完成这一任务主要是靠二极管的单向导电作用，因此二极管是构成整流电路的核心元件。各种整流电路性能比较见表 10-1，应重点掌握单相桥式整流电路。

整流电路研究的主要问题是输出电压的波形以及输出电压的平均值 U_o（即输出电压的直流分量大小），均列于表 10-1 中。表中还列出了各种整流电路的二极管中流过的电流平均值 I_D 和二极管承受的最高反向电压 U_{DRM}，它们是二极管的主要技术参数。变压器二次电流的有效值 I_2 是选择整流变压器的主要指标之一。

分析整流电路工作原理的依据是看哪个二极管承受正向电压，单相桥式整流电路是看哪个二极管阳极电位最高或阴极电位最低，决定其是否导通。分析时二极管的正向压降及反向电流均可忽略不计，即可将二极管视作理想的单向导电元件。

表 10-1 各种整流电路性能比较表

类型	整流电路	整流电压波形	整流电压平均值 U_o	二极管电流平均值 I_D	二极管承受的最高反向电压 U_{DRM}
单相半波			$0.45U_2$	I_o	$\sqrt{2}U_2$
单相全波			$0.9U_2$	$\frac{1}{2}I_o$	$2\sqrt{2}U_2$
单相桥式			$0.9U_2$	$\frac{1}{2}I_o$	$\sqrt{2}U_2$

2. 滤波电路

滤波电路的作用是减小整流输出电压的脉动程度，滤波通常是利用电容或电感的能量存储功能来实现的。

最简单的滤波电路是电容滤波电路，滤波电容 C 与负载电阻 R_L 并联，其特点是：

（1）输出电压的脉动大为减小，并且电压较高。

半波整流：$U_o = U_2$

全波整流：$U_o = 1.2U_2$

（2）输出电压在负载变化时波动较大，只适用于负载较轻且变化不大的场合，一般要求时间常数满足：

$$\tau = R_L C \geqslant (3 \sim 5)\frac{T}{2}$$

（3）二极管导通时间缩短，电流峰值大，容易损坏二极管。

（4）单相半波整流时二极管承受的最高反向电压增大一倍，为

$$U_{DRM} = 2\sqrt{2}U_2$$

除了电容滤波电路以外，还有电感滤波电路以及由电容和电感或电阻组成的 LC、$CLC\pi$ 型、$CRC\pi$ 型等复合滤波电路。电感滤波电路的输出电压较低，一般 $U_o = 0.9U_2$，峰值电流很小，输出特性较平坦，负载改变时，对输出电压的影响也较小，适用于负载电压较低、电流较大以及负载变化较大的场合。缺点是制作复杂、体积大、笨重，且存在电磁干扰。LC 和 $CLC\pi$ 型滤波电路适用于负载电流较大，要求输出电压脉动较小的场合。负载较轻时常采用 $CRC\pi$ 型滤波电路。

3. 直流稳压电路

直流稳压电路的作用是将不稳定的直流电压变换成稳定且可调的直流电压的电路，完成这一任务的是稳压管的稳压作用或在电路中引入电压负反馈。

4. 并联型线性稳压电路

并联型线性稳压电路是将稳压管与负载电阻并联，稳压管工作在反向击穿区，可在一定的条件下使输出电压基本不变，从而起到稳定电压的作用，如图 10-1 所示。

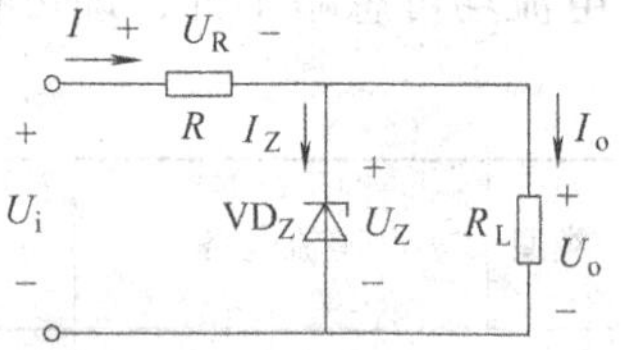

稳压过程：

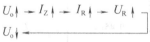

图 10-1　并联型直流稳压电路

稳压管的选择：

$$U_Z = U_o$$
$$I_{ZM} = (1.5 \sim 3)I_{omax}$$
$$U_i = (2 \sim 3)U_o$$

限流电阻的选择：

$$\frac{U_{imax} - U_Z}{I_{ZM} - I_{omin}} < R < \frac{U_{imin} - U_Z}{I_Z - I_{omax}}$$

5. 串联型线性稳压电路

串联型直流稳压电路的基本原理图如图 10-2 所示。整个电路由 4 部分组成：

（1）取样环节。由 R_1、R_P、R_2 组成的分压电路构成。它将输出电压 U_o 分出一部分作为取样电压 U_f，送到比较放大环节。

（2）基准电压。由稳压二极管 VD_Z 和电阻 R_3 构成的稳压电路组成。它为电路提供一个稳定的基准电压 U_Z，作为调整、比较的标准。

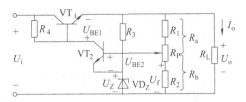

图 10-2　串联型直流稳压电路的基本原理图

（3）比较放大环节。由 VT_2 和 R_4 构成的直流放大电路组成。其作用是将取样电压 U_f 与基准电压 U_Z 之差放大后去控制调整管 VT_1。

（4）调整环节。由工作在线性放大区的功率管 VT_1 组成。VT_1 的基极电流 I_{B1} 受比较放大电路输出的控制，它的改变又可使集电极电流 I_{C1} 和集、射电压 U_{CE1} 改变，从而达到自动调整稳定输出电压的目的。

稳压过程：

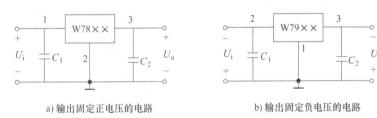

输出电压：

$$U_o = \frac{R_a + R_b}{R_b} U_Z$$

用电位器 R_P 即可调节输出电压 U_o 的大小，但 U_o 必定大于或等于 U_Z。

6. 线性集成稳压器

三端稳压器有 W78×× 和 W79×× 两种系列，如图 10-3 所示，其中电容 C_1 用以抵消较长线路的电感效应，防止产生自激振荡，电容 C_2 用以减小电路的高频噪声，C_1 一般取 0.1 ~

a) 输出固定正电压的电路　　　　b) 输出固定负电压的电路

图 10-3　三端稳压器基本接线图

$1\mu F$，C_2 取 $1\mu F$。W78×× 系列输出正电压，W79×× 系列输出负电压，输出电压有 5V、6V、8V、9V、10V、12V、15V、18V、24V 等多种，输出电流可达 1A、2A 等多种，最高输入电压为 35V，输入电压与输出电压之差最小为 2 ~ 3V，输出电压变化率为 0.1% ~ 0.2%。

7. 开关稳压电路

开关型稳压电路具有效率高、体积小、重量轻、对电网电压的要求不高等优点。其缺点是调整管的控制电路比较复杂，并且输出电压中纹波和噪声成分较大。

10.4　习题选解

10-1　分析下列说法是否正确，凡对者在括号内打"√"，凡错者在括号内打"×"。

（1）在功率放大电路中，输出功率愈大，功放管的功耗愈大。（　　）

（2）功率放大电路的最大输出功率是指在基本不失真情况下，负载上可能获得的最大交流功率。（　　）

（3）当 OCL 电路的最大输出功率为 1W 时，功放管的集电极最大耗散功率应大于 1W。（　　）

（4）功率放大电路与电压放大电路、电流放大电路的共同点是

1）都是输出电压大于输入电压（　　）

2）都是输出电流大于输入电流（　　）

3）都是输出功率大于信号源提供的输入功率（　　）

（5）功率放大电路与电压放大电路的区别是

1）前者比后者电源电压高（　　）

2）前者比后者电压放大倍数数值大（　　）

3）前者比后者效率高（　　）

4）在电源电压相同的情况下，前者比后者的最大不失真输出电压大（　　）

（6）功率放大电路与电流放大电路的区别是

1）前者比后者电流放大倍数大（　　）

2）前者比后者效率高（　　）

3）在电源电压相同的情况下，前者比后者的输出功率大（　　）

解：（1）×　（2）√　（3）×　（4）×　×　√

（5）×　×　√　√　（6）×　√　√

10-2　已知电路如图 10-4 所示，VT_1 和 VT_2 管的饱和管压降 $|U_{CES}| = 3V$，$U_{CC} = 15V$，$R_L = 8\Omega$。选择正确答案填入空内。

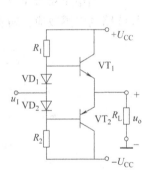

（1）电路中 VD_1 和 VD_2 管的作用是消除____。

　　A　饱和失真　　　　　　B　截止失真　　　C　交越失真

（2）静态时，晶体管发射极电位 U_{EQ}____。

　　A　>0V　　　　　　　　B　=0V　　　　　　C　<0V

（3）最大输出功率 P_{OM}____。

　　A　≈28W　　　　　　　B　=18W　　　　　　C　=9W

（4）当输入为正弦波时，若 R_1 虚焊，即开路，则输出电压____。

图 10-4　习题 10-2 的电路

　　A　为正弦波　　　　　　B　仅有正半波　　C　仅有负半波

（5）若 VD_1 虚焊，则 VT_1 管____。

　　A　可能因功耗过大烧坏　B　始终饱和　　C　始终截止

解：（1）C　（2）B　（3）C　（4）C　（5）A

10-3　判断下列说法是否正确，用"√""×"表示判断结果填入空内。

（1）直流电源是一种将正弦信号转换为直流信号的波形变换电路。（　　）

（2）直流电源是一种能量转换电路，它将交流能量转换为直流能量。（　　）

（3）在变压器二次电压和负载电阻相同的情况下，桥式整流电路的输出电流是半波整流电路输出电流的 2 倍。（　　）

因此，它们的整流管的平均电流比值为 2：1。（　　）

（4）若 U_2 为电源变压器二次电压的有效值，则半波整流电容滤波电路和全波整流电容滤波电路在空载时的输出电压均为 $\sqrt{2U_2}$。（　　）

（5）当输入电压 U_1 和负载电流 I_L 变化时，稳压电路的输出电压是绝对不变的。（　　）

（6）一般情况下，开关型稳压电路比线性稳压电路效率高。（　　）

解：（1）×　（2）√　（3）√　×　（4）√　（5）×　（6）√

10-4　电路如图 10-5 所示，已知 VT₁ 和 VT₂ 的饱和管压降｜U_{CES}｜= 2V，直流功耗可忽略不计。回答下列问题：

（1）R_3、R_4 和 VT₃ 的作用是什么？

（2）负载上可能获得的最大输出功率 P_{om} 和电路的转换效率 η 各为多少？

（3）设最大输入电压的有效值为 1V。为了使电路的最大不失真输出电压的峰值达到 16V，电阻 R_6 至少应取多少千欧？

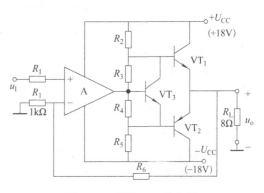

图 10-5　习题 10-4 的电路

解：（1）消除交越失真。

（2）最大输出功率和效率分别为

$$P_{om} = \frac{(U_{CC} - U_{CES})^2}{\sqrt{2}R_L} = 16W$$

$$\eta = \frac{\pi}{4} \cdot \frac{U_{CC} - U_{CES}}{U_{CC}} \approx 69.8\%$$

（3）电压放大倍数为

$$A_u = \frac{U_{omax}}{\sqrt{2}U_i} \approx 11.3$$

$$A_u = 1 + \frac{R_6}{R_1} \approx 11.3$$

$R_1 = 1k\Omega$，故 R_6 至少应取 10.3 $k\Omega$。

10-5　在图 10-6 所示电路中，已知 $U_{CC} = 18V$，二极管的导通电压 $U_D = 0.7V$，晶体管导通时的｜U_{BE}｜= 0.7V，VT₂ 和 VT₄ 管发射极静态电位 $U_{EQ} = 0V$。

试问：

（1）VT₁、VT₃ 和 VT₅ 管基极的静态电位各为多少？

（2）设 $R_2 = 10k\Omega$，$R_3 = 100\Omega$。若 VT₁ 和 VT₃ 管基极的静态电流可忽略不计，则 VT₅ 管集电极静态电流为多少？静态时 $u_I = ?$

（3）若静态时 $i_{B1} > i_{B3}$，则应调节哪个参数可使 $i_{B1} = i_{B2}$？如何调节？

（4）电路中二极管的个数可以是 1、2、3、4 吗？你认为几个最合适？为什么？

解：（1）VT₁、VT₃ 和 VT₅ 管的静态电位分别为

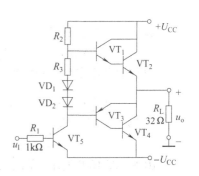

图 10-6　习题 10-5 的电路

$$U_{B1} = 1.4\text{V} \quad U_{B3} = -0.7\text{V} \quad U_{B5} = -17.3\text{V}$$

（2）静态时 VT_5 管集电极电流和输入电压分别为

$$I_{CQ} \approx \frac{U_{CC} - U_{B1}}{R_2} = 1.66\text{mA}$$

$$u_I \approx u_{B5} = -17.3\text{V}$$

（3）若静态时 $i_{B1} > i_{B3}$，则应增大 R_3。

（4）采用如图 10-6 所示两只二极管加一个小阻值电阻合适，也可只用 3 只二极管。这样一方面可使输出级晶体管工作在临界导通状态，可以消除交越失真；另一方面在交流通路中，VD_1 和 VD_2 管之间的动态电阻又比较小，可忽略不计，从而减小交流信号的损失。

10-6　在图 10-7 所示电路中，已知 $U_{CC} = 15\text{V}$，VT_1 和 VT_2 管的饱和管压降 $|U_{CES}| = 2\text{V}$，输入电压足够大。求解：

（1）最大不失真输出电压的有效值；

（2）负载电阻 R_L 上电流的最大值；

（3）最大输出功率 P_{om} 和效率 η。

解：（1）最大不失真输出电压有效值

$$U_{om} = \frac{\dfrac{R_L}{R_4 + R_L}(U_{CC} - U_{CES})}{\sqrt{2}} \approx 8.65\text{V}$$

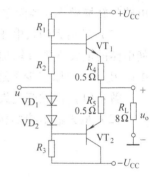

图 10-7　习题 10-6 的电路

（2）负载电流最大值

$$i_{Lmax} = \frac{U_{CC} - U_{CES}}{R_4 + R_L} \approx 1.53\text{A}$$

（3）最大输出功率和效率分别为

$$P_{om} = \frac{U_{om}^2}{2R_L} \approx 9.35\text{W} \qquad \eta = \frac{\pi}{4}\frac{U_{CC} - U_{CES} - U_{R4}}{U_{CC}} \approx 64\%$$

10-7　已知图 10-8 所示电路中 VT_1 和 VT_2 管的饱和管压降 $|U_{CES}| = 2\text{V}$，导通时的 $|U_{BE}| = 0.7\text{V}$，输入电压足够大。

（1）A、B、C、D 点的静态电位各为多少？

（2）为了保证 VT_2 和 VT_4 管工作在放大状态，管压降 $|U_{CE}| \geq 3\text{V}$，电路的最大输出功率 P_{om} 和效率 η 各为多少？

解：（1）静态电位分别为

$$U_A = 0.7\text{V}, U_B = 9.3\text{V}, U_C = 11.4\text{V}, U_D = 10\text{V}$$

（2）最大输出功率和效率分别为

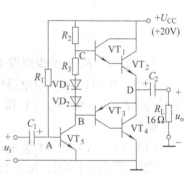

图 10-8　习题 10-7 的电路

$$P_{om} = \frac{\left(\dfrac{1}{2}U_{CC} - |U_{CES}|\right)^2}{\sqrt{2}R_L} \approx 1.53\text{W} \qquad \eta = \frac{\pi}{4}\frac{\dfrac{1}{2}U_{CC} - |U_{CES}|}{\dfrac{1}{2}U_{CC}} \approx 55\%$$

10-8　图 10-9 所示为两个带自举的功放电路。试分别说明输入信号正半周和负半周时功放管输出回路电流的通路，并指出哪些元件起自举作用。

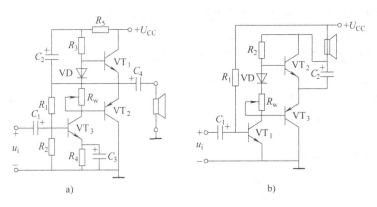

图 10-9　习题 10-8 的电路

解： 在图 10-9a 所示电路中，在信号的正半周，经共射电路反相，输出级的输入为负半周，因而 VT_2 导通，电流从 C_4 的正端经 VT_2、地、扬声器至 C_4 的负端；在信号的负半周，经共射电路反相，输出级的输入为正半周，因而 VT_1 导通，电流从 $+U_{CC}$ 经 VT_2、C_4、扬声器至地。C_2、R_3 起自举作用。

在图 10-9b 所示电路中，在信号的正半周，经共射电路反相，输出级的输入为负半周，因而 VT_3 导通，电流从 $+U_{CC}$ 经扬声器、C_2、VT_3 至地；在信号的负半周，经共射电路反相，输出级的输入为正半周，因而 VT_2 导通，电流从 C_4 的正端经扬声器、VT_2 至 C_4 的负端。C_2、R_2 起自举作用。

10-9　LM1877N-9 为 2 通道低频功率放大电路，单电源供电，最大不失真输出电压的峰峰值 $U_{OPP}=（U_{CC}-6）$ V，开环电压增益为 70dB。图 10-10 所示为 LM1877N-9 中一个通道组成的实用电路，电源电压为 24V，$C_1 \sim C_3$ 对交流信号可视为短路；R_3 和 C_4 起相位补偿作用，可以认为负载为 8Ω。

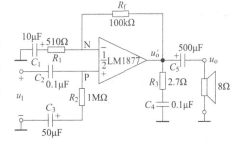

图 10-10　习题 10-9 的电路

（1）静态时 u_P、u_N、u'_0、u_0 各为多少？

（2）设输入电压足够大，电路的的最大输出功率 P_{om} 和效率 η 各为多少？

解：（1）静态时

$$u'_0 = u_P = u_N = \frac{U_{CC}}{2} = 12V \qquad u_0 = 0V$$

（2）最大输出功率和效率分别为

$$P_{om} = \frac{\left(\dfrac{U_{CC}-6}{2}\right)^2}{2R_L} \approx 5.06W$$

$$\eta = \frac{\pi}{4}\frac{U_{CC}-6}{U_{CC}} \approx 58.9\%$$

10-10　OCL 电路如题图 10-11 所示，已知 $U_{CC}=12V$，$R_L=8\Omega$，若晶体管处于临界饱和状态时集电极与发射极之间的电压为 $U_{CES}=2V$，求电路可能的最大输出功率。

10-11　如果要求某一单相桥式整流电路的输出直流电压 U_o 为 36V，直流电流 I_o 为 1.5A，试选用合适的二极管。

分析：二极管中流过的电流平均值 I_D 和二极管承受的最高反向电压 U_{DRM} 是选用二极管的主要技术参数。

解：流过整流二极管的平均电流为

$$I_D = \frac{1}{2}I_o = \frac{1}{2} \times 1.5A = 0.75A$$

变压器二次电压有效值为

$$U_2 = \frac{U_o}{0.9} = \frac{36}{0.9}V = 40V$$

整流二极管承受的最高反向电压为

$$U_{DRM} = \sqrt{2}U_2 = \sqrt{2} \times 40V = 56.6V$$

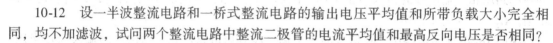

图 10-11　习题 10-10 的电路

因此，可选用 4 只型号为 2CZ11A 的整流二极管，其最大整流电流为 1A，最高反向工作电压为 100V。

10-12　设一半波整流电路和一桥式整流电路的输出电压平均值和所带负载大小完全相同，均不加滤波，试问两个整流电路中整流二极管的电流平均值和最高反向电压是否相同？

分析：整流二极管的电流平均值直接与输出电流平均值有关，而最高反向电压直接与整流变压器二次电压有关。

解：（1）半波整流电路流过整流二极管的平均电流为 $I_D = I_o$，桥式整流电路流过整流二极管的平均电流为 $I_D = 0.5I_o$，由于两个整流电路的输出电压平均值和所带负载大小完全相同，故它们的输出电流平均值大小也相同，所以，两个整流电路中整流二极管的电流平均值不同。

（2）两个整流电路中整流二极管的最高反向电压相同，均为整流变压器二次电压有效值的 $\sqrt{2}$ 倍，即 $U_{DRM} = \sqrt{2}U_2$。

10-13 欲得到输出直流电压 $U_o = 50V$，直流电流 $I_o = 160mA$ 的电源，问应采用哪种整流电路？画出电路图，并计算电源变压器的容量（计算 U_2 和 I_2），选定相应的整流二极管（计算二极管的平均电流 I_D 和承受的最高反向电压 U_{RM}）。

分析：在各种单相整流电路中，半波整流电路的输出电压相对较低，且脉动大；两管全波整流电路则需要变压器的二次绕组具有中心抽头，且两个整流二极管承受的最高反向电压相对较大，所以这两种电路应用较少。桥式整流电路的优点是输出电压高，电压脉动较小，整流二极管所承受的最高反向电压较低，同时因整流变压器在正负半周内都有电流供给负载，整流变压器得到了充分的利用，效率较高，因此单相桥式整流电路在半导体整流电路的应用最为广泛。

解：应采用桥式整流电路，如图 10-12 所示。

变压器二次电流有效值为

$$I_2 = 1.11I_o = 1.11 \times 160mA = 178mA$$

变压器二次电压有效值为

$$U_2 = \frac{U_o}{0.9} = \frac{50}{0.9}V = 55.6V$$

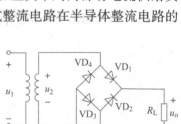

图 10-12　单相桥式整流电路

变压器的容量为

$$S = U_2 I_2 = 55.6 \times 0.178 \text{VA} = 10 \text{VA}$$

流过整流二极管的平均电流为

$$I_D = \frac{1}{2} I_o = \frac{1}{2} \times 160 \text{mA} = 80 \text{mA}$$

整流二极管承受的最高反向电压为

$$U_{DRM} = \sqrt{2} U_2 = \sqrt{2} \times 55.6 \text{V} = 78.6 \text{V}$$

10-14 在图 10-13 所示的电路中，已知 $R_L = 8 \text{k}\Omega$，直流电压表 V_2 的读数为 110V，二极管的正向压降忽略不计，求：

（1）直流电流表 A 的读数。

（2）整流电流的最大值。

（3）交流电压表 V_1 的读数。

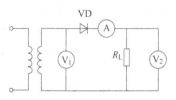

分析：直流电压表 V_2 的读数即为输出直流电压 U_o，直流电流表 A 的读数即为输出直流电流 I_o，交流电压表 V_1 的读数即为变压器二次电压有效值 U_2，而整流电流的最大值可由其与输出直流电流 I_o 的关系求出。

图 10-13 习题 10-14 的电路

解：（1）直流电压表 V_2 的读数即为输出直流电压 U_o，直流电流表 A 的读数即为输出直流电流 I_o，所以

$$I_o = \frac{U_o}{R_L} = \frac{110}{8} \text{mA} = 13.75 \text{mA}$$

（2）因为整流电流的平均值（即输出直流电流 I_o）为

$$I_o = \frac{1}{2\pi} \int_0^\pi I_{om} \sin\omega t \, d(\omega t) = \frac{I_{om}}{\pi}$$

所以，整流电流的最大值为

$$I_{om} = \pi I_o = \pi \times 13.75 \text{mA} = 43.2 \text{mA}$$

（3）交流电压表 V_1 的读数即为变压器二次电压有效值，为

$$U_2 = \frac{U_o}{0.45} = \frac{110}{0.45} \text{V} = 244.4 \text{V}$$

10-15 如图 10-14 所示电路为单相全波整流电路。已知 $U_2 = 10 \text{V}$，$R_L = 100\Omega$。

（1）求负载电阻 R_L 上的电压平均值 U_o 与电流平均值 I_o，并在图 10-14 中标出 u_o、i_o 的实际方向。

（2）如果 VD_2 脱焊，U_o、I_o 各为多少？

（3）如果 VD_2 接反，会出现什么情况？

（4）如果在输出端并接一滤波电解电容，试将它按正确极性画在电路图上，此时输出电压 U_o 约为多少？

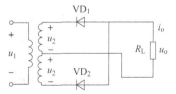

图 10-14 习题 10-15 的电路

分析：当 u_2 极性为上正下负时，二极管 VD_1 因承受反向电压而截止，VD_2 因承受正向电压而导通，此时有电流由下而上流过负载，在负载两端产生的输出电压极性为上负下正；当 u_2 极性为上负下正时，二极管 VD_2 因承受反向电压而截止，VD_1 因承受正向电压而导通，此时也有电流由下而上流过负载，在负载两端产生的输出电压极性也是上负下正。

解：（1）由于是单相全波整流，所以负载电阻 R_L 上的电压平均值 U_o 与电流平均值 I_o 各为

$$U_o = 0.9U_2 = 0.9 \times 10\text{V} = 9\text{V}$$

$$I_o = \frac{U_o}{R_L} = \frac{9}{0.1}\text{mA} = 90\text{mA}$$

u_o、i_o 的实际方向如图 10-15 所示。

（2）如果 VD_2 脱焊，则只有当 u_2 极性为上负下正时，VD_1 因承受正向电压而导通，u_2 极性为上正下负时，二极管 VD_1 因承受反向电压而截止，所以 VD_2 脱焊时由 VD_1 构成半波整流电路，U_o、I_o 各为

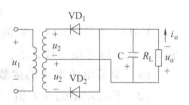

$$U_o = 0.45U_2 = 0.45 \times 10\text{V} = 4.5\text{V}$$

$$I_o = \frac{U_o}{R_L} = \frac{4.5}{0.1}\text{mA} = 45\text{mA}$$

图 10-15　习题 10-15 的解答用图

（3）如果 VD_2 接反，则当 u_2 极性为上正下负时电路不通，VD_1 和 VD_2 均因承受反向电压而截止，u_2 极性为上负下正时 VD_1 和 VD_2 均因承受正向电压而导通，由变压器两个二次绕组以及 VD_1 和 VD_2 构成的回路中会有很大的电流通过，会烧坏变压器和 VD_1、VD_2。

（4）如果在输出端并接一滤波电解电容，其极性应为上负下正，如图 10-15 所示，此时输出电压 U_o 约为

$$U_o = 1.2U_2 = 1.2 \times 10\text{V} = 12\text{V}$$

10-16　在图 10-16 所示桥式整流电容滤波电路中，$U_2 = 20\text{V}$，$R_L = 40\Omega$，$C = 1000\mu\text{F}$，试问：

（1）正常时 U_o 为多大？

（2）如果测得 U_o 为①$U_o = 18\text{V}$；②$U_o = 28\text{V}$；③$U_o = 9\text{V}$；④$U_o = 24\text{V}$。电路分别处于何种状态？

（3）如果电路中有一个二极管出现下列情况：①开路；②短路；③接反。电路分别处于何种状态？是否会给电路带来什么危害？

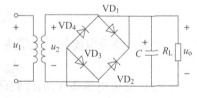

图 10-16　习题 10-16 的电路

分析：单相桥式整流电容滤波电路正常工作时 $U_o = 1.2U_2$，负载电阻 R_L 开路时 $U_o = \sqrt{2}U_2$，滤波电容 C 开路时 $U_o = 0.9U_2$。单相半波整流电容滤波电路正常工作时 $U_o = U_2$，负载电阻 R_L 开路时 $U_o = \sqrt{2}U_2$，滤波电容 C 开路时 $U_o = 0.45U_2$。

解：（1）正常时 U_o 的值为

$$U_o = 1.2U_2 = 1.2 \times 20\text{V} = 24\text{V}$$

（2）$U_o = 18\text{V} = 0.9U_2$，这时电路中的滤波电容开路；$U_o = 28\text{V} = \sqrt{2}U_2$，这时电路中的负载电阻 R_L 开路；$U_o = 9\text{V} = 0.45U_2$，这时电路中有 1～3 个二极管和滤波电容同时开路，成为半波整流电路；$U_o = 24\text{V} = 1.2U_2$，这时电路处于正常工作状态。

（3）当有一个二极管开路时，电路成为半波整流电容滤波电路。当有一个二极管短路或有一个二极管接反时，则会出现短路现象，会烧坏整流变压器和某些二极管。

10-17　电容滤波和电感滤波电路的特性有什么区别？各适用于什么场合？

解：电容滤波电路成本低，输出电压平均值较高，但输出电压在负载变化时波动较大，

二极管导通时间短,电流峰值大,容易损坏二极管,适用于负载电流较小且负载变化不大的场合。

电感滤波电路输出电压较低,峰值电流很小,输出特性较平坦,负载改变时,对输出电压的影响也较小,但制作复杂、体积大、笨重,制作成本高,存在电磁干扰,适用于负载电压较低、电流较大以及负载变化较大的场合。

10-18 单相桥式整流、电容滤波电路,已知交流电源频率 $f = 50\text{Hz}$,要求输出直流电压为 $U_\text{o} = 30\text{V}$,输出直流电流为 $I_\text{o} = 150\text{mA}$,试选择二极管及滤波电容。

10-19 根据稳压管稳压电路和串联型稳压电路的特点,试分析这两种电路各适用于什么场合?

解:稳压管稳压电路结构简单,但受稳压管最大稳定电流的限制,负载电流不能太大,输出电压不可调且稳定性不够理想,适用于要求不高且输出功率较小的场合。

串联型稳压电路采用电压负反馈来使输出电压得到稳定,输出电压稳定性高且连续可调,脉动较小,调整方便,适用于要求较高且输出功率较大的场合。

10-20 试设计一台直流稳压电源,其输入为 220 V、50 Hz 交流电源,输出直流电压为 +12 V,最大输出电流为 500mA,试采用桥式整流电路和三端集成稳压器构成,并加有电容滤波电路(设三端稳压器的压差为 5V),要求:

(1)画出电路图。

(2)确定电源变压器的电压比,整流二极管、滤波电容器的参数,三端稳压器的型号。

分析:单相桥式整流电容滤波电路输出电压平均值 $U_\text{o} = 1.2U_2$,每个二极管承受的最高反向电压 $U_\text{DRM} = \sqrt{2}U_2$,通过每个二极管的电流平均值 $I_\text{D} = 0.5I_\text{o}$。

解:(1)由于采用桥式整流、电容滤波和三端集成稳压器来构成该台直流稳压电源,所以电路图如图 10-17 所示,图中电容 $C_3 = 0.33\mu\text{F}$,$C_4 = 1\mu\text{F}$。

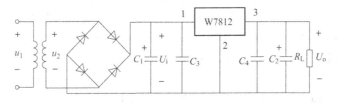

图 10-17 习题 10-20 的解答用图

(2)由于输出直流电压为 +12 V,所以三端集成稳压器选用 W7812 型。

由于三端稳压器的压差为 5V,所以桥式整流并经电容滤波的电压为

$$U_\text{i} = U_\text{o} + 5 = 17\text{V}$$

变压器二次电压有效值为

$$U_2 = \frac{U_\text{i}}{1.2} = \frac{17}{1.2}\text{V} = 14.17\text{V}$$

变压器的电压比为

$$k = \frac{U_1}{U_2} = \frac{220}{14.17} = 15.5$$

流过整流二极管的平均电流为

$$I_D = \frac{1}{2}I_o = \frac{1}{2} \times 500\text{mA} = 250\text{mA}$$

整流二极管承受的最高反向电压为

$$U_{RDM} = \sqrt{2}U_2 = \sqrt{2} \times 14.17\text{V} = 20\text{V}$$

负载电阻 R_L 为

$$R_L = \frac{U_o}{I_o} = \frac{12}{0.5}\Omega = 24\Omega$$

取

$$\tau = R_L C = 5 \times \frac{T}{2} = 5 \times \frac{1}{2f} = 5 \times \frac{1}{2 \times 50}\text{s} = 0.05\text{s}$$

则电容 C 的值为

$$C = \frac{\tau}{R_L} = \frac{0.05}{200} = 2083 \times 10^{-6}\text{F} \approx 2000\mu\text{F}$$

取 $C_1 = C_2 = 1000\mu\text{F}$，连接如题图 10-17 中所示。

其耐压应大于变压器二次电压 u_2 的最大值 $\sqrt{2}U_2 = \sqrt{2} \times 14.17\text{V} = 20\text{V}$。

10-21　如图 10-18 所示电路是由 W78 × × 稳压器组成的稳压电路，为一种高输入电压画法，试分析其工作原理。

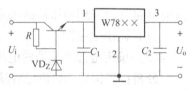

图 10-18　习题 10-21 的电路

分析：三端集成稳压器的输入电压应等于输出电压 U_o 加上稳压器的压差，若输入电压超过这个值，就要在输入端想办法提高输入电压。

解：如图 10-16 所示电路中由电阻 R、稳压管 VD_Z 和晶体管组成了最简单的串联型稳压电路，它是在并联型稳压电路的基础上加上射极输出器构成的。由电路的构成可知，较高的输入电压 U_i 经过该串联型稳压电路后，降压变为适合集成稳压器工作的电压 $U_Z - U_{BE}$，所以如图 10-16 所示电路能提高输入电压。

10-22　如图 10-19 所示电路是 W78 × × 稳压器外接功率管扩大输出电流的稳压电路，具有外接过电流保护环节，用于保护功率管 VT_1，试分析其工作原理。

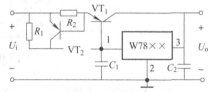

图 10-19　习题 10-22 的电路

分析：如图 10-19 所示电路中的功率管 VT_1 用于扩大输出电流，它的功率消耗非常可观，若不加以保护，势必会损坏功率管。保护原理是，一旦发生过电流，过电流保护环节立即工作，使输出电流下降到较低的数值。

解：如图 10-19 所示电路中的过电流保护环节由晶体管 VT_2 和检测电阻 R_2 组成，并利用 R_2 两端的电压来控制 VT_1 基极与发射极之间的电压 U_{BE1}，从而控制 VT_1 的基极电流 I_{B1}，达到控制 VT_1 的集电极电流 I_{C1} 的目的。电路正常工作时，流过 R_2 的电流较小，晶体管 VT_2 截止，保护电路不工作。当发生过电流时，流过 R_2 的电流较大，晶体管 VT_2 导通并迅速达到饱和，使 U_{BE1} 减小，I_{B1} 减小，I_{C1} 减小，达到了保护 VT_1 的目的。

第3篇　数字逻辑电路基础

本篇讨论数字电路的基础知识：二进制和逻辑代数、基本逻辑器件介绍(逻辑门电路及触发器)、数字电路的分析与设计(含组合逻辑与时序逻辑)等内容。

第11章　数制、编码与逻辑代数

11.1　教学目标

通过对本章的学习，使学生掌握数制及其转换理论；掌握几种常用编码；掌握逻辑代数的基本运算、基本定理、常用公式及其应用；掌握逻辑函数的表示方法，能熟练运用卡诺图、常用公式化简逻辑函数并能对简单逻辑问题进行分析，为后续内容学习奠定基础。

11.2　教学内容

本章主要介绍各种计数制及其转换；几种常用数字编码；逻辑代数的基本运算及其应用；逻辑函数的表示方法、公式法化简和卡诺图化简等。

1. 掌握各种计数制及其转换。
2. 掌握几种常用数字编码。
3. 掌握逻辑代数的基本运算及其应用。
4. 掌握逻辑函数的表示方法、公式法化简和卡诺图化简。

11.3　重点、难点指导

11.3.1　数制和码制

1. 常用计数制

数字量可以用来表示物理量的大小。然而，在使用中发现一位数往往不够用，因而常常使用多位数，我们把多位数中每一位的构成方法以及从低位向高位的进位规则称为数制。常用的数制有十进制、二进制、八进制和十六进制。

2. 各种计数制之间的转换

在工程实践中，一个逻辑问题的提出，在遇到数字量时往往从十进制开始，而在解决逻辑问题的过程中，二进制、八进制、十六进制都会用到，所以各种计数制之间需进行相互转换。

3. 码制

不同的数码不仅可以表示数量的大小，而且还可以用来表示不同的事物。在后一种情况下，这些数码将不再表示数量的大小，而是表示某种特定的事物。我们把这些数码称为代码，而编制这些代码的规则称为码制。

11.3.2 逻辑函数及其表示方法

1. 逻辑变量

逻辑变量(Logical Tracing)又称"布尔变量"或"二值变量"。指只取真值或假值的变量。逻辑变量的取值只有"0"和"1"两个值，它们分别代表两种成对出现的逻辑概念，如："是"和"否"、"有"和"无"、"高"和"低"、"真"和"假"等。

2. 逻辑函数的建立

逻辑函数的建立总要用到真值表，因此我们首先来讨论真值表。

（1）真值表　真值表是描述逻辑函数的输入逻辑变量取值组合和输出取值对应关系的表格。真值表的格式为：左边一栏列出输入逻辑变量的所有取值组合，一变量有两种组合 0、1；二变量有 4 种组合 00、01、10、11；三变量有 8 种组合：000、001、010、011、100、101、110、111；而 n 个变量有 2^n 种组合。表格右边一栏为对应每种组合下的输出取值。为了不遗失每一种组合，输入逻辑变量的取值按二进制数由小到大的顺序排列。

（2）逻辑函数的建立过程　任何一件具体事物的因果关系都可以用一个逻辑函数来描述，逻辑函数可以写作

$$F = f(A, B, C, \cdots)$$

式中，A、B、C、$\cdots$表示逻辑函数的输入变量，F 表示逻辑函数的输出逻辑变量。由真值表写出逻辑函数式，其方法是：在真值表中，当输出逻辑变量取值为 1 时，则把所对应的一组输入逻辑变量取值写成一个乘积项，在这些乘积项中，若对应的变量取值为 1，则写成原变量；若对应的变量取值为 0，则写成反变量。然后把这些乘积项加起来，就得到了相应的逻辑函数式。

3. 逻辑函数的表示方法

（1）真值表　一个逻辑函数可以用真值表表示，因为真值表完全、准确地表达了输入逻辑变量与输出逻辑变量之间的因果关系。

（2）逻辑函数式　由前面的讨论可知：逻辑函数式可由真值表写出，这样就可以把输入逻辑变量与输出逻辑变量之间的逻辑关系用公式的形式来表示。当某一个逻辑函数式由某一给定的真值表写出后，则这个逻辑函数式和给定的真值表表示的是同一个逻辑函数。

除此之外，逻辑函数还可以用逻辑图和卡诺图来表示。

11.3.3 逻辑代数的基本定律和规则

1. 逻辑代数中的 3 种基本运算

与、或、非是逻辑代数中 3 种基本逻辑运算，以此为基础，能够解决实际逻辑问题中的复杂逻辑运算，即所谓复合逻辑运算。常用的复合逻辑运算有与非、或非、与或非、同或、异或等。运用 3 种基本逻辑运算还可以导出逻辑代数中一系列的基本公式。

2. 逻辑代数的基本公式

逻辑代数中的基本公式有 20 多个。这些定理及常用公式是表达两逻辑式间等值关系的恒等式，是化简逻辑函数的重要依据。为便于应用，一定要记牢。

3. 逻辑代数的三条重要规则

逻辑代数中的三条重要规则有：代入规则、反演规则和对偶规则。在逻辑运算中巧妙地运用这些规则不仅可以扩大某些基本定理的应用范围，而且还可以使需要证明的定理减少一半。正确地运用这三条规则可以使逻辑运算大为简化。

11.3.4 逻辑函数的标准形式和卡诺图

1. 逻辑函数的标准形式

逻辑函数式是表示逻辑函数的基本形式。用逻辑函数表达式表示逻辑函数时有两种标准形式，即最小项表达式和最大项表达式，学习时要着重了解它们的性质、表达式的形式以及两种标准形式间的关系和相互之间如何转换。

2. 逻辑函数的卡诺图

卡诺图是用图表表示逻辑函数的另一种方法。在这种图表中，输入逻辑变量分为两组分别标注在图表的左、上两侧。第一组变量的所有取值组合安排在图的最左列，第二组变量的所有取值组合安排在图的最上边，由行和列两组变量取值组合所构成的每一个小方格，代表了逻辑函数的一个最小项。下面介绍卡诺图的构成方法，以及如何用卡诺图来表示逻辑函数。

（1）卡诺图的结构 卡诺图的结构特点是保证在逻辑上相邻的最小项，在图形的几何位置上也相邻。为保证这种相邻关系，相邻方格的变量组合之间只允许一个变量取值不同。为此，卡诺图的变量标注均采用循环码。

一变量卡诺图：它有 $2^1 = 2$ 个最小项，因此有两个方格。表外的 0 表示 A 的反变量，1 表示 A 的原变量。

二变量卡诺图：它有 $2^2 = 4$ 个最小项，因此有 4 个方格。表外的 0、1 含义与前面一样，其图如图 11-1a 所示。

三变量卡诺图：它有 $2^3 = 8$ 个最小项，因此有 8 个方格。其图如图 11-1b 所示。

四变量、五变量卡诺图分别有 $2^4 = 16$ 个和 $2^5 = 32$ 个最小项，其图分别如图 11-1c、d 所示。

由此可见，随着输入逻辑变量个数的增加，图形变得十分复杂，相邻关系难于寻找，所以卡诺图一般多用于五变量以内。

由图 11-1 可见，卡诺图具有以下特点：

1）图中小方格数为 2^n，其中 n 为变量数。

2）图形两侧标注了变量取值，它们的数值大小就是相应方格所表示的最小项的编号。

3）由于变量取值顺序按循环码排列，使具有逻辑相邻性的最小项，在几何位置上也相邻。

（2）几何相邻与逻辑相邻 由于几何相邻和逻辑相邻的一致性是卡诺图的重要特点，故明确几何相邻和逻辑相邻的含义非常重要。

1）几何（位置）相邻。分为以下几种：

A. 有公共边的最小项几何相邻。在图 11-1b 中，m_0 与 m_1 和 m_4 有公共边，因此 m_0 分

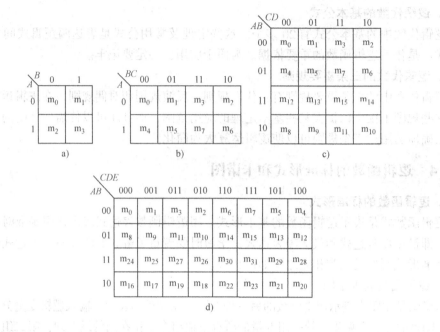

图 11-1　不同变量个数的卡诺图结构

别与 m_1 和 m_4 相邻。

　　B. 循环相邻。任意一行或一列的两头（即循环相邻性，也称滚转相邻性）如图 11-1c 中 m_4 和 m_6，m_8 和 m_{10}，m_3 和 m_{11} 等。

　　C. 对折重合的小方格相邻。对折起来位置相重合，如五变量卡诺图中 m_{19} 和 m_{23}，m_{25} 和 m_{29} 等，显然这属于相邻的特例。

　　2）逻辑相邻。两个最小项中只有一个变量值不同，则它们逻辑相邻。凡是在逻辑上相邻的最小项，在几何位置上也一定相邻。因此几何相邻和逻辑相邻的一致性是卡诺图的一个重要特点。

　　（3）用卡诺图表示逻辑函数　首先把逻辑函数表达式展开成最小项表达式，然后在每一个最小项对应的小方格内填"1"，其余的小方格内填"0"，就可以得到该逻辑函数的卡诺图。待熟练以后可以应用观察法填卡诺图（与由逻辑表达式填真值表的方法相同）。

　　如果已知逻辑函数的卡诺图，也可以写出该函数的逻辑表达式。其方法与由真值表写表达式的方法相同，即把逻辑函数值为"1"的那些小方格代表的最小项写出来，然后，进行"或"运算，就可以得到与之对应的逻辑表达式。由于卡诺图与真值表一一对应，所以用卡诺图表示逻辑函数不仅具有用真值表表示逻辑函数的优点，而且还可以直接用来化简逻辑函数。但是卡诺图也有缺点：变量多时使用起来麻烦，所以多于五变量时一般不用卡诺图表示。

11.3.5　逻辑函数的化简

1. 用代数法化简

　　同一逻辑函数，可以有繁简不同表达式，因此实现这一逻辑函数的电路也完全不同，化简的目的就是使实现逻辑功能的电路或者最简、或者最快、或者价格最低、或者芯片数最少、或者可靠性最高。

利用基本公式和常用公式，消去逻辑函数表达式中多余的乘积项和多余的变量，就可以得到最简单的"与-或"表达式，这个过程称为逻辑函数的代数化简法。代数化简法没有固定的步骤。不仅要有对公式的熟练、灵活的运用，而且还要有一定的化简技巧。这里归纳几种常用的方法。

1）合并项法：利用公式 $AB + A\overline{B} = A$，把两项合并成一项，合并的过程中消去一个取值互补的变量。

2）吸收法：利用吸收律公式一 $A + AB = A$ 和吸收律公式二 $AB + \overline{A}C + BC = AB + \overline{A}C$，消去多余的乘积项。

3）消去法：利用消去律 $A + \overline{A}B = A + B$，消去乘积项中多余的变量。

4）配项法：在不能直接利用公式、定律化简时，可通过乘 $A + \overline{A} = 1$ 或加入 $A \cdot \overline{A} = 0$ 进行配项进行化简。

由此可见有些逻辑函数的最简表达式不是唯一的。通常要综合利用上述几种方法，才能将一个复杂的逻辑函数化简为最简函数式，例如

$$Y = AB + A\,\overline{C} + \overline{B}C + \overline{B}D + B\,\overline{D} + B\,\overline{C} + ADE(F + G)$$

$$= A(B + \overline{C}) + \overline{B}C + ADE(F + G) + \overline{B}D + B\,\overline{D} + B\,\overline{C}$$

$$= (A\,\overline{\overline{BC}} + \overline{B}C) + A \cdot DE(F + G) + \overline{B}D + B\,\overline{D} + B\,\overline{C}$$

$$= \{A + A \cdot DE(F + G)\} + (\overline{B}C + B\,\overline{C} + \overline{B}D + B\,\overline{D})$$

$$= A + \overline{B}C + \overline{C}D + B\,\overline{D} = A + B\,\overline{C} + C\,\overline{D} + \overline{B}D$$

2. 用卡诺图化简逻辑函数

化简的依据：基本公式 $A + \overline{A} = 1$、常用公式 $AB + A\overline{B} = A$。因为卡诺图中最小项的排列符合相邻性规则，因此可以直接的在卡诺图上合并最小项，因而达到化简逻辑函数的目的。

（1）合并最小项的规则

1）如果相邻的两个小方格同时为"1"，可以合并一个两格组（用圈圈起来），合并后可以消去一个取值互补的变量，留下的是取值不变的变量。

逻辑相邻的情况举例如图11-2所示。

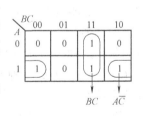
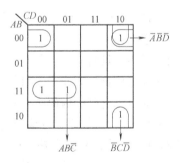

图11-2　合并两格组

2）如果相邻的4个小方格同时为"1"，可以合并一个四格组，合并后可以消去两个取值互补的变量，留下的是取值不变的变量。逻辑相邻的情况举例如图11-3所示。

3）如果相邻的8个小方格同时为"1"，可以合并一个八格组，合并后可以消去3个取值互补的变量，留下的是取值不变的变量。相邻的情况举例如图11-4所示。

（2）画圈的原则

1）圈的个数要尽可能的少（因一个圈代表一个乘积项）。

2）圈要尽可能的大（因圈越大可消去的变量越多，相应的乘积项就越简单）。

123

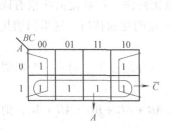 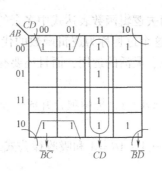 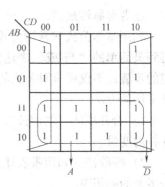

图 11-3　合并四格组　　　　　　　　　　　　　图 11-4　合并八格组

3）每画一个圈至少包括一个新的"1"格，否则是多余的，所有的"1"都要被圈到。

（3）用卡诺图化简逻辑函数的步骤：

1）把给定的逻辑函数表达式填到卡诺图中。

2）找出可以合并的最小项(画圈，一个圈代表一个乘积项)。

3）写出合并后的乘积项，并写成"与-或"表达式。

（4）化简逻辑函数时应该注意的问题：

1）合并最小项的个数只能为 2^n ($n=0,1,2,3$)。

2）如果卡诺图中填满了"1"，则 $Y=1$。

3）函数值为"1"的格可以重复使用，但是每一个圈中至少有一个"1"未被其他的圈使用过，否则得出的不是最简单的表达式。

11.4　习题选解

11-1　在数字系统中，为什么要采用二进制？如何用二-十进制表示十进制数？

答：在数字系统中采用二进制数有许多优点，其主要优点有：①对元件参数的要求较低；②不仅具备算术运算功能，而且具备逻辑运算功能；③抗干扰能力强、精度高；④便于长期保存信息；⑤安全、可靠；⑥通用性强。

通过二进制的编码来表示十进制数，这种编码称为 BCD 码，BCD 的编码方式有很多种，最容易理解、最直观的编码是"8421"码，这是一种有权码，常用的 BCD 有权码还有"2421"码等，除此之外，在 BCD 码中还有无权码。如格雷码、余3码等。

11-2　什么叫编码？用二进制编码与二进制数有何区别？

答：由于数字系统中用0、1两个数表示所有的信息，对于数字信息可以直接用二进制数表示，但是对于一些图形、符号、文字等信息，要用0、1来表示，就必须按照0、1的一定规则组合来代表。这种按照一定规则组合并赋予一定含义的代码，就称为编码。

二进制编码赋予了不同的含义(或代表图形、符号、文字、颜色等)，而二进制数就是一个具体的数值，它代表了数值的大小和正负。

11-3　什么是模2加？它与逻辑代数加法有何区别？

答：模2加就是一位二进制加法的运算规则(不考虑进位)、而逻辑代数的加是逻辑关系的一种表述。它们的规则分别如下：

模 2 加：$0\oplus0=0$　　$1\oplus0=1$　　$0\oplus1=1$　　$1\oplus1=0$

逻辑加：$0+0=0$　　$1+0=1$　　$0+1=1$　　$1+1=1$

11-4 将下列十进制数用 8421BCD 码表示。

(1) $(37.86)_D$，(2) $(605.01)_D$

解： (1) $(37.86)_D=(0011\ 0111.\ 1000\ 0110)_{8421BCD}$

(2) $(605.01)_D=(0110\ 0000\ 0101.\ 0000\ 0001)_{8421BCD}$

11-5 列出下述问题的真值表，并写出逻辑表达式：

(1) 有 A、B、C 这 3 个输入信号，如果 3 个输入信号均为 0 或其中一个为 1 时，输出信号 $Y=1$，其余情况下，输出 $Y=0$。

(2) 有 A、B、C 这 3 个输入信号，当 3 个输入信号出现奇数个 1 时，输出为 1，其余情况下输出为 0(这是奇校验的校验位生成器)。

(3) 有 3 个温度探测器，当某个温度探测器的温度超过 60℃时，输出信号为 1，否则输出信号为 0。当有两个或两个以上的温度探测器的输出信号为 1 时，总控制器输出信号为 1，自动控制调控设备使温度降低到 60℃以下。试写出总控制器的真值表和逻辑表达式。

解： (1) 其真值表见表 11-1，逻辑表达式为
$$Y=\overline{A}\ \overline{B}\ \overline{C}+\overline{A}\ \overline{B}C+\overline{A}\ B\ \overline{C}+A\ \overline{B}\ \overline{C}$$

(2) 其真值表见表 11-2，逻辑表达式为
$$Y=\overline{A}\ \overline{B}C+\overline{A}\ B\ \overline{C}+A\ \overline{B}\ \overline{C}+ABC$$

(3) 设 A、B、C 分别代替 3 个温度探测器，当探测器的温度过高(>60℃)时，探测器输出信号为高电平(=1)，否则输出信号为低电平(=0)；一旦总控制器检测到两个或两个以上的探测器都输出高电平时，意味着设备运行温度过高，因此总控制设备输出高电平信号，以便启动制冷设备降温。其真值表见表 11-3，逻辑表达式为
$$Y=\overline{A}BC+A\ \overline{B}C+AB\ \overline{C}+ABC$$

表 11-1 习题 11-5 真值表(1)

A	B	C	Y
0	0	0	1
0	0	1	1
0	1	0	1
0	1	1	0
1	0	0	1
1	0	1	0
1	1	0	0
1	1	1	0

表 11-2 习题 11-5 真值表(2)

A	B	C	Y
0	0	0	0
0	0	1	1
0	1	0	1
0	1	1	0
1	0	0	1
1	0	1	0
1	1	0	0
1	1	1	1

表 11-3 习题 11-5 真值表(3)

A	B	C	Y
0	0	0	0
0	0	1	0
0	1	0	0
0	1	1	1
1	0	0	0
1	0	1	1
1	1	0	1
1	1	1	1

11-6 对图 11-5 所示的两个开关电路，分别写出描述电路接通与各开关之间的关系的逻辑表达式。

解： 设 F 为开关电路的输出，当 $F=1$ 时表示开关接通，否则表示没有接通，则

对于图 11-5a　$F=A(B+C)+DE=AB+AC+DE$

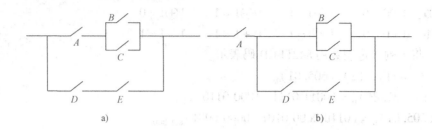

图 11-5　习题 11-6 图

对于图 11-5b　$F = A(B + C + DE) = AB + AC + ADE$

11-7　根据下列文字叙述建立真值表。

（1）$F(A, B, C)$ 为三变量的逻辑函数，当变量组合值中出现偶数个"1"或全"0"时，$F = 1$，否则 $F = 0$。

（2）在一个三输入电路中，当 3 个输入端的信号完全一致时，输出为"1"，在其他输入情况下，输出为"0"。

解：依题意，（1）、（2）的真值表分别见表 11-4 和表 11-5。

表 11-4　习题 11-7 真值表（1）

A	B	C	F
0	0	0	1
0	0	1	0
0	1	0	0
0	1	1	1
1	0	0	0
1	0	1	1
1	1	0	1
1	1	1	0

表 11-5　习题 11-7 真值表（2）

A	B	C	F
0	0	0	1
0	0	1	0
0	1	0	0
0	1	1	0
1	0	0	0
1	0	1	0
1	1	0	0
1	1	1	1

11-8　证明下列等式

（1）$AB + \bar{A}C + \bar{B}C = AB + C$，

（2）$BC + D + \bar{D}(\bar{B} + \bar{C})(AD + B) = B + D$

（3）$ABC + \bar{A}\,\bar{B}\,\bar{C} = A\bar{B} + B\bar{C} + C\bar{A}$，

（4）$A\bar{B} + B\bar{C} + C\bar{A} = \bar{A}B + \bar{B}C + \bar{C}A$

（5）$\overline{MCD} + M\bar{C}\bar{D} = (M \oplus C)(M \oplus D)$

证：此类证明题，一般是从项数较多的一边逐步化简为多项数较少的一边。

（1）等式左边 $= AB + (\bar{A} + \bar{B})C = AB + \overline{AB}C = (AB + \overline{AB})(AB + C) = AB + C =$ 等式右边。

（2）等式左边 $= BC + D + \overline{BC} + D(AD + B) = BC + D + AD + B$

$\qquad = B(C + 1) + D(A + 1) = B + D$

（3）等式右边 $= (\bar{A} + B)(\bar{B} + C)(\bar{C} + A) = ABC + \bar{A}\,\bar{B}\,\bar{C}$

（4）等式左边 $= A\bar{B}(C + \bar{C}) + B\bar{C}(A + \bar{A}) + C\bar{A}(B + \bar{B})$

$\qquad = A\bar{B}C + A\bar{B}\,\bar{C} + AB\bar{C} + \bar{A}B\bar{C} + \bar{A}BC + \bar{A}\,\bar{B}C$

$\qquad = \bar{A}B(C + \bar{C}) + \bar{B}C(A + \bar{A}) + \bar{C}A(B + \bar{B}) = \bar{A}B + \bar{B}C + \bar{C}A =$ 等式右边

（5）等式右边 $= (\bar{M}C + CM)(\bar{M}D + DM) = \overline{MCD} + M\bar{C}\bar{D} =$ 等式左边

11-9 用代数法化简下列各式

（1） $F = \overline{ABC}(B + \overline{C})$

（2） $F = A + ABC + \overline{ABC} + CB + C\overline{B}$

（3） $F = \overline{(\overline{A} + B)} + \overline{(A + \overline{B})} + \overline{(\overline{AB})(\overline{A}\overline{B})}$

（4） $F = \overline{\overline{A\overline{B} + ABC + A(B + A\overline{B})}}$

解：（1） $F = (A + \overline{B} + \overline{C})(B + \overline{C}) = AB + A\overline{C} + \overline{B}\overline{C} + B\overline{C} + \overline{C} = AB + \overline{C}$

（2） $F = A + (ABC + \overline{ABC}) + C(B + \overline{B}) = A + 1 + C = 1$

（3） $F = A\overline{B} + \overline{A}B + (A + \overline{B})(\overline{A} + B) = A\overline{B} + \overline{A}B + AB + \overline{A}\overline{B} = A(B + \overline{B}) + \overline{A}(B + \overline{B}) = 1 = 0$

（4） $F = \overline{(\overline{A} + B)(\overline{A} + \overline{B} + C)} + A(B + \overline{B}) = \overline{A + \overline{A}B + \overline{A}C + AB + B\overline{C} + A}$
$= \overline{A + \overline{A} + \overline{A}(B + \overline{B}) + (\overline{A} + B)\overline{C}} = \overline{1 + \overline{A} + (\overline{A} + B)\overline{C}} = \overline{1} = 0$

11-10 用卡诺图法化简下列各式

（1） $F = \overline{A}\overline{B}C + \overline{A}BC + AB\overline{C} + ABC$

（2） $F = A(\overline{A}C + BD) + B(C + DE) + B\overline{C}$

（3） $F = (\overline{A} + \overline{B} + \overline{C})(B + \overline{B}C + \overline{C})(\overline{D} + DE + \overline{E})$

（4） $F = (A \oplus B)C + ABC + \overline{A}BC$

（5） $F(a,b,c,d) = \sum m(4,5,6,8,9,10,13,14,15)$

解：其卡诺图如图 11-6 所示，化简后的函数为

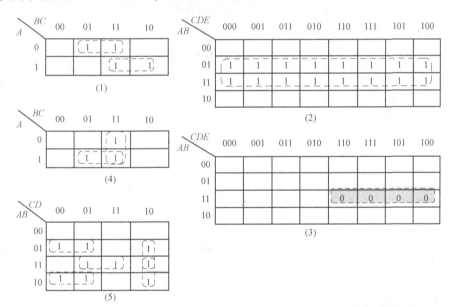

图 11-6 习题 11-10 各式卡诺图

（1） $F = \overline{A}C + AB$ （2） $F = B$

（3） $F = \overline{ABC}$ （4） $F = AC + BC$

（5） $F = \overline{A}\overline{B}\overline{C} + ABD + A\overline{B}\overline{C} + \overline{B}C\overline{D} + AC\overline{D}$

11-11 写出图 11-7 所示各个电路输出信号的逻辑表达式，并对应 A、B、C 的给定波形画出各个输出信号的波形。

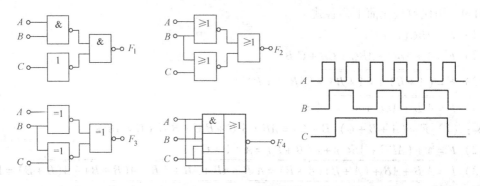

图 11-7　习题 11-11 的图

分析：本题各个电路可在写出逻辑表达式并化简后列出真值表，然后根据真值表画出各输出信号的波形。

解：各电路输出信号的逻辑表达式分别为

$$F_1 = \overline{\overline{AB} \cdot \overline{C}} = AB + C$$

$$F_2 = \overline{\overline{A+B} + \overline{\overline{B}+C}} = (A+B)(\overline{B}+C) = AC + B$$

$$F_3 = \overline{\overline{A \oplus B} \oplus \overline{B \oplus C}} = \overline{A}\,\overline{B}\,\overline{C} + \overline{A}\,B\,\overline{C} + A\,\overline{B}\,C + ABC$$

$$F_4 = \overline{AB + BC + CA} = \overline{A}\,\overline{B} + \overline{B}\,\overline{C} + \overline{C}\overline{A}$$

各输出信号的真值表见表 11-6，根据真值表画出的各输出信号的波形如图 11-8 所示。

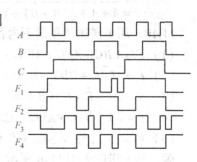

图 11-8　习题 11-11 解答用图

表 11-6　习题 11-11 的真值表

A	B	C	F_1	F_2	F_3	F_4
0	0	0	0	0	1	1
0	0	1	1	0	0	1
0	1	0	0	1	0	1
0	1	1	1	1	0	0
1	0	0	0	0	0	1
1	0	1	1	1	1	0
1	1	0	0	1	0	0
1	1	1	1	1	1	0

11-12　某逻辑函数的逻辑图如图 11-9 所示，试用其他四种方法表示该逻辑函数。

分析：本题可在写出电路的逻辑表达式并化简后列出真值表，然后根据真值表画出各输出信号的波形和卡诺图。根据逻辑图写逻辑表达式的方法是：从输入端到输出端，逐级写出各个门电路的逻辑表达式，最后写出各个输出端的逻辑表达式。

解：（1）由逻辑图写出逻辑表达式，为

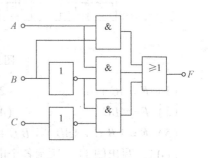

图 11-9　习题 11-12 的图

$$F = AB + A\,\overline{B} + \overline{B}\,\overline{C} = A + \overline{B}\,\overline{C}$$

（2）由逻辑表达式列出真值表，见表11-7。

表 11-7　习题 **11-12** 的真值表

A	B	C	F	A	B	C	F
0	0	0	1	1	0	0	1
0	0	1	0	1	0	1	1
0	1	0	0	1	1	0	1
0	1	1	0	1	1	1	1

（3）由真值表画出波形图，如图11-10所示。

（4）由真值表画出卡诺图，如图11-11所示。

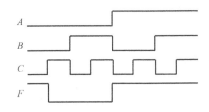

图 11-10　习题 11-12 的波形图

图 11-11　习题 11-12 的卡诺图

第 12 章　集成逻辑门电路

12.1　教学目标

　　通过对本章的学习，使学生了解数字集成门电路的基本概况，熟悉二极管、晶体管的开关特性，了解 TTL 逻辑门电路和 MOS 逻辑门电路的工作原理，熟悉它们之间的区别；了解 OC 门和三态门的基本原理，掌握其相关典型芯片的基本应用；掌握正负逻辑问题。

12.2　教学内容

　　1. 二极管与门、或门和晶体管非门电路的工作原理。

　　2. TTL 集成门电路。

　　3. CMOS 集成门电路。

　　4. 正逻辑与负逻辑。

12.3　重点、难点指导

12.3.1　半导体器件开关特性

　　1. 二极管的开关特性（单向导电性）

　　死区电压和门限电压是二极管的两个重要参数。

　　当外加正向电压小于门限电压时，二极管截止，电流近似为 0，如同断了的开关。当外加正向电压大于门限电压时，二极管导通，硅管端电压为 0.7V，锗管约为 0.3V（对于理想二极管，闭合时，不管流过的电流有多大，端电压为 0。断开时，不管两端电压多大，电流为 0，而且开关状态的转换瞬间完成。），由外加电压来控制二极管的开关。

　　2. 晶体管的开关特性

　　晶体管可以分为 3 个工作区域：放大区、截止区和饱和区。对应这 3 个工作区域，晶体管具有放大、截止和饱和 3 种工作状态。

　　在数字电路中，晶体管作为开关主要工作于截止和饱和两种状态，而放大状态是截止和饱和之间的过渡状态，它主要应用于模拟电路中。

　　截止状态：当输入电压 < 门限电压时，发射结反偏，$I_B = I_C = I_E \approx 0$，$U_{CE} \approx U_{CC}$，集电结也反偏。C – E 间相当于开关断开，这种状态称为晶体管的截止状态。

　　导通状态：当输入电压 > 门限电压，逐步加大时，发射结正偏，I_B、I_C 逐渐增大，输出电压 $U_{CE} = U_{CC} - I_C \times R_C$ 不断下降，降至 0.7V（假设为硅管）以下时，集电结也正偏，晶体管饱和，C – E 间相当于开关接通，称为晶体管的开态。

130

3. 二极管"与"门、"或"门和晶体管"非"门电路的工作原理

利用二极管的开关特性，二极管组成的"与"门电路和逻辑符号如图12-1所示，组成的"或"门电路和逻辑符号如图12-2所示。晶体管组成的"非"门电路和逻辑符号如图12-3所示。

可用二极管"或"门和晶体管"非"门组成"或非"门电路。若将二极管的"与"门电路的输出同由二极管与晶体管组成的"或非"门电路的输入相连，便可构成"与或非"门电路。这些都是逻辑电路中常用的基本逻辑单元，称为复合门电路。

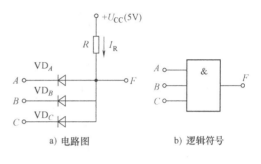

图12-1 二极管"与"门电路

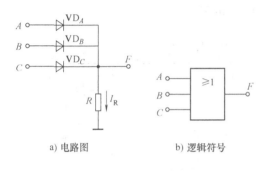

图12-2 二极管"或"门电路

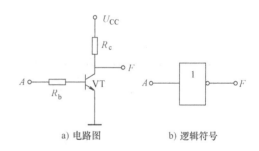

图12-3 晶体管"非"门电路

12.3.2 TTL 集成门电路

常用的集成门电路分为两大类：TTL 和 CMOS。TTL 为 Transistor-Transistor-Logic（晶体管-晶体管-逻辑）的简称。CMOS 为 Complementary-Metal-Oxide-Semiconductor（互补对称-金属-氧化物-半导体）的简称。

1. TTL "与非"门电路

TTL "与非"门电路如图12-4所示。根据图12-4进行推理：①输入端不全为"1"→输出为"1"；②输入端全为"1"→输出为"0"。

常用的 TTL "与非"门如74LS00（2输入4门）、74LS20（4输入2门），引脚及内部结构如图12-5和图12-6所示。

2. TTL "与非"门电路主要参数

（1）输出高电平 U_{OH} 当输入端有一个（或几个）接低电平，输出端空载时的输出电平。标准高电平 $U_{SH} \geq 2.4V$，U_{OH} 的典型值为 3.5V。

（2）输出低电平 U_{OL} 输出低电平是指输入全为高电平时的输出电平，对应图12-7中 D 点右边平坦部分的电压值，标准低电平 $U_{SL} \leq 0.4V$，U_{OL} 的典型值为 0.35V。

（3）输入端短路电流 I_{IS} 当电路任一输入端接"地"，而其余端开路时，流过这个输入端的电流称为输入短路电流 I_{IS}。I_{IS} 构成前级负载电流的一部分，因此希望尽量小些。

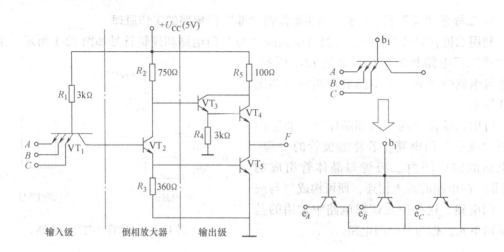

图 12-4　典型 TTL "与非" 门电路

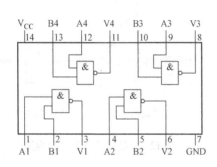

图 12-5　74LS00 引脚图

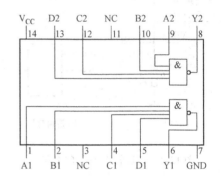

图 12-6　74LS20 引脚图

（4）扇出系数 N　扇出（fan-out）系数是指带负载的个数。它表示 "与非" 门输出端最多能与几个同类的 "与非" 门连接，典型电路 $N>8$。

（5）空载功耗　"与非" 门的空载功耗是当 "与非" 门空载时的电源总电流 I_{CL} 与电源电压 U_{CC} 的乘积。当输出为低电平时的功耗为空载导通功耗 P_{on}，当输出为高电平时的功耗称为空载截止功耗 P_{off}。P_{on} 总比 P_{off} 大。

（6）开门电平 U_{on}　在额定负载下，确保输出为标准低电平 U_{SL} 时的输入电平称为开门电平。它表示使 "与非" 门开通时的最小输入电平。

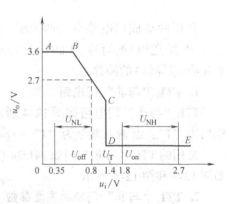

图 12-7　TTL "与非" 门传输特性

（7）关门电平 U_{off}　关门电平是指输出电平上升到标准高电平 U_{SH} 的输入电平。它表示使 "与非" 门关断所需的最大输入电平。

（8）高电平输入电流 I_{IH}　输入端有一个接高电平，其余接 "地" 的反向电流称为高电平输入电流（或输入漏电流），它构成前级 "与非" 门输出高电平时的负载电流的一部分，此值越小越好。

（9）平均传输延迟时间 t_{pd}　在"与非"门输入端加上一个方波电压，输出电压较输入电压有一定的时间延迟。如图 12-8 所示，从输入波形上升沿的中点到输出波形下降沿的中点之间的时间延迟称为导通延迟时间 $t_{d(on)}$，从输入波形下降沿中点到输出波形上升沿中点之间的时间延迟称为截止延迟时间 $t_{d(off)}$。平均传输延迟时间定义为

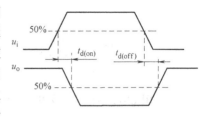

图 12-8　平均传输延迟时间的定义

$$t_{pd} = \frac{t_{d(on)} + t_{d(off)}}{2}$$

此值表示电路的开关速度，t_{pd} 越小越好。

3. TTL 集电极开路"与非"门（OC 门）和三态门

（1）OC 门

实际使用中，有时需要两个或两个以上"与非"门的输出端接在同一条导线上，将这些"与非"门上的数据（状态）用同一条导线输送出去。因此，需要一种新的"与非"门电路来实现"线与"逻辑，这个门电路就是集电极开路与"非门"电路，简称 OC（Open Collector）门。OC 门电路及逻辑符号如图 12-9 所示。该电路的特点是输出管 VT_5 的集电极悬空，由于 VT_5 管集电极悬空，其他管截止时输出（高电平）电压由其所接外电路决定。使用时，需外接一个负载电阻 R_L 和电源 U_{CC}。

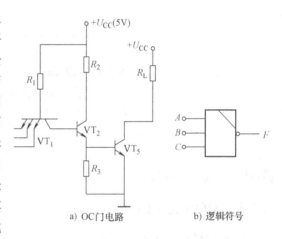

a）OC 门电路　　　b）逻辑符号

图 12-9　集电极开路 TTL 门（OC 门）

OC 门的主要用途有以下 3 个方面：

1）实现"与或非"逻辑。用 n 个 OC 门实现与或非逻辑的电路如图 12-10 所示。因为任何一个门输入全为 1 时其输出为零，而 n 个门的输出端又并接在一起（"线与"），故输出 $Y = 0$，即 $Y = \overline{A_1B_1 + A_2B_2 + , \cdots, + A_nB_n}$，是"与或非"的逻辑功能。

2）用做电平转换。在数字系统的接口部分常需要进行电平转换这可用 OC 门来实现。图 12-11 所示电路是用 OC 门把输出高电平变换为 10V 的电路。

3）用做驱动器。可以用 OC 门驱动指示灯、继电器等，其驱动指示灯的电路如图 12-12 所示。

（2）三态门　所谓三态门，是指输出不仅有高电平和低电平两种状态，还有第 3 种状态——高阻输出状态。高阻输出状态可以减轻总线负载和相互干扰。三态门的真值表见表 12-1。

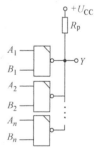

图 12-10　OC 门实现"与或非"逻辑

图 12-11　OC 门实现电平转换

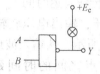

图 12-12　OC 门做驱动器

表 12-1　三态门的真值表

使　能　端	数据输入端		输　出　端
E	A	B	F
1	0	0	1
	0	1	1
	1	0	1
	1	1	0
0	×	×	高阻

利用三态门的总线结构图如图 12-13 所示，以实现分时轮换传输信号而不至于互相干扰。控制信号 $E_1 \sim E_n$ 在任何时间里只能有一个为 "1"，即只能使一个门工作，其余门处于高阻状态，三态门不需要外接负载，门的输出极采用的是推拉式输出，输出电阻低，因而开关速度比 OC 门快。

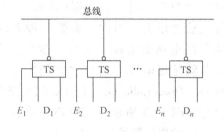

图 12-13　三态门用于总线传输

12.3.3　MOS 逻辑门

CMOS 问世比 TTL 晚，但发展较快，大有后来者居上、赶超并取代 TTL 之势。

互补型金属氧化物半导体电路（Complementary Metal-Oxide-Semiconductor, CMOS）由绝缘场效应晶体管组成，由于只有一种载流子，因而是一种单极型晶体管集成电路，其基本结构是一个 N 沟道 MOS 管和一个 P 沟道 MOS 管，如图 12-14 所示。

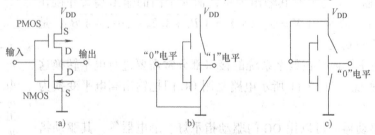

图 12-14　CMOS 电路基本结构示意图

由于两管栅极工作电压极性相反，故将两管栅极相连作为输入端，两个漏极相连作为输出端，如图 12-14a 所示，则两管正好互为负载，处于互补工作状态。

当输入低电平（$U_i = U_{ss}$）时，PMOS 管导通，NMOS 管截止，输出高电平，如图 12-14b 所示。

当输入高电平（$U_i = U_{DD}$）时，PMOS 管截止，NMOS 管导通，输出为低电平，如图12-14c 所示。

两管如单刀双掷开关一样交替工作，构成反相器。

表 12-2 列出了各种 MOS 电路的 4 个主要参数。

表 12-2 各种 MOS 电路的 4 个主要参数

电路规格	速度 t_{pd}/ns	功耗 p/mW	抗干扰能力 U_N/V	扇出系数 N_O
中速 TTL	50	30	≈0.7	≥8
高速 TTL	≈20	40	≈1	≥8
超高速 TTL	≈10	50	≈1	≥8
ECL	>5	80	0.3	≥10
PMOS	>1	<5	3	≥10
NMOS	≈500	1	≈1	≥10
CMOS	≈200	$<10^{-3}$	≈2	≥15

12.4 习题选解

12-1 二极管为什么能起开关作用？二极管的瞬态开关特性各用哪些参数描述？

答：因为二极管具有单向导电性，当二极管加正向电压时，二极管导通，反之二极管截止，二极管的这一特性可以起到开关作用；常用来描述二极管的瞬态开关特性的参数有：存储时间 t_s（s-store）、下降时间 t_f（f-fall）以及上升时间 t_r（r-rise）。一般将存储时间和下降时间所用时间之和称为反向恢复时间 t_{rr}（rr-reverse restore），由于上升时间比反向恢复时间短的多，一般在考虑二极管瞬态开关特性时，重点关心反向恢复时间对开关特性的影响。

12-2 二极管门电路如图 12-15 所示。已知二极管 VD_1、VD_2 导通压降为 0.7V，试回答下列问题：

（1）A 接 10V，B 接 0.3V。输出 U_o 为多少伏？

（2）A、B 都接 10V。输出 U_o 为多少伏？

（3）A 接 10V，B 悬空。用万用表测 B 端电压，U_B 为多少伏？

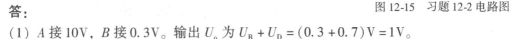

图 12-15 习题 12-2 电路图

答：

（1）A 接 10V，B 接 0.3V。输出 U_o 为 $U_B + U_D = (0.3 + 0.7)V = 1V$。

（2）A、B 都接 10V。输出 U_o 为 10V。

（3）A 接 10V，B 悬空。输出 U_o 为 10V。

12-3 晶体管工作在饱和区、放大区、截止区各有什么特点？

答：晶体管工作在饱和区、放大区、截止区的特点分别是：$I_B \gg I_C/\beta$、$I_C = \beta I_B$、$I_B \approx 0$，$I_C \approx 0$。对于数字电路，由于在大信号的作用下，要求晶体管是工作在截止和饱和区，而对于模拟放大电路，晶体管则工作在放大区，若工作在饱和区和截止区将会产生放大波形的失真。

12-4 高速 TTL "与非" 门电路如何改进的？简述浅饱和电路工作原理。

答：提高 TTL "与非" 门的速度有很多方法，最常用的方法是浅饱和的 TTL 电路和在电路中加入肖特基二极管的肖特基 TTL 电路。浅饱和电路的工作原理是：由于 TTL "与非" 门电路的输出管 VT_5 一般设计工作在深饱和状态，则在输出由低电平转换为高电平时，VT_5 从深饱和状态转换到截止状态所需的存储时间就很长，限制了 TTL 电路的工作速度，所以浅饱和电路的目的就是在 "与非" 门由截止转为饱和时，有比较大的电流，使 VT_5 迅速由截止转为饱和，一旦达到饱和以后，VT_6 组成的电路就会有一个分流，降低 VT_5 的饱和程度，当需要 VT_5 由饱和转为截止时，由于 VT_5 的饱和程度较浅，就很容易从饱和转为截止，从而提高了 TTL 电路的速度。

12-5　TTL "与非" 门如有多余输入端，能不能将它接地？为什么？TTL "或非" 门如有多余端，能不能将它接 U_{CC} 或悬空？为什么？

答：对于 TTL "与非" 门电路，一旦将多余端接地，多发射极的晶体管就会处于饱和导通状态，从而使得输出始终是高电平，至于其他输入端的状态不会对输出产生任何影响，从而破坏了 "与非" 门的逻辑功能。对于 "与非" 门的多余输入端，一般是接高电平或者将多余输入端一同接一个输入信号；同理，TTL "或非" 门的多余端不能接电源或悬空(由于对于悬空的多余二极管一般不会同时导通，也类似接了一个高电平)，否则将破坏 "或非" 门的逻辑功能。对于 "或非" 门的多余输入端，一般接地或者将多余输入端同接一个输入信号。

12-6　TTL 门电路的传输特性曲线上可反映出它哪些主要参数？

答：TTL 门电路的特性曲线反映的是随输入电平的改变输出电平的变化关系规律，我们可以从传输特性曲线上很容易地确定输入电平在什么范围内，输出确保为高电平，又在什么范围内输出确保为低电平，从而可以确定门电路的两个重要参数关门电平(确保输出高电平时的输入电平)U_{off} 和开门电平(确保输出低电平时的输入电平)U_{on}。以及输入低电平时的允许范围——低电平噪声容限 U_{NL} 和输入高电平时的噪声容限 U_{NH}。

12-7　OC 门、三态门各有什么主要特点？它们各自有什么重要应用？

答：OC 门是集电极开路的 TTL 门。它主要是为了避免用普通的门电路实现 "线与" 功能时，若一个门输出高电平，另一个门输出为低电平，则将会在门电路的输出端的晶体管中产生一个很大的电流，从而导致门电路损坏的情况；三态门则是有 3 种输出状态，除普通门电路所有的高电平输出和低电平输出的情况外，还有一种高阻状态，目的是在门电路不工作时，将门电路置于高阻状态，以免门电路对逻辑电路中其他门电路的影响。特别是在与计算机总线相连的门电路，在该门电路不与计算机交换信息时，尽量与总线断开，以免造成总线负载过重，从而导致逻辑错误。

12-8　图 12-16 所示为一个三态逻辑 TTL 电路，这个电路除了输出高电平、低电平信号外，还有第 3 个状态——禁止态(高阻抗)。试分析说明该电路具有什么逻辑功能。

答：在该电路中有一个使能端 E，当 E = "1" 时，VT_1 截止→VT_2、VT_5 饱和导通，多发射极晶体管的一个输入端为低电平→VT_6 饱和导通、二极管 VD_2 导通 → VT_7、VT_8 的基极都为低电平而截止，输出端 Y 是高阻状态；当使能端 E = 0 时→VT_1 饱和导通→VT_2 截止→VT_4、VT_5 截止→多发射极晶体管的一端悬空，另两个输入端决定了门电路的输出(二输入的"与非"门)。

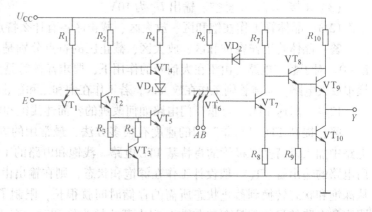

图 12-16　习题 12-8 电路图

第13章　组合逻辑电路分析与设计

13.1　教学目标

通过本章的教学，使学生熟悉组合逻辑电路的特点，掌握组合逻辑电路的分析与设计方法；掌握常用组合逻辑电路——加法器、编码器、译码器工作原理及对应典型芯片的应用分析和设计；了解组合电路中的竞争与冒险现象、产生原因及消除方法。

13.2　教学内容

1. 组合逻辑电路的分析方法。
2. 组合逻辑电路的设计方法。
3. 常用组合逻辑电路(加法器、编码器、译码器)及其应用。
4. 组合电路中的竞争与冒险现象、产生原因及消除方法。

13.3　重点、难点指导

13.3.1　组合电路的一般分析方法

分析组合逻辑电路通常可以按以下方法进行：
(1) 根据题意，由已知条件——逻辑电路图写出各输出端的逻辑函数表达式。
(2) 用逻辑代数和逻辑函数化简等基本知识，对各逻辑函数表达式进行化简和变换。
(3) 根据简化后的逻辑函数表达式列出相应的真值表。
(4) 依据真值表和逻辑函数表达式对逻辑电路进行分析，确定逻辑电路的功能，给出对该逻辑电路的评价。

13.3.2　几种常用的组合逻辑电路分析

1. 加法器电路分析

最基本的加法器是一位加法器，一位加法器按功能不同又有半加器(Half Adder)和全加器(Full Adder)之分。

所谓"半加"是指不考虑来自低位进位的本位相加。实现半加运算的电路叫做半加器。

半加器真值表见表13-1。得到逻辑表达为

$$S = \overline{A}B + A\overline{B} = A \oplus B$$
$$CO = AB$$

表 13-1　半加器真值表

A	B	S	CO	A	B	S	CO
0	0	0	0	1	0	1	0
0	1	1	0	1	1	0	1

因此，半加器是由一个"异或"门和一个"与"门组成，如图 13-1 所示。

所谓"全加"是指将本位的加数、被加数以及来自低位的进位 3 个数相加。实现这种运算的电路称为全加器。

根据二进制加法运算规则可列出一位全加器的真值表，如表 13-2。

表 13-2　全加器的真值表

CI	A	B	S	CO	CI	A	B	S	CO
0	0	0	0	0	1	0	0	1	0
0	0	1	1	0	1	0	1	0	1
0	1	0	1	0	1	1	0	0	1
0	1	1	0	1	1	1	1	1	1

画出 S 和 C 的卡诺图，如图 13-2 所示，采用合并"0"再求反的化简方法得

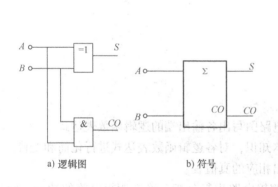

a) 逻辑图　　　　　　b) 符号

图 13-1　半加器

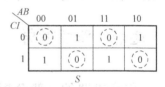

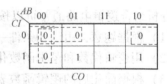

图 13-2　全加器的卡诺图

$$S = \overline{\overline{A}\,\overline{B}\,CI + \overline{A}\,B\overline{CI} + A\overline{B}\,\overline{CI} + AB\,\overline{CI}}$$
$$CO = \overline{\overline{A}\,\overline{B} + \overline{B}\,\overline{CI} + \overline{A}\,\overline{CI}}$$

根据上面的逻辑表达式可以画出全加器的逻辑图如图 13-3 所示。

多位加法电路一般可简单地由多个一位加法器串联而成。只要依次将低位全加器的进位输出端接到高位全加器的进位输入端，就可以构成多位加法器了。这种加法器的最大缺点是运算速度慢。但考虑到串行进位加法器(Serial Carry Adder)的电路结构比较简单，因而在对运算速度要求不高的设备中，这种加法器仍不失为一种可取的电路。

集成电路 74LS82 是由两个一位全加器串联构成的两位串行进位全加器组件，由 74LS82 构成的多位加法电路，虽然并不复杂，但它们的进位信号需要一位一位地传递，位数越多，所需的加法时间越长。74LS283 是一个 4 位全加器，该器件中各进位不是由前级全加器的进

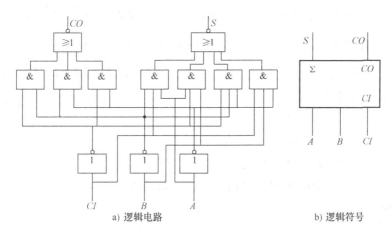

a) 逻辑电路　　　　　　　　　　　b) 逻辑符号

图 13-3　全加器逻辑电路

位输出提供的，而是同时形成的，这一器件称为超前进位全加器(Look-ahead Carry Adder)。74LS82、74LS283 的逻辑图如图 13-4、图 13-5 所示。

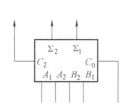

图 13-4　74LS82 逻辑符号

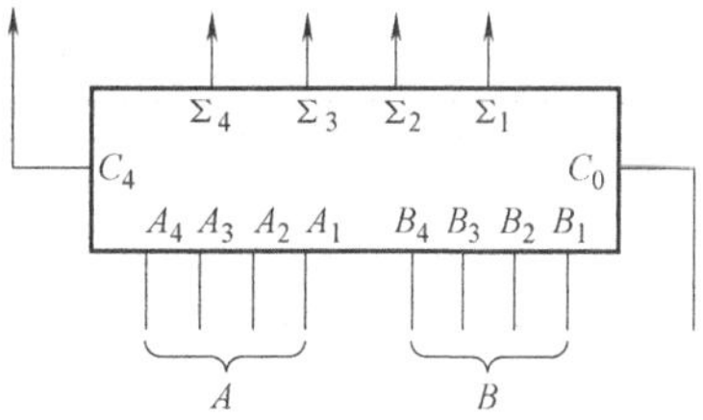

图 13-5　74LS283 逻辑图

2. 编码器电路分析

目前经常使用的编码器有普通编码器和优先编码器(Priority Encoder)两类。普通编码器工作时，在任何时刻只允许输入一个编码信号，否则输出将发生混乱。而优先编码器工作时，由于电路设计时考虑了信号按优先级排队处理过程，故当几个输入信号同时出现时，只对其中优先权最高的一个信号进行编码，从而保证了输出的稳定。

表 13-3 是 3 位二进制普通编码器真值表，把它叫做 8 线-3 线编码器。将表 13-3 的真值表写成对应的逻辑式可得

表 13-3　3 位二进制编码器的真值表

输　　入								输　　出		
I_0	I_1	I_2	I_3	I_4	I_5	I_6	I_7	Y_2	Y_1	Y_0
1	0	0	0	0	0	0	0	0	0	0
0	1	0	0	0	0	0	0	0	0	1
0	0	1	0	0	0	0	0	0	1	0
0	0	0	1	0	0	0	0	0	1	1
0	0	0	0	1	0	0	0	1	0	0
0	0	0	0	0	1	0	0	1	0	1
0	0	0	0	0	0	1	0	1	1	0
0	0	0	0	0	0	0	1	1	1	1

$$Y_2 = \overline{I_0}\overline{I_1}\overline{I_2}\overline{I_3}I_4\overline{I_5}\overline{I_6}\overline{I_7} + \overline{I_0}\overline{I_1}\overline{I_2}\overline{I_3}\overline{I_4}I_5\overline{I_6}\overline{I_7} + \overline{I_0}\overline{I_1}\overline{I_2}\overline{I_3}\overline{I_4}\overline{I_5}I_6\overline{I_7} + \overline{I_0}\overline{I_1}\overline{I_2}\overline{I_3}\overline{I_4}\overline{I_5}\overline{I_6}I_7 \Big\}$$

$$Y_1 = \overline{I_0}\overline{I_1}I_2\overline{I_3}\overline{I_4}\overline{I_5}\overline{I_6}\overline{I_7} + \overline{I_0}\overline{I_1}\overline{I_2}I_3\overline{I_4}\overline{I_5}\overline{I_6}\overline{I_7} + \overline{I_0}\overline{I_1}\overline{I_2}\overline{I_3}\overline{I_4}\overline{I_5}I_6\overline{I_7} + \overline{I_0}\overline{I_1}\overline{I_2}\overline{I_3}\overline{I_4}\overline{I_5}\overline{I_6}I_7 \Big\}$$

$$Y_0 = \overline{I_0}I_1\overline{I_2}\overline{I_3}\overline{I_4}\overline{I_5}\overline{I_6}\overline{I_7} + \overline{I_0}\overline{I_1}\overline{I_2}I_3\overline{I_4}\overline{I_5}\overline{I_6}\overline{I_7} + \overline{I_0}\overline{I_1}\overline{I_2}\overline{I_3}\overline{I_4}I_5\overline{I_6}\overline{I_7} + \overline{I_0}\overline{I_1}\overline{I_2}\overline{I_3}\overline{I_4}\overline{I_5}\overline{I_6}I_7 \Big\}$$

利用约束项可将上式化简，得

$$Y_2 = I_4 + I_5 + I_6 + I_7 \Big\}$$
$$Y_1 = I_2 + I_3 + I_6 + I_7 \Big\}$$
$$Y_0 = I_1 + I_3 + I_5 + I_7 \Big\}$$

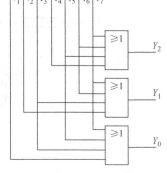

图 13-6 就是根据上式得出的编码器电路。这个电路是由 3 个"或门"组成的。

74LS148 是一个 8 线-3 线优先编码器。表 13-4 为 74LS148 的功能表。

3. 译码器电路分析

常用的译码器电路有通用译码器和数字显示译码器两类。

图 13-6　3 位二进制编码器

表 13-4　74LS148 的功能表

	输　　　　　入								输　　　出				
$\overline{S}$	$\overline{I_0}$	$\overline{I_1}$	$\overline{I_2}$	$\overline{I_3}$	$\overline{I_4}$	$\overline{I_5}$	$\overline{I_6}$	$\overline{I_7}$	$\overline{Y_2}$	$\overline{Y_1}$	$\overline{Y_0}$	$\overline{Y_S}$	$\overline{Y_{EX}}$
1	×	×	×	×	×	×	×	×	1	1	1	1	1
0	1	1	1	1	1	1	1	1	1	1	1	0	1
0	×	×	×	×	×	×	×	0	0	0	0	1	0
0	×	×	×	×	×	×	0	1	0	0	1	1	0
0	×	×	×	×	×	0	1	1	0	1	0	1	0
0	×	×	×	×	0	1	1	1	0	1	1	1	0
0	×	×	×	0	1	1	1	1	1	0	0	1	0
0	×	×	0	1	1	1	1	1	1	0	1	1	0
0	×	0	1	1	1	1	1	1	1	1	0	1	0
0	0	1	1	1	1	1	1	1	1	1	1	1	0

（1）通用译码器

1）两个输入量的二进制译码器，其逻辑电路如图 13-7 所示。这个译码器叫做 2 线-4 线译码器。其中 S 是选通控制，对于图 13-7a，$S = 1$ 有效，即输出取决于输入 A、B，当 $S = 0$ 时，输出全为"0"。图 13-7b 是负逻辑电路。

2）标准译码器 74LS138、74LS42 电路分析。74LS138 是一个用 TTL "与非"门构成的 3 线-8 线译码器，其功能见表 13-5。

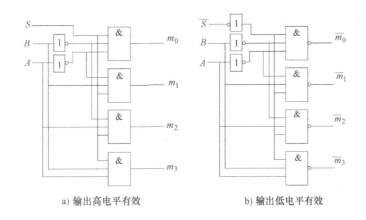

a) 输出高电平有效   b) 输出低电平有效

图 13-7   二进制译码器逻辑电路图

表 13-5   3 线-8 线译码器 74LS138 的功能

输　入					输　　出							
S_1	$\overline{S_2}+\overline{S_3}$	A_2	A_1	A_0	$\overline{Y_0}$	$\overline{Y_1}$	$\overline{Y_2}$	$\overline{Y_3}$	$\overline{Y_4}$	$\overline{Y_5}$	$\overline{Y_6}$	$\overline{Y_7}$
0	×	×	×	×	1	1	1	1	1	1	1	1
×	1	×	×	×	1	1	1	1	1	1	1	1
1	0	0	0	0	0	1	1	1	1	1	1	1
1	0	0	0	1	1	0	1	1	1	1	1	1
1	0	0	1	0	1	1	0	1	1	1	1	1
1	0	0	1	1	1	1	1	0	1	1	1	1
1	0	1	0	0	1	1	1	1	0	1	1	1
1	0	1	0	1	1	1	1	1	1	0	1	1
1	0	1	1	0	1	1	1	1	1	1	0	1
1	0	1	1	1	1	1	1	1	1	1	1	0

74LS42 则是一个二-十进制译码器，其基本逻辑功能是将输入的 10 个 BCD 码译成相应的 10 个高、低电平信号输出，真值表见表 13-6。

表 13-6   二-十进制译码器 74LS42 的真值表

序号	输　入				输　　出									
	A_3	A_2	A_1	A_0	$\overline{Y_0}$	$\overline{Y_1}$	$\overline{Y_2}$	$\overline{Y_3}$	$\overline{Y_4}$	$\overline{Y_5}$	$\overline{Y_6}$	$\overline{Y_7}$	$\overline{Y_8}$	$\overline{Y_9}$
0	0	0	0	0	0	1	1	1	1	1	1	1	1	1
1	0	0	0	1	1	0	1	1	1	1	1	1	1	1
2	0	0	1	0	1	1	0	1	1	1	1	1	1	1
3	0	0	1	1	1	1	1	0	1	1	1	1	1	1
4	0	1	0	0	1	1	1	1	0	1	1	1	1	1
5	0	1	0	1	1	1	1	1	1	0	1	1	1	1
6	0	1	1	0	1	1	1	1	1	1	0	1	1	1
7	0	1	1	1	1	1	1	1	1	1	1	0	1	1
8	1	0	0	0	1	1	1	1	1	1	1	1	0	1
9	1	0	0	1	1	1	1	1	1	1	1	1	1	0

（续）

序号	输入				输出									
	A_3	A_2	A_1	A_0	$\overline{Y}_0$	$\overline{Y}_1$	$\overline{Y}_2$	$\overline{Y}_3$	$\overline{Y}_4$	$\overline{Y}_5$	$\overline{Y}_6$	$\overline{Y}_7$	$\overline{Y}_8$	$\overline{Y}_9$
伪码	1	0	1	0	1	1	1	1	1	1	1	1	1	1
	1	0	1	1	1	1	1	1	1	1	1	1	1	1
	1	1	0	0	1	1	1	1	1	1	1	1	1	1
	1	1	0	1	1	1	1	1	1	1	1	1	1	1
	1	1	1	0	1	1	1	1	1	1	1	1	1	1
	1	1	1	1	1	1	1	1	1	1	1	1	1	1

（2）数字显示电路——七段字符显示器　七段字符显示器（Seven-segment Character Mode Display）是目前广泛使用的一种数码显示器件，常称为七段数码管。这种数字显示器由七段可发光的"线段"拼合而成。常见的七段字符显示器有半导体数码管和液晶显示器（Liquid Crystal Display，LCD）两种。半导体数码管结构如图 13-8 所示。图 13-8a 是共阳极七段数码管的原理图；图 13-8b 是共阴极七段发光数码管的原理图。不同的发光二极管亮可显示不同的数字字符。

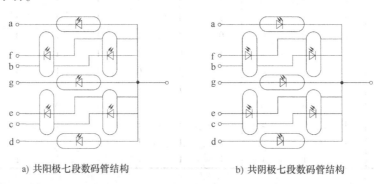

a) 共阳极七段数码管结构　　　　　　b) 共阴极七段数码管结构

图 13-8　半导体数码管显示原理

13.3.3　组合逻辑设计

根据给出的实际逻辑功能要求，求出实现这一逻辑功能的最优电路，是设计组合逻辑电路时要完成的基本工作，其一般方法可总结为：

（1）根据实际逻辑问题的叙述，进行逻辑抽象，逻辑抽象的步骤为：

1）分析事件的因果关系，确定输入变量和输出变量。一般总是把引起事件的原因定为输入变量，而把事件的结果作为输出变量。

2）定义逻辑状态的含义。以二值逻辑的 0、1 两种状态分别代表输入量和输出量的两种不同状态。这里 0 和 1 的具体含义完全是由设计者人为选定的。这项工作叫做逻辑状态赋值。

3）根据给定的因果关系列出逻辑真值表，进而写出相关的逻辑函数标准表达式。

至此，便将一个实际的逻辑问题抽象成为一个逻辑函数。

（2）根据选定的器件类型将逻辑函数进行变换和简化，写出与使用的逻辑门相对应的最简逻辑函数表达式。

（3）按简化的逻辑函数表达式绘制逻辑电路图。至此，原理性设计就已完成。

（4）为了把逻辑电路实现为具体的电路装置，还需要一系列的工艺设计工作。最后还必须完成装配、调试。

13.3.4 组合逻辑电路中的竞争-冒险现象

1. 竞争冒险的概念

输入同一门的一组信号，由于来自不同途径，会通过不同数目的门，经过不同长度的导线，它们到达的时间总会有先有后。这种现象好像运动员进行赛跑，由于每个人的速度有快有慢到达终点的时间有早有晚一样。故称逻辑电路中信号传输过程中的这一现象为竞争（Race）现象。在逻辑电路中，竞争现象是随时随地都可能出现的，这一现象也可广义地理解为多个信号到达某一点有时差所引起的现象。

所谓逻辑冒险是指在组合逻辑电路中，当某一个变量发生变化时，由于此信号在电路中经过的路径不同，使到达电路中某个门的多个输入信号产生了时差，进而导致输出端产生瞬时的尖峰脉冲干扰。

所谓功能冒险是指在组合逻辑电路的输入端，当有几个变量同时发生变化时，由于这几个变量的快慢各不相同，传送到电路中某门的输入端必然有时间差，进而导致输出端产生瞬时的尖峰脉冲干扰。

2. 竞争-冒险现象的判断

判断一个逻辑电路是否可能产生冒险的方法有：代数法、卡诺图法、实验分析和计算机辅助分析等。

代数法是从逻辑函数表达式的结构来判断是否具有产生冒险的条件。具体方法是：首先检查逻辑函数表达式中是否存在具备竞争条件的变量，即是否有某个变量 A 同时以原变量和反变量的形式出现在逻辑函数表达式中。若有，则消去逻辑函数表达式中的其他变量，即将这些变量的各种取值组合依次代入逻辑函数表达式中，从而把它们从逻辑函数表达式中消去，而仅保留被研究的变量 A，再看逻辑函数表达式的形式是否能成为 $A + \overline{A}$ 或 $A\,\overline{A}$ 的形式，若能，则说明对应的逻辑电路可能产生冒险。

卡诺图是判断冒险的另一种方法，它比代数法更直观、方便。其具体方法是：首先作出逻辑函数的卡诺图，并在卡诺图上将对称相邻的项圈（卡诺圈）出来，若发现某两个卡诺圈存在"相切"关系，即两个卡诺圈之间存在不被同一卡诺圈包含的相邻最小项，则该电路可能存在冒险现象。

将计算机辅助分析的手段用于分析数字电路以后，为从原理上检查复杂数字电路的竞争-冒险现象提供了有效的手段。通过在计算机上运行数字电路的模拟程序，能够迅速查出电路是否会存在竞争-冒险现象。目前已有这类成熟的程序可供选用。

此外，通过实验来检查电路的输出端，是否有因为竞争-冒险而产生的尖峰脉冲，也是一种十分有效的判断方法。这时加到输入端的信号波形，应该包含输入变量的所有可能发生的状态变化。

3. 冒险现象的消除

消除冒险现象可采用接入滤波电容法、引入选通脉冲或修改逻辑设计等方法。

上述3种方法中，接滤波电容的方法简单易行，但输出的电压波形随之变坏，因此，只适用于对输出波形的前、后沿要求不严格的场合。引入选通脉冲的方法也比较简单，而且不需要增加电路元件(仅增加元件的输入端即可)，但使用这种方法时必须设法得到一个与输入信号同步的选通脉冲，对这个脉冲的宽度和作用的时间均有严格的要求。至于修改逻辑设计的方法，若能运用得当，会收到令人满意的效果。

13.4 习题选解

13-1 写出图 13-9 所示逻辑电路输出 F 的逻辑表达式，并说明其逻辑功能。

分析：根据组合逻辑电路的分析方法进行分析。

解：由电路可直接写出输出的表达式为

$$F = \overline{\overline{\overline{A_1}\ \overline{A_0}D_0} \cdot \overline{\overline{A_1}A_0D_1} \cdot \overline{A_1\ \overline{A_0}D_2} \cdot \overline{A_1A_0D_3}} = \overline{A_1}\ \overline{A_0}D_0 + \overline{A_1}A_0D_1 + A_1\ \overline{A_0}D_2 + A_1A_0D_3$$

由逻辑表达式可以看出：当 $A_1A_0 = 00$ 时，$F = D_0$；$A_1A_0 = 01$ 时，$F = D_1$；$A_1A_0 = 10$ 时，$F = D_2$；$A_1A_0 = 11$ 时，$F = D_3$。

这个电路的逻辑功能是，给定地址 A_1A_0 以后，将该地址对应的数据传输到输出端 F。

13-2 组合逻辑电路如图 13-10 所示。

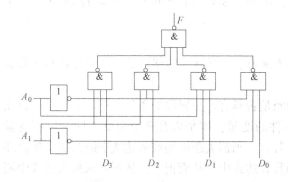

图 13-9 习题 13-1 电路图

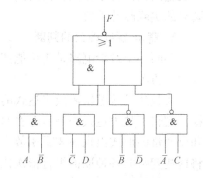

图 13-10 习题 13-2 电路图

（1）写出函数 F 的表达式。

（2）将函数 F 化为最简 "与或" 式，并用 "与非" 门实现电路。

（3）若改用 "或非" 门实现，试写出相应的表达式。

解：（1）逻辑表达式为 $F = \overline{A\ \overline{B}\ \overline{C}D + \overline{B}\ \overline{D} + \overline{A}C}$

（2）化简逻辑式

$$F = \overline{A\ \overline{B}\ \overline{C}D} \cdot (\overline{\overline{B}\ \overline{D} + \overline{A}C}) = (\overline{A} + B + C + \overline{D})(\overline{B}\ \overline{D} + \overline{A}C)$$

$$= \overline{A}\ \overline{B}\ \overline{D} + \overline{A}C + AB\overline{C} + \overline{B}C\overline{D} + \overline{A}C + \overline{B}\ \overline{D} + \overline{A}C\overline{D}$$

$$= \overline{B}\ \overline{D}(\overline{A} + C + 1) + \overline{A}C(1 + B + \overline{D})$$

$$= \overline{B}\ \overline{D} + \overline{A}C$$

这是最简 "与或" 表达式，用 "与非" 门实现电路见图 13-12a，其表达式为

$$F = \overline{\overline{B}\ \overline{D} \cdot \overline{\overline{A}C}}$$

（3）若用 "或非" 门实现电路见图 13-12b，其表达式为

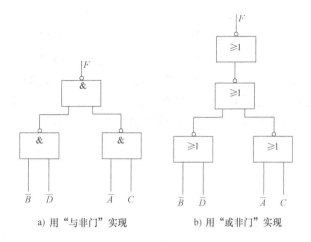

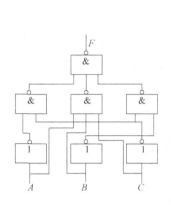

图 13-11　习题 13-3 电路图

a) 用"与非门"实现　　b) 用"或非门"实现

图 13-12　习题 13-2 题解图

$$F = \overline{\overline{\overline{B}\,\overline{D} + \overline{A}\,C}} = \overline{(B+D)(A+\overline{C})} = \overline{B+D} + \overline{A+\overline{C}} = \overline{B+D} + \overline{A} + C$$

由图 13-10 可见，对于同一逻辑函数采用不同的门电路实现，所使用的门电路的个数不同，组合电路的速度也有差异，因此，在设计组合逻辑电路时，应根据具体不同情况，选用不同的门电路，使电路的复杂程度降低。

13-3　组合逻辑电路如图 13-11 所示。分析电路功能，写出函数 F 的逻辑表达式。将分析的结果，列成真值表的形式。

解：对于图 13-11 电路可以写出逻辑函数表达式为

$$F = \overline{\overline{\overline{A}\,\overline{C}} \cdot \overline{ABC} \cdot \overline{\overline{B}\,C}}$$
$$= \overline{A}\,\overline{C} + ABC + \overline{B}\,\overline{C}$$
$$= \overline{\overline{AB}\,\overline{C} + ABC}$$
$$= (AB) \odot C$$

真值表见表 13-7，由真值表可以看出，该电路是实现 AB 与 C 的"同或"，及当 AB 与 C 的值相同时，电路输出为"1"，否则输出为"0"。

表 13-7　习题 13-3 解

A	B	C	F	A	B	C	F
0	0	0	1	1	0	0	1
0	0	1	0	1	0	1	0
0	1	0	1	1	1	0	0
0	1	1	0	1	1	1	1

13-4　在有原变量输入、又有反变量输入的条件下，用"与非"门设计实现下列逻辑函数的组合逻辑电路：

（1）$F(A,B,C,D) = \sum m(0,2,6,7,10,12,13,14,15)$

（2）$F(A,B,C,D) = \sum m(0,1,3,4,6,7,10,12,13,14,15)$

（3） $F(A,B,C,D) = \sum m(0,2,3,4,5,6,7,12,14,15)$

（4） $\left.\begin{array}{l} F_1(A,B,C,D) = \sum m(2,4,5,6,7,10,13,14,15) \\ F_2(A,B,C,D) = \sum m(2,5,8,9,10,11,12,13,14,15) \end{array}\right\}$

解： 将以上的逻辑函数填入卡诺图，用卡诺图法将逻辑函数化简为最简的"与或"表达式，再根据最简的"与或"表达式用"与非"门实现该逻辑函数。（1）、（2）、（3）的题解图如图 13-13 所示，（4）的题解图如图 13-14 所示。

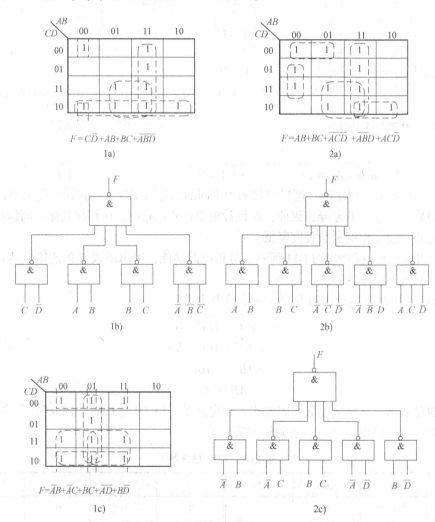

图 13-13 习题 13-4(1)、(2)、(3)的题解图

由于(4)是双输出函数，为了使得两个输出函数尽可能共享部分项，F_1 我们不用最简式，而是尽可能使用与 F_2 相同的项方式化简，故将图 13-14 的卡诺图 4-1a 重新化简，如图 13-15 中的 4-1a 所示。

经过重新对卡诺图化简，这样实现的电路如图 13-15 中的 4-2b 所示，该电路要比不经过重新化简的电路简单得多。对于多输出电路的化简，一定要考虑如何共享门电路，使门电路的个数最少是组合逻辑电路设计中的一个关键问题，化简时要特别注意。

13-5 在有原变量输入、又有反变量输入的条件下，用"或非"门设计实现下列逻辑函

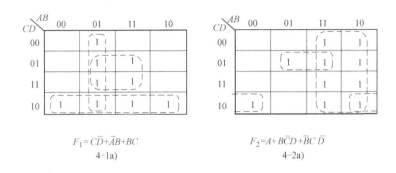

$F_1 = C\overline{D} + \overline{A}B + BC$

4-1a)

$F_2 = A + B\overline{C}\overline{D} + \overline{B}C\,\overline{D}$

4-2a)

图 13-14 习题 13-4（4）的题解图一

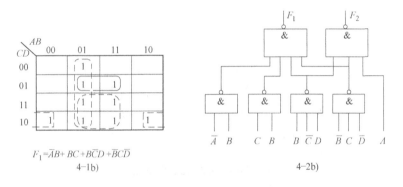

$F_1 = \overline{A}B + BC + B\overline{C}D + \overline{B}C\overline{D}$

4-1b)

4-2b)

图 13-15 习题 13-4（4）的题解图二

数的组合逻辑电路：

（1）$F(A,B,C) = \sum m(0,1,2,4,5)$

（2）$F(A,B,C,D) = \sum m(0,1,2,4,6,10,14,15)$

解：卡诺图及化简后函数以及根据化简后的函数用"或非"门实现，其电路如图 13-16 所示。

13-6 在只有原变量输入、没有反变量输入的条件下，用"与非"门设计实现下列逻辑函数的组合逻辑电路：

（1）$F = A\,\overline{B} + A\,\overline{C}D + \overline{A}C + B\,\overline{C}$

（2）$F(A,B,C,D) = \sum m(1,5,6,7,12,13,14)$

解：根据题意要求，输入变量只有原变量而没有反变量，且用"与非"门来实现。故对原逻辑函数化简。

（1）将逻辑函数填入卡诺图，对卡诺图进行化简。

（2）将逻辑函数的最小项填入卡诺图，并对卡诺图进行化简，如图 13-17 所示。

13-7 试设计一个 8421BCD 码校验电路。要求当输入量 $DCBA \leqslant 2$、或 $DCBA \geqslant 7$ 时，电路输出 F 为高电平，否则为低电平。用"与非"门设计实现该电路，写出 F 表达式。

解：根据题意可得真值表见表 13-8。

根据真值表的值，将其填入卡诺图，见图 13-18，然后对卡诺图进行化简，得出逻辑函数，最后根据逻辑函数画出逻辑电路图，见图 13-19。填卡诺图时注意，由于该电路存在无关项，把无关项也填进去，有利于函数的化简，可以使电路大大简化。

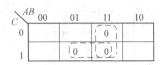

$$F=\overline{AB+BC}=\overline{(\overline{A}+\overline{B})\,(\overline{B}+\overline{C})}$$
$$=\overline{\overline{(\overline{A}+\overline{B})}+\overline{(\overline{B}+\overline{C})}}$$

1a)

$$F=\overline{(\overline{A}+C)(B+\overline{C}+\overline{D})(A+\overline{B}+\overline{D})}$$
$$=\overline{\overline{(\overline{A}+C)}+\overline{(B+\overline{C}+\overline{D})}+\overline{(A+\overline{B}+\overline{D})}}$$

2a)

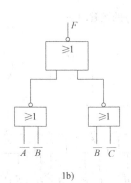

1b)

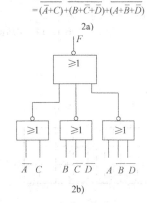

2b)

图 13-16　习题 13-5 题解图

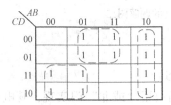

$$F=A\overline{B}+\overline{A}C+B\overline{C}$$

1a)

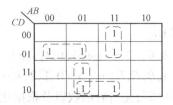

$$F=\overline{A}\overline{C}D+AB\overline{C}+\overline{A}BC+BC\overline{D}$$

2a)

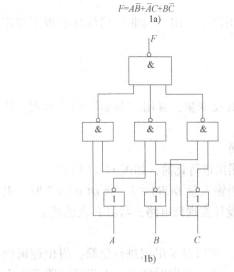

1b)

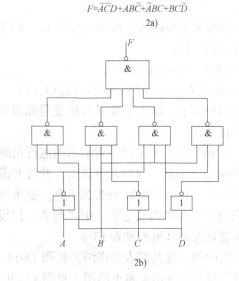

2b)

图 13-17　习题 13-6 题解图

148

表 13-8 习题 13-7 解真值表

D	C	B	A	F
0	0	0	0	1
0	0	0	1	1
0	0	1	0	1
0	0	1	1	0
0	1	0	0	0
0	1	0	1	0
0	1	1	0	0
0	1	1	1	1
1	0	0	0	1
1	0	0	1	1
1	0	1	0	
1	0	1	1	
1	1	0	0	无
1	1	0	1	关
1	1	1	0	项
1	1	1	1	

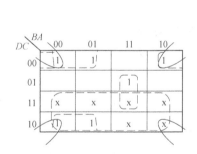

图 13-18 习题 13-7 的卡诺图

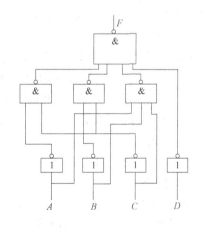

图 13-19 习题 13-7 解答图

$$F = D + \overline{B}\,\overline{C} + \overline{A}\,\overline{C} + ABC$$

13-8 有一水塔，由两台一小一大的电动机 M_S 和 M_L 驱动水泵向水塔注水，当水塔的水位在 C 以上时，不给水塔注水，当水位降到 C 点，由小电动机 M_S 单独驱动，水位降到 B 点时，由大电动机 M_L 单独驱动给水塔注水，降到 A 点时，则两个电动机同时驱动，如图 13-20 所示。试设计一个控制电动机工作的逻辑电路。

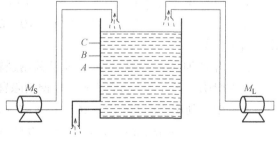

图 13-20 水塔水位示意图

解：设水位 C、B、A 为逻辑变量，则水位低于 C、B、A 时用 1 表示，否则用 0 表示，电动机 M_S 和 M_L 运行状况作为输出逻辑函数，M_S 和 M_L 工作时用 1 表示，不工作时用 0 表示。

分析逻辑函数与变量之间关系可列出真值表见表 13-9。

表 13-9　习题 13-8 水泵运行真值表

A	B	C	M_S	M_L
0	0	0	0	0
0	0	1	1	0
0	1	1	0	1
1	1	1	1	1

根据真值表写出逻辑表达式，然后利用代数法或卡诺图对逻辑表达式进行化简，由于该逻辑表达式比较简单，可以直接写出。最后根据化简的逻辑表达式用门电路实现逻辑电路，如图 13-21 所示。

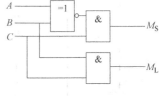

$$M_S = \overline{A}\,\overline{B}C + ABC = (A \odot B)C$$
$$M_L = \overline{A}BC + ABC = (\overline{A} + A)BC = BC$$

图 13-21　习题 13-8 的解答图

13-9　飞机在下列条件下不允许发动：门关上但座位皮带未束紧；束紧了座位皮带但是制动闸没有松开；松开了制动闸但门未关上。但是在维修飞机时发动，则不受上述限制。试写出飞机发动的逻辑表达式，并用"与非"门实现。

解：设未关门、未束紧皮带、未制动、维修分别为逻辑变量 Y_1、Y_2、Y_3、Y_4，逻辑函数输出为不允许发动 Z。

未关门为 1、关门为 0；未束紧皮带为 1、束紧皮带为 0；制动为 1、未制动为 0；维修为 1、未维修为 0。不可发动飞机为 1，可以发动飞机为 0。

$$Z = (Y_2\,\overline{Y_1} + Y_3\,\overline{Y_2} + Y_1\,\overline{Y_3})\,\overline{Y_4}$$

实现电路略。

13-10　用 TTL "或非"门组成如图 13-22 所示电路。

（1）分析电路在什么时刻可能出现冒险现象？

（2）用增加冗余项的方法来消除冒险，电路应该怎样修改？

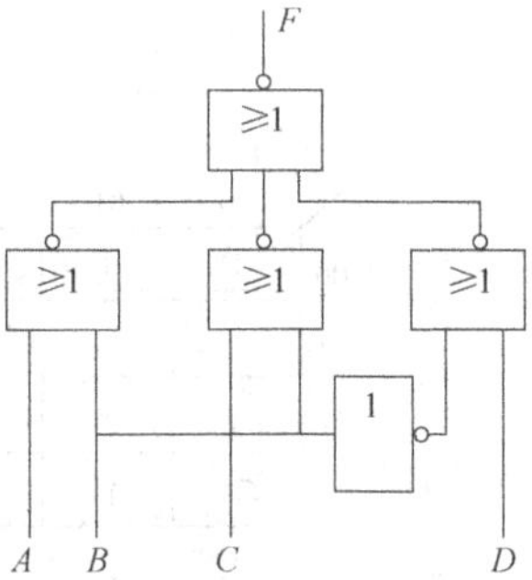

图 13-22　习题 13-10 电路图

解：（1）由逻辑电路可得 $F = \overline{\overline{A+B} + \overline{B+C} + \overline{B+D}} = \overline{\overline{A}\,\overline{B} + \overline{B}\,\overline{C} + \overline{B}\,\overline{D}}$

由表达式可知，当 $A=0$、$D=0$ 和 $C=0$、$D=0$ 时，出现 $B+\overline{B}$ 的形式，所以电路可能出现冒险现象。

（2）用增加冗余项消除冒险，就是利用逻辑函数等价的概念。即用一个表达式不同但等价的逻辑函数代替原逻辑表达式，以便消除冒险组合。

本题中，利用公式 $F = AB + \overline{A}C = AB + \overline{A}C + BC$ 可对上述逻辑函数进行如下变形

$$B\,\overline{D} + \overline{B}\,C = B\,\overline{D} + \overline{B}\,C + \overline{D}\,C, \quad B\,\overline{D} + \overline{B}\,A = B\,\overline{D} + \overline{B}\,A + \overline{D}\,A$$

显然，在这两种等价变换增加了两个冗余项 $\overline{D}\,C$、$\overline{D}\,A$，而这正好是 $A=0$、$D=0$ 和 $C=$

0、$D=0$ 出现冒险的情况，因此，增加这两个冗余项之后，可以消除冒险现象。故将原函数表达式可以改为如下形式可以消除冒险

$$F = \overline{A}\,\overline{B} + \overline{B}\,\overline{C} + \overline{B}\,\overline{D} + \overline{D}\,C + \overline{A}\,D = (A+B)(B+C)(\overline{B}+D)(D+C)(A+D)$$

所以，将原电路改为如图 13-23 所示形式即可。

13-11　组合逻辑电路如图 13-24 所示。

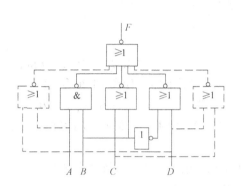

图 13-23　习题 13-10 改画电路图　　　　图 13-24　习题 13-11 电路图

（1）分析图 13-24 所示电路，写出函数 F 的逻辑表达式，用 $\sum m$ 形式表示。

（2）若允许电路的输入变量有原变量和反变量的形式，将电路改用最少数目的"与非"门实现。

（3）检查上述(2)实现的电路是否存在竞争-冒险现象？若存在，则可能在什么时刻出现冒险现象？

（4）试用增加冗余项的方法消除冒险(写出函数表达式即可)。

解：（1）根据图 13-24 所示的组合逻辑电路，写出其函数表达式。为了表达式简单，在图 13-24 中设中间变量 F_1、F_2、F_3，则 $F = \overline{F_1 F_2 F_3}$

$$F_1 = \overline{B \cdot \overline{AB}\,\overline{ABD}} = \overline{B} + AB\,\overline{ABD} = \overline{B} + AB(\overline{AB} + \overline{D}) = \overline{B} + AB\,\overline{D}$$

$$F_2 = \overline{A \cdot \overline{AB}\,\overline{ABD} \cdot \overline{ACD}\,\overline{ABCD}} = \overline{A} + AB\,\overline{ABD} + ACD\,\overline{ABCD} = \overline{A} + AB\,\overline{D} + ACD\,\overline{B}$$

$$F_3 = \overline{C \cdot \overline{ABC}\,\overline{ABCD} \cdot \overline{ACD}\,\overline{ABCD}} = \overline{C} + ABC\,\overline{ABCD} + ACD\,\overline{ABCD} = \overline{C} + ABC\,\overline{D} + ACD\,\overline{B}$$

$$F = \overline{(\overline{B} + AB\,\overline{D}) \cdot (\overline{A} + AB\,\overline{D} + A\,\overline{B}CD) \cdot (\overline{C} + ABC\,\overline{D} + A\,\overline{B}CD)}$$

$$= \overline{\overline{B} + AB\,\overline{D}} + \overline{\overline{A} + AB\,\overline{D} + A\,\overline{B}CD} + \overline{\overline{C} + ABC\,\overline{D} + A\,\overline{B}CD}$$

$$= B \cdot \overline{AB\,\overline{D}} + A \cdot \overline{AB\,\overline{D}} \cdot \overline{A\,\overline{B}CD} + C \cdot \overline{ABC\,\overline{D}} \cdot \overline{A\,\overline{B}CD}$$

$$= \overline{A}B + BD + A\,\overline{B}\,\overline{C} + A\,\overline{B}\,D + ABD + A\,\overline{C}D + \overline{A}C + \overline{A}BC + \overline{A}\,C\,\overline{D} + \overline{A}\,\overline{B}\,C + \overline{B}\,C\,\overline{D} + \overline{A}CD + BCD$$

$$= \overline{A}B(1+C) + BD(1+A+C) + \overline{A}C(1+\overline{D}+D) + A\,\overline{B}\,\overline{C} + A\,\overline{B}\,D + A\,\overline{C}D + \overline{A}BC + \overline{B}\,C\,\overline{D}$$

$$= \overline{A}B + BD + \overline{A}C + A\,\overline{B}\,\overline{C} + A\,\overline{B}\,D + A\,\overline{C}D + \overline{A}BC + \overline{B}\,C\,\overline{D}$$

将函数填入卡诺图，如图 13-25 所示。得

$$F(A,B,C,D) = \sum m(2,3,4,5,6,7,8,9,10,11,14,15)$$

（2）对卡诺图进行化简，卡诺圈如图 13-25 所示，得到最简"与或"表达式如下

$$F = \overline{A}B + A\,\overline{B} + BD + \overline{A}C$$

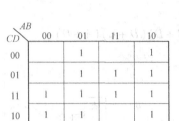

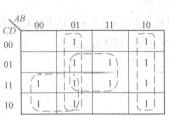

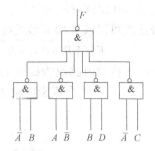

图 13-25 习题 13-11 卡诺图　　　　　　　　　图 13-26 习题 13-11 解答图

根据该逻辑函数可用门最简"与非"门电路实现该逻辑电路，如图 13-26 所示。

（3）现在来看该电路是否存在竞争-冒险现象。因为输入变量中存在 A、$\bar{A}$；B、$\bar{B}$，所以当 $B=0$、$C=1$ 时，出现 $F=A+\bar{A}$ 的形式，当 $A=1$、$D=1$ 时，出现 $F=B+\bar{B}$ 的形式，故当出现这两种情况时，有可能出现竞争-冒险现象。

（4）要消除竞争-冒险现象，同前一题一样，可增加冗余项来消除。故得逻辑表达式如下：

$$F=\bar{A}B+A\bar{B}+BD+\bar{A}C+\bar{B}C+AD$$

增加了这两项后就可以消除电路中的竞争-冒险现象。

13-12　设计一个路灯的控制电路（一盏灯），要求在 4 个不同的地方都能独立地控制灯的亮灭。

解： 设 4 个地方的控制开关分别为 A、B、C、D，开关闭合时其值为 1，断开时其值为 0。并设路灯为 F，灯亮时其值为 1，灯灭时其值为 0。根据逻辑要求列真值表，如表 13-10 所示。

由表 13-10 写出函数 F 的"与或"表达式，由于逻辑表达式已是最简，并且没有要求用哪种门电路实现，根据电路最简的原则，将其转换为"异或"表达式，得

$$F=\bar{A}\bar{B}\bar{C}D+\bar{A}BC\bar{D}+\bar{A}B\bar{C}D+\bar{A}BCD+A\bar{B}\bar{C}\bar{D}+A\bar{B}CD+AB\bar{C}D+ABC\bar{D}$$
$$=\bar{A}\bar{B}(\bar{C}D+C\bar{D})+\bar{A}B(\bar{C}\bar{D}+CD)+A\bar{B}(\bar{C}\bar{D}+CD)+AB(\bar{C}D+C\bar{D})$$
$$=\bar{A}\bar{B}(C\oplus D)+\bar{A}B(\overline{C\oplus D})+A\bar{B}(\overline{C\oplus D})+AB(C\oplus D)$$
$$=(\overline{A\oplus B})(C\oplus D)+(A\oplus B)(\overline{C\oplus D})$$
$$=(A\oplus B)\oplus(C\oplus D)$$

逻辑图如图 13-27 所示。

表 13-10　习题 13-12 的真值表

A	B	C	D	F
0	0	0	0	0
0	0	0	1	1
0	0	1	0	1
0	0	1	1	0
0	1	0	0	1
0	1	0	1	0
0	1	1	0	0
0	1	1	1	1

（续）

A	B	C	D	F
1	0	0	0	1
1	0	0	1	0
1	0	1	0	0
1	0	1	1	1
1	1	0	0	0
1	1	0	1	1
1	1	1	0	1
1	1	1	1	0

13-13 某高校毕业班有一个学生还需修满9个学分才能毕业，在所剩的4门课程中，A 为 5 个学分，B 为 4 个学分，C 为 3 个学分，D 为 2 个学分。试用"与非"门设计一个逻辑电路，其输出为 1 时表示该生能顺利毕业。

解：设输出用 F 表示，根据逻辑要求列真值表，如表 13-11 所示。

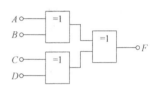

图 13-27 习题 13-12 的逻辑图

表 13-11 习题 13-13 的真值表

A	B	C	D	学 分	F
0	0	0	0	0	0
0	0	0	1	2	0
0	0	1	0	3	0
0	0	1	1	5	0
0	1	0	0	4	0
0	1	0	1	6	0
0	1	1	0	7	0
0	1	1	1	9	1
1	0	0	0	5	0
1	0	0	1	7	0
1	0	1	0	8	0
1	0	1	1	10	1
1	1	0	0	9	1
1	1	0	1	11	1
1	1	1	0	12	1
1	1	1	1	14	1

由表 13-11 写出函数 F 的"与或"表达式，化简后转换为"与非"表达式，为

$$F = \overline{A}BCD + A\,\overline{B}CD + AB\,\overline{C}\,\overline{D} + AB\,\overline{C}D + ABC\,\overline{D} + ABCD$$
$$= (\overline{A}BCD + ABCD) + (A\,\overline{B}CD + ABCD) + (AB\,\overline{C}\,\overline{D} + AB\,\overline{C}D) + (ABC\,\overline{D} + ABCD)$$
$$= BCD + ACD + AB\,\overline{C} + ABC = BCD + ACD + AB = \overline{\overline{BCD} \cdot \overline{ACD} \cdot \overline{AB}}$$

根据上式画出逻辑图，如图 13-28 所示。

13-14 设计一个数值比较器，输入是两个 2 位二进制数 $A = A_1A_0$、$B = B_1B_0$，输出是两者的比较结果 Y_1（$A = B$ 时其值为 1）、Y_2（$A > B$ 时其值为 1）和 Y_3（$A < B$ 时其值为 1）。

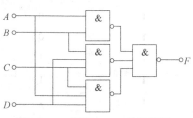

图 13-28 习题 13-13 的逻辑图

解：根据题意列真值表，如表 13-12 所示。

表 13-12 习题 13-14 的真值表

A_1	A_0	B_1	B_0	比较结果	Y_1	Y_2	Y_3
0	0	0	0	$A = B$	1	0	0
0	0	0	1	$A < B$	0	0	1
0	0	1	0	$A < B$	0	0	1
0	0	1	1	$A < B$	0	0	1
0	1	0	0	$A > B$	0	1	0
0	1	0	1	$A = B$	1	0	0
0	1	1	0	$A < B$	0	0	1
0	1	1	1	$A < B$	0	0	1
1	0	0	0	$A > B$	0	1	0
1	0	0	1	$A > B$	0	1	0
1	0	1	0	$A = B$	1	0	0
1	0	1	1	$A < B$	0	0	1
1	1	0	0	$A > B$	0	1	0
1	1	0	1	$A > B$	0	1	0
1	1	1	0	$A > B$	0	1	0
1	1	1	1	$A = B$	1	0	0

由表 13-12 写出各函数的"与或"表达式，用"与非"门实现，化简后转换为与非表达式，为

$$Y_1 = \overline{A}_1\overline{A}_0\overline{B}_1\overline{B}_0 + \overline{A}_1A_0\overline{B}_1B_0 + A_1\overline{A}_0B_1\overline{B}_0 + A_1A_0B_1B_0$$
$$= \overline{\overline{A}_1\overline{A}_0\overline{B}_1\overline{B}_0 \cdot \overline{A}_1A_0\overline{B}_1B_0 \cdot \overline{A_1\overline{A}_0B_1\overline{B}_0} \cdot \overline{A_1A_0B_1B_0}}$$

$$Y_2 = \overline{A}_1A_0\overline{B}_1\overline{B}_0 + A_1\overline{A}_0\overline{B}_1\overline{B}_0 + A_1\overline{A}_0\overline{B}_1B_0 + A_1A_0\overline{B}_1\overline{B}_0 + A_1A_0\overline{B}_1B_0 + A_1A_0B_1\overline{B}_0$$
$$= A_1\overline{B}_1 + A_1A_0\overline{B}_1 + A_0\overline{B}_1\overline{B}_0 = \overline{\overline{A_1\overline{B}_1} \cdot \overline{A_1A_0\overline{B}_1} \cdot \overline{A_0\overline{B}_1\overline{B}_0}}$$

$$Y_3 = \overline{A}_1\overline{A}_0\overline{B}_1B_0 + \overline{A}_1\overline{A}_0B_1\overline{B}_0 + \overline{A}_1\overline{A}_0B_1B_0 + \overline{A}_1A_0B_1\overline{B}_0 + \overline{A}_1A_0B_1B_0 + A_1\overline{A}_0B_1B_0$$
$$= \overline{A}_1B_1 + \overline{A}_1\overline{A}_0B_0 + \overline{A}_0B_1B_0 = \overline{\overline{\overline{A}_1B_1} \cdot \overline{\overline{A}_1\overline{A}_0B_0} \cdot \overline{\overline{A}_0B_1B_0}}$$

逻辑图如图 13-29 所示。

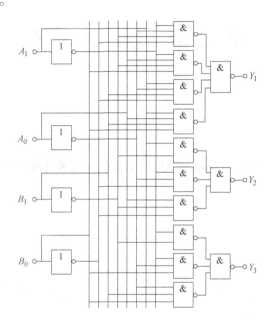

图 13-29　习题 13-14 的逻辑图

第 14 章　触　发　器

14.1　教学目标

通过本章的学习，让学生了解触发器的基本特性，理解各种触发器的功能原理、表示方法及相互之间的功能转换。

14.2　教学内容

1. 了解触发器的基本特性。
2. 掌握 RS、JK、D、T、T′触发器的电路原理、功能表示方法及相互转换。
3. 掌握各种触发器之间的相互转换方法。

14.3　重点、难点指导

14.3.1　触发器的特性和状态

1. 触发器的特性

（1）具有 0 状态和 1 状态两个稳定状态。

（2）在外部信号作用下能实现状态转换，即翻转。

（3）输入信号消失时具有记忆功能。

2. 触发器的状态

触发器有 Q 和 $\overline{Q}$ 两个输出端。正常工作时，Q 和 $\overline{Q}$ 输出互补信号。触发器的输出状态通常用 Q 端的状态来表示。如 $Q=0$、$\overline{Q}=1$ 时，则触发器处于 0 状态，记 $Q=0$；如 $Q=1$、$\overline{Q}=0$ 时，则触发器处于 1 状态，记 $Q=1$。

3. 触发器的现态和次态

现态是指触发器输入信号变化前的状态，用 Q^n 表示。

次态是指触发器输入信号变化后的状态，用 Q^{n+1} 表示。

4. 触发器的置 0 和置 1

触发器的置 0 和置 1 有同步和异步之分。

同步置 0 和置 1 是指在输入端输入置 0 或置 1 信号后，在时钟脉冲（CP）作用下，才能使触发器置 0 或置 1，也就是说，触发器置 0 或置 1 与时钟脉冲到来是同步的。

异步置 0 和置 1 是指在异步置 0（又称直接置 0，直接复位）端 $\overline{R}_\mathrm{D}$（或 R_D）或异步置 1（又称直接置 1，直接置位）端 $\overline{S}_\mathrm{D}$（或 S_D）输入置 0 或置 1 信号时，触发器便立刻置 0 或置 1，它与时钟脉冲的有无没有关系。也就是说，触发器的置 0 或置 1 与时钟脉冲是不同步的。异步置 0

和置 1 信号对触发器的作用优先于其他输入信号。为使触发器能可靠地置 0 或置 1，通常在异步置 0 和置 1 端输入互补信号。只有当 $\overline{R}_D(R_D)$ 和 $\overline{S}_D(S_D)$ 不起作用，即 $\overline{R}_D$ 和 $\overline{S}_D$ 都为 1 时，触发器的输出状态才由输入控制信号和 CP 决定。

14.3.2 基本触发器

基本触发器主要是指基本 RS 触发器和同步触发器。

基本 RS 触发器的电路结构最简单，可由"与非"门组成，也可由"或非"门组成，它是组成其他各种功能触发器的基本电路，用输入信号的电平控制触发器的输出状态。但它们都存在不定状态。由"与非"门组成的基本 RS 触发器不允许 $\overline{R}_D = \overline{S}_D = 0$，为此应取 $\overline{R}_D + \overline{S}_D = 1$，即 $R_D \cdot S_D = 0$，因此，该触发器工作时约束条件为 $R_D \cdot S_D = 0$；对于由"或非"门组成的基本 RS 触发器，不允许 $R_D = S_D = 1$，其约束条件为 $R_D \cdot S_D = 0$。

为了克服基本 RS 触发器不能控制翻转时刻的缺点，需采用同步触发器(又称钟控触发器)，它是在基本 RS 触发器的基础上加入控制门和时钟脉冲信号 CP 组成的。由于同步 RS 触发器也存在 $RS = 0$ 的约束条件，给使用也带来了不便。为了克服这个缺点，又引出了同步 D 触发器和同步 JK 触发器。

同步 D 触发器是在同步 RS 触发器输入端 S 和 R 之间加了一个反相器构成的，它将 D 端的输入信号在时钟脉冲作用下置入触发器。

同步 JK 触发器是将同步 RS 触发器 Q 和 $\overline{Q}$ 的互非信号反馈到两个输入控制门的输入端后构成的，它是一种功能比较全的触发器。

由于同步触发器在 $CP = 1$ 期间存在空翻现象，它的使用受到一定的限制，只能用于数据锁存，而不能用于计数器、移位寄存器和存储器。

基本 RS 触发器和同步触发器的逻辑符号、特性表、特性方程、逻辑功能见表 14-1。

表 14-1 基本触发器

名 称	逻 辑 符 号	逻辑功能表	触 发 方 式
基本 RS 触发器		$\overline{R}_D$ $\overline{S}_D$ Q^{n+1} 0 0 不定 0 1 0 1 0 1 1 1 Q^n	
同步 RS 触发器		R S Q^{n+1} 0 0 Q^n 0 1 1 1 0 0 1 1 不定	$C = 1$ 期间触发
D 触发器		D Q^{n+1} 0 0 1 1	C 上升沿时刻触发

（续）

名　称	逻辑符号	逻辑功能表	触发方式
JK 触发器	Q　$\overline{Q}$ $\overline{S}_\mathrm{D}$ J C K $\overline{R}_\mathrm{D}$	J　K　Q^{n+1} 0　0　Q^n 0　1　0 1　0　1 1　1　$\overline{Q^n}$	C 下降沿时刻触发
T 触发器	Q　$\overline{Q}$ $\overline{S}_\mathrm{D}$ T C $\overline{R}_\mathrm{D}$	T　Q^{n+1} 0　Q^n 1　$\overline{Q^n}$	C 下降沿时刻触发

14.3.3　主从 JK 触发器

主从 JK 触发器由两个同步触发器组成，一个为主触发器，其输出状态用 $Q_主$ 和 $\overline{Q}_主$ 表示，另一个为从触发器，其输出状态也是触发器的输出状态，用 Q 和 $\overline{Q}$ 表示。由于主、从两个触发器的时钟脉冲输入端之间接了一个反相器，使主触发器和从触发器分别工作在时钟脉冲 CP 的两个不同时区内，因此，它的动作过程分两步：第一步是在 $CP=1$ 期间，从触发器被封锁，保持原状态不变，主触发器接收 J、K 端的输入信号，使触发器的输出状态 $Q_主$ 跟随 J、K 端的输入信号变化。第二步是 CP 由 1 负跃到 0（负跃变）时，主触发器被封锁，保持 CP 为高电平时接收的状态，这时从触发器时钟输入端的信号 $\overline{CP}$ 由 0 跃到 1 时，解除了封锁，接收主触发器的状态，使 $Q=Q_主$。可见，主从 JK 触发器是在 CP 下降沿到来时，输出状态跟随 J、K 输入信号变化的。

14.3.4　边沿触发器

边沿触发器主要有边沿 JK 触发器和边沿 D 触发器（维持阻塞 D 触发器），它没有空翻现象。

边沿触发器只在时钟脉冲 CP 上升沿或下降沿到来时刻接收输入信号，而在 CP 其他时间内电路的状态不会随输入 D 端或 J、K 端的信号发生变化。因此，边沿触发器具有很强的抗干扰能力和很高的工作可靠性。在逻辑符号中，时钟脉冲 CP 输入端的框内标有符号 "＞"。目前生产的集成触发器主要是边沿触发器。

1. 边沿 JK 触发器

边沿 JK 触发器通常用时钟脉冲 CP 的下降沿进行触发。它的逻辑功能、特性表、特性方程等和同步 JK 触发器的相同，但使用条件不同，只有在时种脉冲 CP 下降沿到来时才有效。这就是说，在 CP 下降沿到来时刻，触发器的状态才会改变，而电路翻转到何种状态则取决于此前一瞬间 JK 端的输入信号，而在 CP 的其他时间内，触发器的输出状态不会随输入信号变化。

2. 维持阻塞 D 触发器

维持阻塞 D 触发器通常采用时钟脉冲 CP 的上升沿进行触发。它的逻辑功能、特性表、特性方程等和同步 D 触发器的相同，但使用条件不同。只有在时钟脉冲 CP 上升沿到来时刻才有效。也就是说，在 CP 上升沿到达时刻，触发器才会根据此前一瞬间 D 端的输入信号翻转，而在 CP 的其他时间内，触发器的输出状态不会随输入信号变化。

应当指出，集成触发器一般都设有直接置位端和直接复位端，在使用中可很方便地设置触发器的状态。

各主从触发器和边沿触发器的逻辑符号、特性表、特性方程。逻辑功能见表 14-1。

14.3.5　触发器之间的相互转换

在集成触发器的产品中，每一种触发器都有自己固定的逻辑功能。但可以利用转换的方法获得具有其他功能的触发器。例如，将 JK 触发器转换成 D 触发器、T 触发器、T′触发器。目前市场上多数是 JK 和 D 触发器，如果想获得其他功能的触发器，可作适当的转换。例如，把 JK 触发器的两个输入端 J、K 连在一起作为 T 输入端，即可构成 T 触发器；可将 D 触发器的 D 输入端与 $\overline{Q}$ 连接起来，也可构成 T′触发器；在 JK 触发器的两个输入端加上一个反相器也可构成 D 触发器等，如图 14-1 所示。

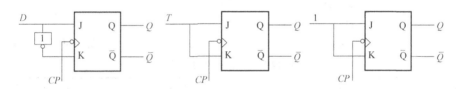

图 14-1　JK 触发器转换成 D、T、T′触发器

触发器之间的功能转换，根据要求的触发器功能和已有触发器特性方程求出触发器的输入状态控制方程(也称为驱动方程)J、K、D 等表达式，寻找彼此转换逻辑规律，可以用公式法，也可以用图解法。

14.4　习题选解

14-1　输入信号 u_i 如图 14-2 所示，试画出在该输入信号 u_i 作用下，由"与非"门组成的基本 RS 触发器 Q 端的波形：

（1）u_i 加于 $\overline{S}$ 端，且 $\overline{R}=1$，初始状态 $Q=0$。

（2）u_i 加于 $\overline{R}$ 端，且 $\overline{S}=1$，初始状态 $Q=1$。

解：先将由"与非"门组成的基本 RS 触发器的电路画出来。

图 14-2　习题 14-1 输入波形图

（1）根据该电路的逻辑功能，分析当 u_i 加于 $\overline{S}$ 端，且 $\overline{R}=1$，初始状态 $Q=0$ 时，Q 端的波形如图 14-3a 所示。

（2）根据该电路的逻辑功能，分析当 u_i 加于 $\overline{R}$ 端，且 $\overline{S}=1$，初始状态 $\overline{Q}=1$ 时，Q 端的波形如图 14-3b 所示。

14-2　图 14-4 所示为两个"与或非"门构成的基本触发器，试写出其状态方程、真值

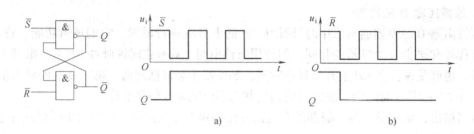

图 14-3 习题 14-1 解答用图

表及状态转移图。

解:

该电路是由"与或非"组成的基本 RS 同步触发器。下面写出该电路的状态方程、真值表及状态转移图。(注意:该题不能直接从逻辑电路来写输出表达式,原因是 $R=1$、$S=1$ 是禁止状态,应不包含在表达式中)

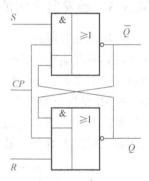

先根据电路写出状态转移真值表,见表 14-2。

根据状态转移真值表作卡诺图如图 14-5 所示,以 R、S、Q^n 为输入量,Q^{n+1} 为输出量,则可得到状态方程为

$$\left. \begin{array}{l} Q^{n+1} = S + \overline{R}Q^n \\ RS = 0 \end{array} \right\}$$

图 14-4 习题 14-2 电路

表 14-2 状态转移真值表

输入信号 R	S	现 态 Q^n	次 态 Q^{n+1}	输入信号 R	S	现 态 Q^n	次 态 Q^{n+1}
0	0	0	Q^n	1	0	0	0
0	0	1		1	0	1	0
0	1	0	1	1	1	0	不确定
0	1	1	1	1	1	1	

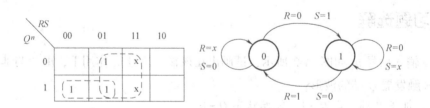

图 14-5 习题 14-2 解答用图

14-3 主从 JK 触发器的输入端波形如图 14-6 所示,试画出输出端的波形。

解: JK 触发器是在 CP 的下降沿将主触发器的状态送入从触发器的,所以,JK 触发器是下降沿触发的触发器;此外,JK 触发器的功能是:$J=K=0$ 时,触发器状态不变;$J=K=1$ 时,触发器翻转;$J=0$、$K=1$ 时,触发器置 0;$J=1$、$K=0$ 时,触发器置 1。根据 JK 触发器以上两方面的特点,并注意清零端 $\overline{R}_D$ 和置 1 端 $\overline{S}_D$ 对触发器波形的影响,就可以画出输出端的波形图如图 14-6 所示。

14-4 图 14-7 所示电路是否是由 JK 触发器组成的二分频电路?请通过画出输出脉冲 Y

与输入脉冲 CP 的波形图说明什么是二分频。

解：将 $J = \overline{Q}^n$、$K = 1$ 代入 JK 触发器的状态方程 $Q^{n+1} = J\overline{Q}^n + \overline{K}Q^n$ 得 $Q^{n+1} = \overline{Q}^n$，由此可知，在 CP 脉冲下降沿到来时，触发器翻转一次，输出波形 Y 如图 14-7b 所示。由图 14-7 可知，Y 的频率是 CP 二分之一，故输出波形 Y 是输入脉冲 CP 的二分频。该图是假设初始状态为 $Y = 0$ 作出的，$Y = 1$ 也可以得出同样的结论。

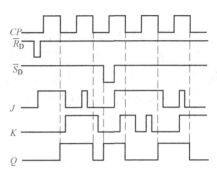

图 14-6　习题 14-3 波形图

14-5　维持阻塞 D 触发器接成图 14-8a、b、c、d 所示形式，设触发器的初始状态为 0，试根据图 14-8e 所示的 CP 波形画出 Q_a、Q_b、Q_c、Q_d 的波形。

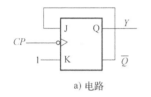

a) 电路

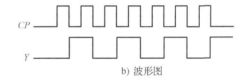

b) 波形图

图 14-7　习题 14-4 电路及波形图

解：

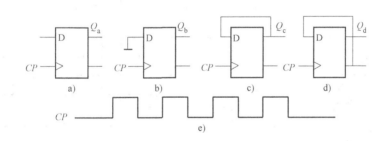

图 14-8　习题 14-5 电路与 CP 波形

维持阻塞 D 触发器是上升沿触发。

图 14-8a D 悬空，相当于 $D = 1$

图 14-8b $D = 0$

图 14-8c $D = Q_c$

图 14-8d $D = \overline{Q_d}$

波形图如图 14-9 所示。

14-6　设计一个 4 人抢答逻辑电路，具体要求如下：

（1）每个参赛者控制一个按钮，按动按钮发出抢答信号。

（2）竞赛主持人另有一个按钮，用于将电路复位。

（3）竞赛开始后，最先按动按钮者对应的一个发光二极管点亮，此后其他 3 人再按动按钮对电路不起作用。

解：此题是利用触发器设计一个具有一定实用性的电路。为了简化设计，应充分利用触发器的直接置"0"端和触发器的直接置"1"端，如果采用时钟触发，还要设计脉冲生成电路，这样电路的

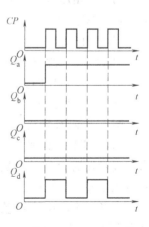

图 14-9　习题 14-5 电路与 CP 波形

设计将会复杂的多。

根据设计要求和以上设计思路，一个参赛者的状态用一个触发器来描述，参赛者的按钮直接连接在置"1"端，当参赛者按下按钮后，就将触发器置"1"，同时将其他参赛者的按钮封锁。一道题完后，主持人将所有触发器复位置"0"，又可以进行下一轮抢答。根据这个要求，电路设计如图14-10所示。

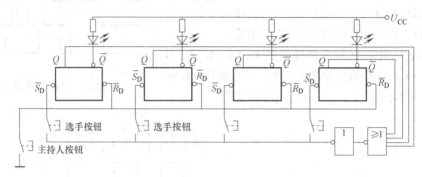

图14-10　习题14-6电路

14-7　电路如图14-11a所示，若已知CP和x的波形如图14-11b所示。设触发器的初始状态为$Q=0$，试画出Q端的波形图。

解：将$J=x$、$K=0$代入JK触发器的状态方程$Q^{n+1}=J\overline{Q^n}+\overline{K}Q^n$，得$Q^{n+1}=x\overline{Q^n}+Q^n$。

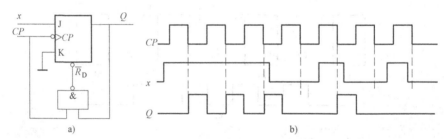

图14-11　习题14-7电路与输入波形图

另外，由$\overline{R}_D=\overline{CP\cdot Q}$可知，当$Q=1$时，若有$CP$脉冲，则对触发器清零。考虑到触发器的初始状态$Q=0$，由此可作出$Q$端的波形图如图14-11b所示。

14-8　图14-12所示为由时钟脉冲C的上升沿触发的主从JK触发器的逻辑符号及C、J、K的波形，设触发器Q端的初始状态为0，试对应画出Q、$\overline{Q}$的波形。

分析：本题中的JK触发器在时钟脉冲上升沿时刻状态翻转，变化规律为JK为00时保持、JK为01时置0，JK为10时置1，JK为11时翻转。

解：根据JK触发器的逻辑功能，可画出Q和$\overline{Q}$的波形，如图14-13所示。

14-9　图14-14所示为由时钟脉冲C的上升沿触发的D触发器的逻辑符号及C、D的波形，设触发器Q端的初始状态为0，试对应画出Q、$\overline{Q}$的波形。

分析：本题中的D触发器在时钟脉冲上升沿时刻状态翻转，变化规律为D为0时触发器置0，D为1时触发器置1。

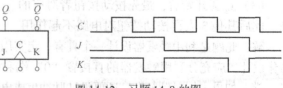

图14-12　习题14-8的图

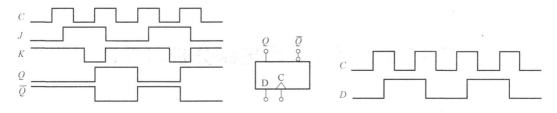

图 14-13　习题 14-8 解答图　　　　　　　图 14-14　习题 14-9 的图

解：根据 D 触发器的逻辑功能，可画出 Q 和 $\overline{Q}$ 的波形，如图 14-15 所示。

14-10　试画出在时钟脉冲 C 作用下如图 14-16 所示电路 Q_0、Q_1 的波形，设触发器 F_0、F_1 的初始状态均为 0。如果时钟脉冲 C 的频率为 4kHz，则 Q_0、Q_1 的频率各为多少？

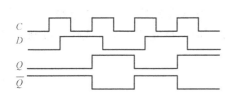

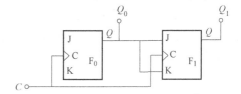

图 14-15　习题 14-9 解答图　　　　　　　图 14-16　习题 14-10 的图

分析：当电路由多个触发器级联而成时，一般可由前级向后级逐级分析，各级根据本级的时钟脉冲和输入信号确定相应的输出端状态及波形。

解：由于 JK 触发器的 J 端和 K 端悬空相当于接高电平 1，所以 F_0 的驱动方程为 $J_0 = K_0 = 1$，故每来一个时钟脉冲 C 翻转一次。F_1 的驱动方程为 $J_1 = K_1 = Q_0$，故当时钟脉冲 C 的上升沿到来时，若 $Q_0 = 0$ 则状态不变，若 $Q_0 = 1$ 则状态翻转。据此可画出 Q_0 和 Q_1 的波形，如图 14-17 所示。

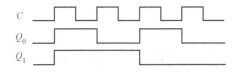

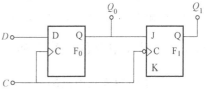

图 14-17　习题 14-10 解答用图　　　　　　图 14-18　习题 14-11 的图

由 Q_0 和 Q_1 的波形图可知，Q_0 的频率为 C 的 1/2，故 $f_0 = 2000\text{Hz}$，Q_1 的频率为 Q_0 的 1/2、C 的 1/4，故 $f_1 = 1000\text{Hz}$。

14-11　电路及 C 和 D 的波形如图 14-18 所示，设电路的初始状态为 $Q_0Q_1 = 00$，试对应画出 Q_0、Q_1 的波形。

分析：本题中的两个触发器，F_0 为时钟脉冲上升沿时刻翻转的 D 触发器；F_1 为时钟脉冲下降沿时刻翻转的 JK 触发器。

解：F_0 的驱动方程为 $D_0 = D$，故当时钟脉冲 C 上升沿到来时，$D = 0$ 时置 0，$D = 1$ 时置 1。F_1 的驱动方程为 $J_1 = Q_0$、$K_1 = 1$，故当时钟脉冲 C 下降沿到来时，$Q_0 = 0$ 置 0，$Q_0 = 1$ 时翻转。据此可画出 Q_0 和 Q_1 的波形，如图 14-19 所示。

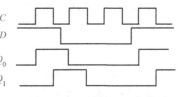

图 14-19　习题 14-11 解答图

第 15 章　时序逻辑电路分析与设计

15.1　教学目标

通过本章的学习，了解时序电路的分类，掌握时序逻辑功能的表达方法、分析与设计方法，理解时序电路各方程组（输出方程组、驱动方程组、状态方程组）、状态转换表、状态转换图及时序图在分析和设计时序电路中的重要作用，了解典型时序逻辑集成电路，尤其是寄存器和移位寄存器、计数器等的组成及工作原理，掌握应用集成计数器构成任意进制计数器的设计方法。

15.2　教学内容

1. 时序逻辑功能的表达方法，时序逻辑电路分析（同步、异步）。
2. 时序逻辑电路的设计。
3. 典型时序逻辑集成电路——寄存器和移位寄存器、计数器。
4. 应用集成计数器构成任意进制计数器。

15.3　重点、难点指导

根据时序逻辑电路有无统一时钟脉冲控制，可分为同步时序逻辑电路和异步时序逻辑电路。描述时序电路逻辑功能需要 3 个方程。

（1）驱动方程——组成时序电路各触发器输入端的逻辑表达式。

（2）状态方程——将驱动方程代入相应触发器特性方程所得到的方程式。

（3）输出方程——时序电路输出端的逻辑表达式。

15.3.1　时序电路的一般分析方法

1. 同步时序逻辑电路的分析方法

同步时序逻辑电路的分析方法是：

（1）根据电路图写出各触发器的驱动方程，即外部激励信号的逻辑表达式。

（2）根据复位和置位信号的状态确定各触发器的初始状态。

（3）从初始状态开始，根据各个触发器的现态和驱动方程计算 J、K 的值（JK 触发器）或 D 的值（D 触发器），据此决定各触发器的次态，并将分析结果填入状态表中，重复这一过程，一直分析到恢复初始状态为止。

（4）根据状态表判断电路的逻辑功能，画出波形图。

2. 异步时序逻辑电路的分析方法

异步时序逻辑电路的分析方法与同步时序逻辑电路不同的是，触发器的状态是否翻转，除了要考虑驱动方程外，还必须考虑时钟脉冲输入端的触发脉冲是否出现。

例：分析图 15-1 所示时序电路，假设时序图输入 A 和 B 波形如图 15-2 所示，JK 触发器初始状态 $Q = 0$。

（1）写出状态方程和输出方程。

（2）画出触发器 Q 端和输出 Z 的时序图。

解：

（1）写出状态方程和输出方程

JK 触发器状态方程为

$$Q^{n+1} = J\,\overline{Q^n} + \overline{K}Q^n$$
$$J = AB$$
$$K = \overline{A} \cdot \overline{B}$$

所以，触发器状态方程为

$$Q^{n+1} = AB\,\overline{Q^n} + (A + B)Q^n$$

CP 下降沿到来有效。

输出方程为

$$Z = \overline{\overline{AB} \cdot Q^n} = AB + \overline{Q^n}$$

（2）画出触发器 Q 端和输出 Z 的时序图，如图 15-2 所示。

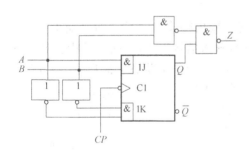

图 15-1　例题电路

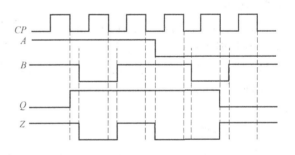

图 15-2　例题时序图

15.3.2　同步时序电路的一般设计方法

时序电路的设计是指根据设计要求画出实现该功能的时序电路。同步时序电路的设计方法一般按下面的步骤进行：

（1）根据要求建立原始状态图或状态表。

这是设计的第一步，也是设计过程中比较难的一步，进行逻辑抽象，把要求实现的时序逻辑功能表示为时序逻辑函数，用状态图或状态表表示。一般需要以下过程：

1）分析电路，确定输入变量、输出变量及电路的状态数。通常取原因或条件作为输入变量、结果作为输出变量。

2）定义输入、输出逻辑状态和每个电路状态的含义，并将电路状态顺序编号。

3）建立原始状态图或状态表。

（2）对原始状态图或状态表进行化简。

（3）进行状态分配和编码，即对状态用二进制代码表示，得到用于电路设计的状态转移表或状态图。

（4）确定触发器个数和类型。

（5）导出状态方程和输出方程（一般通过画卡诺图的方法）。

（6）写出驱动方程。

（7）根据驱动方程、输出方程画出逻辑图。

（8）检查电路能否自启动。

15.4　习题选解

15-1　试说明时序逻辑电路有什么特点？它和组合逻辑电路的主要区别在什么地方？

答：时序逻辑电路的特点是电路在某一时刻稳定输出不仅取决于该时刻的输入，而且还依赖于该电路过去的状态，换句话说，该电路具有记忆功能。它与组合逻辑电路的主要区别在于时序电路的记忆功能。时序电路通常是由组合逻辑电路和记忆电路两部分组成。

15-2　有一个专用通信系统（同步时序电路），若在输入线 x 上连续出现 3 个"1"信号，则在输出线 Y 上出现一个"1"信号予以标记，对于其他输入序列，输出均为"0"，作状态转移图和状态转移真值表。

解：该电路要求设计同步时序逻辑电路，所以状态的改变是在同步时钟脉冲的作用下进行状态转换。

功能要求：在输入端连续输入 3 个"1"信号时，输出端输出"1"，否则输出端输出"0"。对功能进行描述为：假设初始状态为 00，当接到输入信号为"1"时，用状态 01 表示已经输入一个"1"的状态 01，否则，回到初始状态 00；若在 01 状态又接到一个"1"信号，将该状态记为 11，状态 11 说明已经连续收到两个"1"；在 11 状态，无论下一个输入是"1"还是"0"，都回到 00 状态，只是在接收到"1"时（说明连续收到 3 个"1"，然后将状态置于初始状态，准备对下一次检测作好准备）输出"1"，否则输出"0"。因此，至少需要 3 个状态来描述功能要求（由此可知，需要两个触发器来描述 3 个不同状态）。

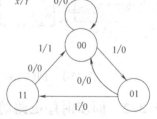

图 15-3　习题 15-2 状态转移图

根据以上要求，作出电路的状态转移图如图 15-3，状态转移真值表见表 15-1。

表 15-1　习题 15-2 状态转移真值表

现态		次态/输出($Q_2^{n+1}Q_1^{n+1}/Y$)		现态		次态/输出($Q_2^{n+1}Q_1^{n+1}/Y$)	
Q_2^n	Q_1^n	$x=0$	$x=1$	Q_2^n	Q_1^n	$x=0$	$x=1$
0	0	00/0	01/0	1	1	00/0	00/1
0	1	00/0	11/0	1	0	偏离状态	

15-3　分析图 15-4 所示时序电路的逻辑功能，并给出时序图。

解：该题是将 JK 触发器转换为 D 触发器，根据 D 触发器的状态方程得

$$Q^{n+1} = J\overline{Q^n} + \overline{K}Q^n = D\overline{Q^n} + \overline{\overline{D}}Q^n = D$$

其次，注意到 JK 触发器是下降沿触发，所以时序图如图 15-5 所示。

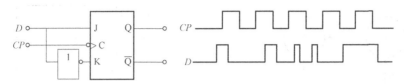

图 15-4　习题 15-3 电路图

15-4　分析图 15-6 所示的同步时序逻辑电路，作出状态转移图和状态转移真值表，并说明该电路的逻辑功能。

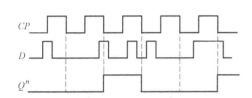

图 15-5　习题 15-3 的时序图　　　　　　图 15-6　习题 15-4 电路图

解： 根据时序电路的分析步骤，先写出

（1）驱动方程

$$D_1 = \overline{Q_1^n}$$
$$D_2 = Q_1^n \oplus Q_2^n$$

（2）输出方程

$$F = Q_1^n Q_2^n$$

（3）状态方程

$$Q_1^{n+1} = D_1 = \overline{Q_1^n}$$
$$Q_2^{n+1} = D_2 = Q_1^n \oplus Q_2^n$$

根据上述方程，作出电路的状态转移图如图 15-7，状态转移真值表见表 15-2。

表 15-2　习题 15-4 状态转移真值表

现　　态		次　　态		输　出	现　　态		次　　态		输　出
Q_1^n	Q_2^n	Q_2^{n+1}	Q_1^{n+1}	F	Q_1^n	Q_2^n	Q_2^{n+1}	Q_1^{n+1}	F
0	0	0	1	0	1	0	1	1	0
0	1	1	0	0	1	1	0	0	1

逻辑功能描述：该电路为四进制加法计数器，其中，输出 F 为进位。

15-5　图 15-8 为一个串行加法器逻辑框图，试作出其状态转移图和状态转移真值表。

解： 由于全加器输是组合电路，全加器的进位输出端通过触发器将其反馈到全加器的进位输入端，其中 x_1、x_2 为两个加数，全加器是将 x_1、x_2 和进位输入端进行相加，将和从 S 端输出。由于该电路只有一个触发器，故有两个状态，下面对该时序电路进行分析：

（1）驱动方程：$D = CO = x_1 x_2 + x_1 CI + x_2 CI$

输出方程：$S = x_1 \oplus x_2 \oplus CI$

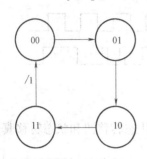

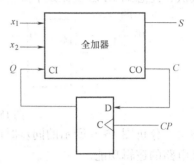

图 15-7 习题 15-4 状态转移图

图 15-8 习题 15-5 电路图

（2）状态方程：$Q^{n+1} = x_1 x_2 + x_1 Q^n + x_2 Q^n$

（3）根据状态方程、输出方程列出状态转移真值表见表 15-3，并画出状态转移图如图 15-9。

功能说明：当状态处在"0"时，若 x_2、x_1 不同，则状态不变，输出为"1"；当状态处在"1"时，若 x_2、x_1 不同，则状态不变，输出为"0"；若在状态处"0"时，当 x_2、x_1 为 11，则转到状态"1"，且输出为 0，当 x_2、x_1 为 00，则状态不变，输出仍为 0；若在状态处"1"时，当 x_2、x_1 为 00 时，则转到状态"0"，且输出为"1"，当 x_2、x_1 为 11，则状态不变，且输出为 1。

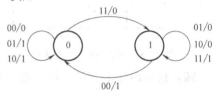

图 15-9 电路的状态图

表 15-3 习题 15-5 状态转移真值表

现 态			次 态	输 出	现 态			次 态	输 出
x_2	x_1	Q^n	Q^{n+1}	S	x_2	x_1	Q^n	Q^{n+1}	S
0	0	0	0	0	1	0	0	0	1
0	0	1	0	1	1	0	1	1	0
0	1	0	0	1	1	1	0	1	0
0	1	1	0	0	1	1	1	1	1

15-6 试分析图 15-10 所示时序电路的逻辑功能，写出电路的激励方程、状态转移方程和输出方程，画出状态转移图，说明电路是否具有自启动特性。

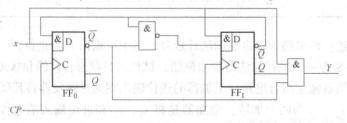

图 15-10 习题 15-6 电路图

解：（1）激励方程：
$$D_0 = x\,\overline{Q_1^n}$$
$$D_1 = \overline{\overline{Q_0^n}\,\overline{Q_1^n}} \cdot x$$

输出函数：$Y = \overline{Q_0^n}\,Q_1^n x$

（2）状态方程：
$$Q_0^{n+1} = x\,\overline{Q_1^n}$$
$$Q_1^{n+1} = (Q_0^n + Q_1^n)x = Q_0^n x + Q_1^n x$$

状态转移图如图 15-11 所示，状态转移真值表见表 15-4。

表 15-4　习题 15-6 状态转移真值表

现　态		次态/输出($Q_1^{n+1}Q_0^{n+1}/Y$)		现　态		次态/输出($Q_1^{n+1}Q_0^{n+1}/Y$)	
Q_1^n	Q_0^n	$x=0$	$x=1$	Q_1^n	Q_0^n	$x=0$	$x=1$
0	0	00/0	01/0	1	0	00/0	10/1
0	1	00/0	11/0	1	1	00/0	10/0

逻辑功能说明：该电路从 00 状态开始→当收到一个"1"转到状态 01→再收到 1 转到 11 状态→又收到"1"后转到 10 状态，在 10 状态若每收到一个"1"就输出一个"1"，收到"0"就回到初始状态。所以该电路是检测连续收到四个"1"的检测电路。该电路可以自启动，即无论在什么状态，只要收到"0"就回到 00 状态。

15-7　试分析图 15-12 所示时序电路，画出状态转移图，并说明该电路的逻辑功能。

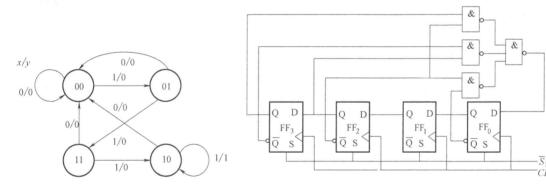

图 15-11　习题 15-6 状态转移图　　　　图 15-12　习题 15-7 电路图

解：该电路是同步时序逻辑电路，$\overline{S}_D$ 是给触发器置"1"端，由电路可知，触发器 FF_0 的 Q 端接到 FF_1 的 D 端，依次类推，所以在时钟脉冲的作用下，实现左移功能。

驱动方程为
$$D_0 = \overline{\overline{Q_3^n\overline{Q_2^n}} \cdot \overline{\overline{Q_3^n}Q_2^n} \cdot \overline{\overline{Q_2^n}\,\overline{Q_0^n}}} = Q_3^n\overline{Q_2^n} + \overline{Q_3^n}Q_2^n + \overline{Q_2^n}\,\overline{Q_0^n} = Q_3^n \oplus Q_2^n + \overline{Q_2^n}\,\overline{Q_0^n}$$
$$D_1 = Q_0^n$$
$$D_2 = Q_1^n$$
$$D_3 = Q_2^n$$

根据驱动方程和 D 触发器的状态方程，可以求出时序电路的状态转移方程。这里需说明的一点是，状态转移是发生在 CP 的上升沿（D 触发器本身决定）。

$$Q_0^{n+1} = (Q_3^n \oplus Q_2^n + \overline{Q_2^n}\,\overline{Q_0^n}) \cdot CP \uparrow$$

$$Q_1^{n+1} = Q_0^n \cdot CP \uparrow$$

$$Q_2^{n+1} = Q_1^n \cdot CP \uparrow$$

$$Q_3^n = Q_2^n \cdot CP \uparrow$$

状态转移图如图 15-13 所示，状态转移真值表见表 15-5。

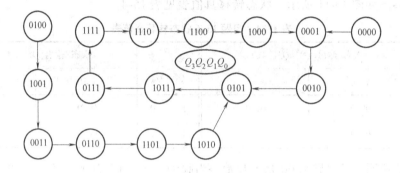

图 15-13　习题 15-7 状态转移图

表 15-5　习题 15-7 时序逻辑电路状态转移真值表

计数脉冲序号 CP	现　态				状　态			
	Q_3^n	Q_2^n	Q_1^n	Q_0^n	Q_3^{n+1}	Q_2^{n+1}	Q_1^{n+1}	Q_0^{n+1}
0	1	1	1	1	1	1	1	0
1	1	1	1	0	1	1	0	0
2	1	1	0	0	1	0	0	0
3	1	0	0	0	0	0	0	1
4	0	0	0	1	0	0	1	0
5	0	0	1	0	0	1	0	1
6	0	1	0	1	1	0	1	1
7	1	0	1	1	0	1	1	1
8	0	1	1	1	1	1	1	1
偏离状态	0	0	0	0	0	0	0	1
	0	0	1	1	0	1	1	0
	0	1	0	0	1	0	0	1
	0	1	1	0	1	1	0	1
	1	0	0	1	0	0	1	1
	1	0	1	0	1	0	0	1
	1	1	0	1	1	0	1	0

逻辑功能说明：该电路可以自启动，一旦启动以后，在 9 种不同状态进行循环，可以作为模 9 计数器使用。

15-8　设计一个自动售货机控制电路。售货机中有两种商品，其中一种商品的价格为一元五角，另一种商品的价格是两元。售货机每次只允许投入一枚五角或一元的硬币，当用户选择好商品后，根据用户所选商品和投币情况，控制电路应完成的功能是：若用户选择两元的商品，当用户投足两元(五角或一元)时，对应商品输出；当用户选择一元五角的商品时，若用户投入两枚一元的硬币，应找回五角并输出商品，若正好投入一元五角，只输出商品。(提示：假定电路中已有检测电路，可以识别一元和五角；电路应有两个控制端，两种商品选择输入；电路有两个输入端，五角、一元投币输入；电路有两个输出，商品输出和找零输出)

分析：取投入硬币的状态为输入逻辑变量，投入一枚五角硬币用 $A=1$ 表示，未投入五角硬币则用 $A=0$ 表示；投入一枚一元硬币用 $B=1$ 表示，未投入一元硬币则用 $B=0$ 表示；给出饮料和找五角钱为两个输出逻辑变量，$Y=1$ 表示给出饮料，$Y=0$ 则表示未给出饮料，$Z=1$ 表示找回一枚五角硬币，$Z=0$ 则表示不找。设未投币的状态为S0，投一枚五角硬币后为S1，投入一枚一元硬币后为S2。在S2状态再投入五角硬币后应转回S0状态，$Y=1$、$Z=0$；再投入一元硬币后应转回S0状态同时找出一枚五角硬币，$Y=1$、$Z=1$。所以状态数为3，触发器确定用两个，令：S0——00，S1——01，S2——10，状态转换真值表见表15-6。

表 15-6　习题 15-8 状态转换真值表

Q_1Q_0 ＼ AB	00	01	11	10	Q_1Q_0 ＼ AB	00	01	11	10
00	00/00	01/00	XX/XX	10/00	11	XX/XX	XX/XX	XX/XX	XX/XX
01	01/00	10/00	XX/XX	00/10	10	10/00	00/10	XX/XX	00/11

经化简后，得

$$Q_1^{n+1} = \overline{Q_1^n}\,\overline{Q_0^n}A + Q_0^n B + Q_1^n \overline{A}\,\overline{B}$$

$$Q_0^{n+1} = \overline{Q_1^n}\,\overline{Q_0^n}B + Q_0^n \overline{A}\,\overline{B}$$

$$Y = Q_1 B + Q_1 A + Q_0 A$$

$$Z = Q_1 A$$

选用 D 触发器和"与非"门构成时序逻辑电路，可使

$$D_0 = \overline{Q_1}\,\overline{Q_0}B + Q_0 \overline{A}\,\overline{B} = \overline{\overline{Q_1}\,\overline{Q_0}B \cdot \overline{Q_0 \overline{A}\,\overline{B}}}$$

$$D_1 = \overline{Q_1}\,\overline{Q_0}A + Q_0 B + Q_1 \overline{A}\,\overline{B}$$

进行自启动检查，画出逻辑图：略。

15-9　在图 15-14 所示电路中，设触发器 F_0、F_1 的初始状态均为 0，试画出在图 15-15 中所示 C 和 X 的作用下 Q_0、Q_1 和 Y 的波形。

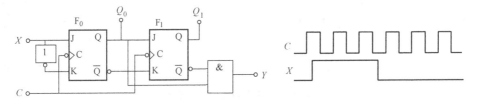

图 15-14　习题 15-9 的图

解：F_0 的驱动方程为 $J_0 = \overline{K_0} = X$，F_1 的驱动方程为 $J_1 = \overline{K_1} = Q_0$，故 F_0 在 X 为 0 时置 0，X 为 1 时置 1，F_1 在 Q_0 为 0 时置 0，Q_0 为 1 时置 1。而 $Y = Q_0 \overline{Q_1}$，故当 Q_0 为 1 且 Q_1 为 0 时

$Y = 1$。据此可画出 Q_0、Q_1 和 Y 的波形，如图 15-15 所示。

15-10 图 15-16 所示电路为循环移位寄存器，设电路的初始状态为 $Q_0Q_1Q_2Q_3 = 0001$。列出该电路的状态表，并画出 Q_0、Q_1、Q_2 和 Q_3 的波形。

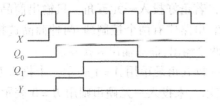

图 15-15 习题 15-9 解答用图

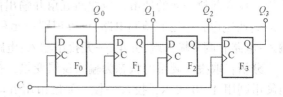

图 15-16 习题 15-10 的图

分析：本题电路是在 4 位右移移位寄存器的输出端 Q_3 与输入端 D_0 之间加一条反馈线构成的，是一个自循环的右移移位寄存器。

解：根据电路的接法和右移移位寄存器的逻辑功能，可列出状态表，见表 15-7。根据状态表即可画出 Q_0、Q_1、Q_2 和 Q_3 的波形，如图 15-17 所示。

表 15-7 习题 15-10 的状态表

C	Q_0	Q_1	Q_2	Q_3
0	0	0	0	1
1	1	0	0	0
2	0	1	0	0
3	0	0	1	0
4	0	0	0	1

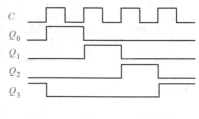

图 15-17 习题 15-10 解答用图

15-11 图 15-18 所示电路为由 JK 触发器组成的移位寄存器，设电路的初始状态为 $Q_0Q_1Q_2Q_3 = 0000$。列出该电路输入数码 1001 的状态表，并画出各 Q 的波形图。

分析：本题电路是一个 4 位右移移位寄存器，4 个 JK 触发器都接成了 D 触发器。

解：根据电路的接法和右移移位寄存器的逻辑功能，可列出状态表，见表 15-8。按照状态表即可画出 Q_0、Q_1、Q_2 和 Q_3 的波形，如图 15-19 所示。

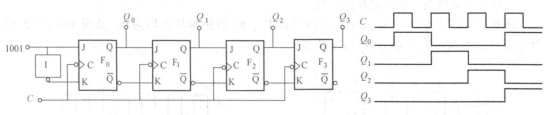

图 15-18 习题 15-11 的图

图 15-19 习题 15-11 解答用图

表 15-8 习题 15-11 的状态表

C	Q_0	Q_1	Q_2	Q_3	C	Q_0	Q_1	Q_2	Q_3
0	0	0	0	0	3	0	0	1	0
1	1	0	0	0	4	1	0	0	1
2	0	1	0	0					

15-12 设图 15-20 所示电路的初始状态为 $Q_0Q_1Q_2=000$。列出该电路的状态表，并画出其波形图。

分析：本题电路是在 3 位右移移位寄存器的基础上，将 $\overline{Q_0}$、$\overline{Q_1}$ 和 $\overline{Q_2}$ 通过"与"门反馈到 D_0 构成的。

解：各触发器的驱动方程分别为：$D_0=\overline{Q_0}\,\overline{Q_1}\,\overline{Q_2}$、$D_1=Q_0$、$D_2=Q_1$，根据电路的初始状态 $Q_0Q_1Q_2=000$ 及各触发器的驱动方程，可列出状态表，见表 15-9。按照状态表即可画出 Q_0、Q_1 和 Q_2 的波形，如图 15-21 所示。

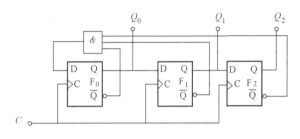
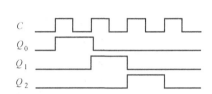

图 15-20 习题 15-12 的图   图 15-21 习题 15-12 解答用图

表 15-9 习题 15-12 的状态表

C	Q_0	Q_1	Q_2	C	Q_0	Q_1	Q_2
0	0	0	0	3	0	0	1
1	1	0	0	4	0	0	0
2	0	1	0				

15-13 设图 15-22 所示电路的初始状态为 $Q_2Q_1Q_0=000$。列出该电路的状态表，画出 C 和各输出端的波形图，说明是几进制计数器，是同步计数器还是异步计数器。图中 Y 为进位输出信号。

分析：异步计数器中各触发器的状态是否翻转不能只由驱动方程决定，还必须同时考虑各触发器的触发脉冲是否出现。

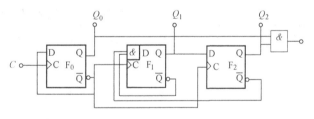

图 15-22 习题 15-13 的图

解：由于计数脉冲 C 不是同时接到各个触发器的时钟脉冲输入端，所以该计数器为异步计数器。3 个触发器的驱动方程以及进位输出信号的逻辑表达式分别为

F_0：$D_0=\overline{Q_0}$ C 的上升沿触发

F_1：$D_1=\overline{Q_2}\overline{Q_1}$ $\overline{Q_0}$ 的上升沿触发（Q_0 的下降沿触发）

F_2：$D_2=Q_1\ \overline{Q_0}$ 的上升沿触发（Q_0 的下降沿触发）

进位输出信号：$Y=Q_2Q_0$

根据各触发器的驱动方程及触发时刻列出状态表，见表 15-10。由表 15-10 可见，该计数器在经过 6 个计数脉冲后回到初始状态，是六进制计数器，计数到 101 时发出进位信号，波形图如图 15-23 所示。

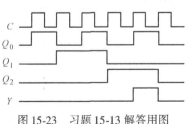

图 15-23 习题 15-13 解答用图

表 15-10　习题 15-13 的状态表

计数脉冲数	Q_2	Q_1	Q_0	Y	D_0	D_1	D_2	计数脉冲数	Q_2	Q_1	Q_0	Y	D_0	D_1	D_2
0	0	0	0	0	1	1	0	4	1	0	0	0	1	0	0
1	0	0	1	0	0	1	0	5	1	0	1	1	0	0	0
2	0	1	0	0	1	0	0	6	0	0	0	0	1	1	0
3	0	1	1	0	0	0	1								

15-14　试分析图 15-24 所示的两电路，列出状态表，并指出各是几进制计数器。

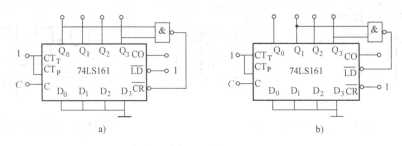

图 15-24　习题 15-14 的图

分析：用 74LS161 构成 N 进制计数器，可将第 N 个状态反馈到异步清 0 端 $\overline{CR}$ 清 0，也可将第 $N-1$ 个状态反馈到同步置数端 $\overline{LD}$，将计数器的初始状态置为 0。

解：如图 15-24a 所示电路是用异步清 0 法，将 Q_3 和 Q_0 通过"与非"门反馈到 $\overline{CR}$ 端归 0 实现九进制计数，是九进制计数器，状态表见表 15-11。

表 15-11　习题 15-14a 的状态表

计数脉冲数	Q_3	Q_2	Q_1	Q_0	计数脉冲数	Q_3	Q_2	Q_1	Q_0
0	0	0	0	0	5	0	1	0	1
1	0	0	0	1	6	0	1	1	0
2	0	0	1	0	7	0	1	1	1
3	0	0	1	1	8	1	0	0	0
4	0	1	0	0	9	0	0	0	0

如图 15-24b 所示电路是用同步置数法，将 Q_3 和 Q_1 通过"与非"门反馈到 $\overline{LD}$ 端归 0 实现十一进制计数，是十一进制计数器，状态表见表 15-12。

表 15-12　习题 15-14b 的状态表

计数脉冲数	Q_3	Q_2	Q_1	Q_0	计数脉冲数	Q_3	Q_2	Q_1	Q_0
0	0	0	0	0	6	0	1	1	0
1	0	0	0	1	7	0	1	1	1
2	0	0	1	0	8	1	0	0	0
3	0	0	1	1	9	1	0	0	1
4	0	1	0	0	10	1	0	1	0
5	0	1	0	1	11	0	0	0	0

15-15 试分析图15-25所示各电路，列出状态表，并指出各是几进制计数器。

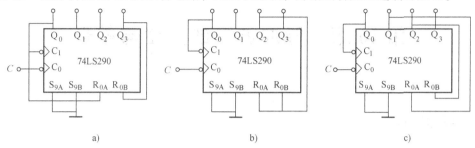

图15-25 习题15-15的图

分析：用74LS290构成 N 进制计数器，可将第 N 个状态反馈到清0端 R_{0A} 和 R_{0B} 将计数器清0。因为本题3个电路的时钟脉冲 C 均加在 C_0 端，且 Q_0 与 C_1 相接，所以电路对时钟脉冲 C 按照8421码进行异步加法计数。

解：如图15-25a所示电路是将 Q_3 和 Q_0 反馈到清0端 R_{0A} 和 R_{0B} 归0，实现九进制计数，是九进制计数器，状态表见表15-13。

表15-13 图15-25a的状态表

计数脉冲数	Q_3	Q_2	Q_1	Q_0	计数脉冲数	Q_3	Q_2	Q_1	Q_0
0	0	0	0	0	5	0	1	0	1
1	0	0	0	1	6	0	1	1	0
2	0	0	1	0	7	0	1	1	1
3	0	0	1	1	8	1	0	0	0
4	0	1	0	0	9	0	0	0	0

如图15-25b所示电路是将 Q_2 反馈到清0端 R_{0A} 和 R_{0B} 归0，实现四进制计数，是四进制计数器，状态表见表15-14。

表15-14 图15-25b的状态表

计数脉冲数	Q_3	Q_2	Q_1	Q_0	计数脉冲数	Q_3	Q_2	Q_1	Q_0
0	0	0	0	0	3	0	0	1	1
1	0	0	0	1	4	0	0	0	0
2	0	0	1	0					

如图15-25c所示电路是将 Q_2 和 Q_1 反馈到清0端 R_{0A} 和 R_{0B} 归0，实现六进制计数，是六进制计数器，状态表见表15-15。

表15-15 图15-25c的状态表

计数脉冲数	Q_3	Q_2	Q_1	Q_0	计数脉冲数	Q_3	Q_2	Q_1	Q_0
0	0	0	0	0	4	0	1	0	0
1	0	0	0	1	5	0	1	0	1
2	0	0	1	0	6	0	0	0	0
3	0	0	1	1					

第 16 章　脉冲波形的产生与整形

16.1　教学目标

本章教学目标就是要求学生掌握脉冲波形产生、变换和整形的各种应用电路的分析方法；掌握施密特触发器、单稳态触发器、多谐振荡器的工作原理、工作波形以及参数计算；掌握 555 定时器电路结构及其应用；掌握基本脉冲电路的设计。

16.2　教学内容

1. 单稳态触发器。
2. 多谐振荡器。
3. 施密特触发器。
4. 555 定时器原理与应用。

16.3　重点、难点指导

16.3.1　多谐振荡器

多谐振荡器是一种自激振荡电路，不需要外加输入信号就可以自动地产生出矩形脉冲。

1. 多谐振荡器的分类

多谐振荡器从结构上可分为对称式多谐振荡器和非对称式多谐振荡器，根据所用元件不同可分为自激多谐振荡器、环形振荡器和石英晶体多谐振荡器。

自激多谐振荡器和环形振荡器结构简单，但振荡频率的稳定性较差。石英晶体多谐振荡器，利用石英晶体的选频特性，只有频率为 f_0 的信号才能满足自激条件，产生自激振荡，其主要特点是 f_0 的稳定性极好。

2. 多谐振荡器频率计算

石英晶体多谐振荡器的振荡频率主要取决于石英晶体固有频率 f_0。自激多谐振荡器和环形振荡器的振荡周期主要取决于 RC 冲、放电电路的时间常数与门电路的阈值电压 U_{TH}，具体分析按如下步骤：

（1）分析电路的工作过程，定性地画出电路中各点电压的波形，找出决定电路状态发生转换的控制电压。

（2）画出控制电压冲、放电的等效电路，并将得到的电路简化。

（3）确定每个控制电压冲、放电的起始值、终了值和转换值。

（4）计算冲、放电时间，求出所需要的计算结果。

16.3.2 单稳态触发器和施密特触发器

单稳态触发器和施密特触发器，虽然不能自动地产生矩形脉冲，但却可以把其他形状的信号变换成为矩形波，为数字系统提供标准的脉冲信号。

1. 单稳态触发器

单稳态触发器输出信号的宽度完全由电路参数决定，与输入信号无关，输入信号只起触发作用。因此，单稳态触发器可以用于产生固定宽度的脉冲信号。一般用于定时（产生一定宽度的脉冲）、整形（把不规则的波形转换成等宽、等幅的脉冲）以及延时（将输入信号延迟一定的时间之后输出）等。

2. 施密特触发器

施密特触发器输出的高、低电平随输入信号的电平改变，所以输出脉冲的宽度是由输入信号决定的。由于它的滞回特性和输出电平转换过程中正反馈的作用，所以输出电压波形的边沿得到明显改善，将边沿缓慢变化的信号波形整形为边沿陡峭的矩形波，还可以将叠加在矩形脉冲高、低电平上的噪声信号有效地清除掉。

16.3.3 555 定时器

表 16-1 555 定时器的功能表

输 入			输 出		输 入			输 出	
$\overline{R}_D$	u_{i1}	u_{i2}	u_o	T_D 状态	$\overline{R}_D$	u_{i1}	u_{i2}	u_o	T_D 状态
0	×	×	低	导通	1	$<\frac{2}{3}U_{CC}$	$<\frac{1}{3}U_{CC}$	高	截止
1	$>\frac{2}{3}U_{CC}$	$>\frac{1}{3}U_{CC}$	低	导通	1	$>\frac{2}{3}U_{CC}$	$<\frac{1}{3}U_{CC}$	高	截止
1	$<\frac{2}{3}U_{CC}$	$>\frac{1}{3}U_{CC}$	不变	不变					

555 定时器（见表 16-1）是一种多用途的数字-模拟混合集成电路，利用它能方便地构成施密特触发器、单稳态触发器和多谐振荡器。由于使用灵活、方便，所以 555 定时器在波形的产生与变换、测量与控制、家用电器、电子玩具等领域中得到了广泛应用。

目前生产的定时器有双极型（TTL 类）和单极型（CMOS 类）两种类型，其型号分别有 NE555（或 5G555）和 C7555 等多种。通常，双极型产品型号的后 3 位数字是 555，单极型产品型号的后 4 位数字是 7555，它们的结构、工作原理以及外部引脚排列基本相同。

16.4 习题选解

16-1 一阶 RC 电路如图 16-1 所示。当 $t=0$ 时将开关合上，分别写出下列 3 种情况下，电容 C 上的电压 $u_C(t)$ 的函数表达式。

（1）E 为 0，在 $t=0$ 时电容上的初始电压 $u_C(0)$。

（2）E 为常数，在 $t=0$ 时电容上的初始电压为 0。

（3）E 为常数，在 $t=0$ 时电容上的初始电压为 $u_C(0)$。

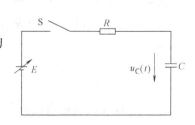

图 16-1 习题 16-1 电路图

解：（1）已知 $t=0$ 时，电容电压为 $u_C(0)$，且 $E=0$，

依据三要素法有

$$u_C(0_-)=u_C(0_+)=u_C(0), \quad u_C(\infty)=0, \quad \tau=RC$$

则当开关合上后电容上的电压 $u_C(t)$ 的函数表达式为

$$u_C(t)=\left\{u_C(\infty)+\left[u_C(0_+)-u_C(\infty)\right]e^{-t/\tau}\right\}V=u_C(0)e^{-t/RC}V$$

（2）已知 $t=0$ 时，电容电压为0，设 $E=K$（常数），依据三要素法有

$$u_C(0_-)=u_C(0_+)=0, \quad u_C(\infty)=K, \quad \tau=RC$$

则当开关合上后电容上的电压 $u_C(t)$ 的函数表达式为

$$u_C(t)=\left\{u_C(\infty)+\left[u_C(0_+)-u_C(\infty)\right]e^{-t/\tau}\right\}V=K(1-e^{-t/RC})V$$

（3）已知 $t=0$ 时，电容电压为 $u_C(0)$，设 $E=K$（常数），依据三要素法有

$$u_C(0_-)=u_C(0_+)=u_C(0), \quad u_C(\infty)=K, \quad \tau=RC$$

则当开关合上后电容上的电压 $u_C(t)$ 的函数表达式为

$$u_C(t)=\left\{u_C(\infty)+\left[u_C(0_+)-u_C(\infty)\right]e^{-t/\tau}\right\}V=K(1-e^{-t/RC})+u_C(0)e^{-t/RC}V$$

16-2　电路如图 16-2 所示。输入为方波，$U_H=5V$，$U_L=0V$，频率 $f=10kHz$，根据信号频率和电路时间常数 τ 的关系，定性画出下列 3 种情况下 U_o 的波形。

（1）$R=10k\Omega$，$C=0.5\mu F$

（2）$R=1k\Omega$，$C=0.05\mu F$

（3）$R=100\Omega$，$C=500pF$

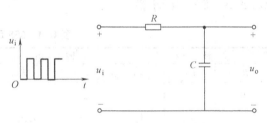

图 16-2　习题 16-2 电路图

解：方波的周期为

$$T=\frac{1}{f}=\frac{1}{10\times10^3}s=0.1ms$$

（1）$R=10k\Omega$，$C=0.5\mu F$ 时间常数为

$$\tau=RC=10\times10^3\times0.5\times10^{-6}s=5ms$$

（2）$R=1k\Omega$，$C=0.05\mu F$ 时间常数为

$$\tau=RC=1\times10^3\times0.05\times10^{-6}s=0.05ms$$

（3）$R=100\Omega$，$C=500pF$ 时间常数为

$$\tau=RC=100\times500\times10^{-12}s=0.05\mu s$$

根据电路过渡过程的理论，可以定性地画出输出波形 u_o 如图 16-3 所示。

16-3　TTL"与非"门组成的积分型单稳态电路如图 16-4 所示。

（1）和微分型电路相比，有何特点？

（2）说明稳态情况下，u_i、u_o 的电平值。

（3）电阻 R 的取值有何限制？

（4）在触发信号作用下，画出电路的

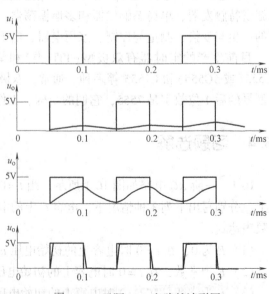

图 16-3　习题 16-2 电路的波形图

充、放电回路，并导出输出脉冲宽度 T_w 的计算公式。

（5）电路对输入脉冲宽度有何要求？若输入脉宽不满足要求，可采用什么办法解决？

解：

（1）与微分型单稳态触发器相比，积分型单稳态触发器具有抗干扰能力强的优点，因为微分型单稳态触发器可以用窄脉冲触发，而数字电路中的噪声多为尖峰脉冲的

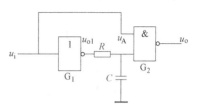

图 16-4　习题 16-3 电路图

形式，但积分型单稳态触发器在这种噪声作用下不会输出足够宽度的脉冲。积分型单稳态触发器的缺点是输出波形的边沿比较差，此外，积分型单稳态触发器必须在触发脉冲的宽度大于输出脉冲宽度时方能正常工作。

（2）在稳态情况下，$u_i = 0$，所以，$u_o = U_{OH}$，$u_A = u_{o1} = U_{OH}$。

当输入正脉冲后，u_{o1} 跳变为低电平，由于电容 C 的电压不能跳变，所以在一段时间里 u_A 仍在 U_{TH} 以上，在这段时间里 G_2 的两个输入端电压同时高于 U_{TH}，使 $u_o = U_{OL}$，电路进入暂稳态。同时，电容 C 开始放电。

（3）为了保证 u_{o1} 为低电平时 u_A 在 U_{TH} 以下，R 的阻值不能取得太大。

（4）在触发信号作用下，充、放电回路如图 16-5 所示。

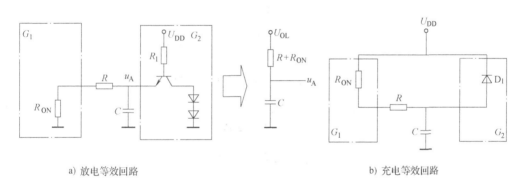

a) 放电等效回路　　　　　　　　　　　　　　b) 充电等效回路

图 16-5　单稳态触发器充、放电回路

输出脉冲宽度等于电容 C 开始放电的一刻到 u_A 下降至 U_{TH} 的时间，所以计算 T_w 只依据放电等效电路，如图 16-5a 所示。鉴于 u_A 高于 U_{TH} 期间 G_2 的输入电流很小，可忽略不计，因而电容 C 放电的等效电路可简化为 $(R_{ON} + R)$ 与电容 C 串联。

图 16-6 曲线中，u_A 的波形即为电容 u_C 的波形，$u_C(0) = U_{OH}$，$u_C(\infty) = U_{OL}$，可以得到

$$T_W = (R_{ON} + R)C\ln\frac{U_{OL} - U_{OH}}{U_{OL} - U_{TH}}$$

（5）电路输入脉冲的宽度大于输出脉冲宽度时方能正常工作。若输入脉宽不满足要求，可以在触发信号源 u_i 与 G_1 输入端之间接入一个 RC 积分电路，可以使脉冲宽度增宽，以满足输入信号的要求。

16-4　用 555 定时器接成的施密特触发器电路如图 16-7 所示，试问：

（1）当 $U_{CC} = 12V$、没有外接控制电压时，U_{VT+}、U_{VT-} 及 ΔU_{VT} 各为多少伏？

（2）当 $U_{CC} = 12V$、控制电压 $U_{CO} = 5V$ 时，U_{VT+}、U_{VT-} 及 ΔU_{VT} 各为多少伏？

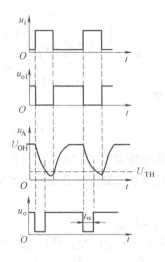

图 16-6 电路电压波形图

图 16-7 习题 16-4 电路图

解:

（1）当 $U_{CC} = 12V$、没有外接控制电压时

$$U_{VT+} = \frac{2}{3}U_{CC} = 8V$$

$$U_{VT-} = \frac{1}{3}U_{CC} = 4V$$

$$\Delta U_{VT} = U_{VT+} - U_{VT-} = \frac{1}{3}U_{CC} = 4V$$

（2）当 $U_{CC} = 12V$、控制电压 $U_{CO} = 5V$ 时

$$U_{VT+} = U_{CO} = 5V$$

$$U_{VT-} = \frac{1}{2}U_{CO} = 2.5V$$

$$\Delta U_{VT} = U_{VT+} - U_{VT-} = \frac{1}{2}U_{CO} = 2.5V$$

16-5 比较图 16-8a、b 所示的多谐振荡器电路。

（1）说明图 16-8a 电路的振荡频率和哪些参量有关？

（2）图 16-8b 电路有何特点？振荡频率和哪些因素有关？

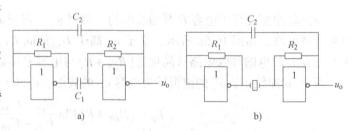

a)   b)

图 16-8 习题 16-5 电路图

解:

（1）图 16-8a 对称式多谐振荡器，通常取 $R_1 = R_2 = R_F$，R_F 称为反馈电阻，为了使静态时反相器工作在转折区，具有较强的放大能力，R_F 应满足：$R_{OFF} < R_F < R_{ON}$，其中 R_{OFF}、R_{ON} 是反相器截止、导通时输出电阻，一般 R_F 的值为 $0.5 \sim 1.9k\Omega$。

$$C_1 = C_2 = C$$

充、放电回路参见相关教材，波形图如图 16-9 所示，T_1 等于 u_{i2} 从 0 上升到 U_{TH} 所对应的时间。这里，电容的充电时间常数 $\tau = R_F C$，起始值 $u_{i2}(0_+) = U_{IK}$，稳定值 $u_{i2}(\infty) = U_{DD}$，转换值 $u_{i2}(T_1) = U_{TH}$，代入 $R_F C$ 过渡过程计算公式进行计算可得

$$T_1 = \tau \ln \frac{u_{i2}(\infty) - u_{i2}(0_+)}{u_{i2}(\infty) - u_{i2}(T_1)}$$

如果 G1、G2 为 74LS 系列反相器，$U_{OH} = 3.4V$、$U_{IK} = -1V$、$U_{TH} = 1.4V$，则

$$T_1 \approx 0.65 R_F C$$

由于电路对称，所以

$$T_2 = T_1$$

振荡周期为

$$T = T_1 + T_2 \approx 1.3 R_F C$$

电路的振荡频率与电阻阻值 R_F、电容的值 C 有关。

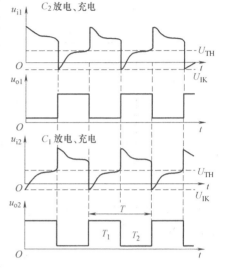

图 16-9　习题 16-5 波形图

（2）图 16-8b 振荡电路与图 16-8a 都是对称多谐振荡电路，但图 16-8a 振荡电路的振荡频率不稳定，为了提高振荡电路频率稳定性，将电容 C_2 用石英晶体代替，其工作频率只取决于晶体本身谐振频率 f_0，与外接电阻 R 和电容 C 的参数无关。石英晶体的谐振频率由石英的晶体方向和外形尺寸所决定，具有极高的频率稳定性，因此石英晶体振荡电路的振荡频率非常稳定，可以满足大多数数字系统对频率稳定性的要求。

16-6　试用 555 定时器设计一个振荡周期 T 为 100ms 的方波脉冲发生器。给定电容 $C = 0.47\mu F$，试确定电路的形式和电阻大小。

解：由于本题对占空比无特殊要求，由

$$T = T_1 + T_2 = (R_1 + 2R_2)Cln2$$

若取 $R_1 = R_2 = R$，则

$$R = \frac{T}{3Cln2} = \frac{100 \times 10^{-3}}{3 \times 0.47 \times 10^{-6} \times ln2}\Omega = 102k\Omega$$

电路形式如图 16-10 所示。

16-7　试用 555 定时器芯片设计一个占空比可调试的多谐振荡器。电路的振荡频率为 10kHz，占空比 $q = 0.2$。若取电容 $C = 0.01\mu F$，试确定电阻阻值。

解：为了简化设计，采用接入二极管的电路，这样冲、放电电路流经路径不同，又由于要求占空比可调，所以采用如图 16-11 所示的电路，则

$$T_1 = R_1 Cln2 \quad T_2 = R_2 Cln2$$

输出脉冲占空比为

$$q = \frac{T_1}{T} = \frac{R_1}{R_1 + R_2} = 0.2$$

所以

$$T_1 = 0.2T$$

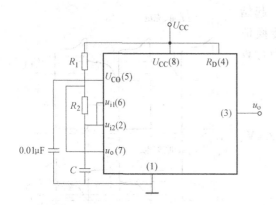

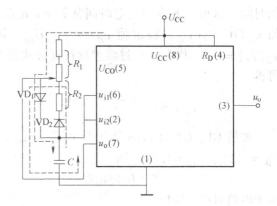

图 16-10　用 555 定时器组成的多谐触发器　　图 16-11　用 555 定时器组成占空比可调的多谐振荡器

已知 $f=10\mathrm{kHz}$，所以

$$T=\frac{1}{f}=\frac{1}{10\times10^3}\mathrm{s}=0.1\mathrm{ms}$$

$$T_1=0.2T=0.2\times0.1\mathrm{ms}=0.02\mathrm{ms}$$

$$T_2=0.2T=0.8\times0.1\mathrm{ms}=0.08\mathrm{ms}$$

$$R_1=\frac{T_1}{C\ln2}=\frac{0.02\times10^{-3}}{0.01\times10^{-6}\times0.69}\Omega=2.88\mathrm{k}\Omega$$

$$R_2=\frac{T_2}{C\ln2}=\frac{0.08\times10^{-3}}{0.01\times10^{-6}\times0.69}\Omega=11.54\mathrm{k}\Omega$$

取 $R_1=2.2\mathrm{k}\Omega$、$R_2=10\mathrm{k}\Omega$ 与 $2.2\mathrm{k}\Omega$ 的电位器串联，调整电位器就可以调整占空比。

16-8　试用 555 定时器构成一个施密特触发器，以实现图 16-12 所示的鉴幅功能。画出芯片接线图，并表明有关参数值。

分析：用 555 组成的施密特触发器的电压输出特性由图 16-12 可知，$U_{\mathrm{VT+}}=U_{\mathrm{CO}}$、$U_{\mathrm{VT-}}=\frac{1}{2}U_{\mathrm{CO}}$，所以，可采用参考电压外接电压 U_{CO} 的电路来实现，只要取 $U_{\mathrm{CO}}=3.5\mathrm{V}$ 即可。

解：根据以上分析，可以用图 16-13a 电路来实现，对应的传输特性如图 16-13b 所示。

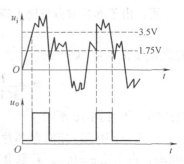

图 16-12　习题 16-8 电路图

16-9　图 16-14 所示为一个简易电子琴的电路。当琴键 $S_1\sim S_n$ 均未按下时，晶体管 VT 接近饱和导通，u_E 约为 0V，使 555 定时器组成的振荡器停振。当按下不同的琴键时，因 $R_1\sim R_n$ 的阻值不等，使得输出信号的频率不同，导致扬声器发出不同声音。若 $R_B=20\mathrm{k}\Omega$、$R_1=10\mathrm{k}\Omega$、$R_E=2\mathrm{k}\Omega$，晶体管的电流放大倍数 $\beta=150$、$U_{\mathrm{CC}}=12\mathrm{V}$，振荡器外接电阻、电容参数如图 16-14 所示，试计算按下琴键 S_1 时扬声器发出声音的频率。

分析：555 和两个 $10\mathrm{k}\Omega$ 的电阻以及电容 C 组成的可控多谐振荡器的频率与 5 脚的控制电压高低有关。而 5 脚的电压取决于 $R_1\sim R_n$ 与 R_B 的分压大小，并与 VT 的导通情况有关，

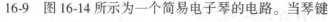

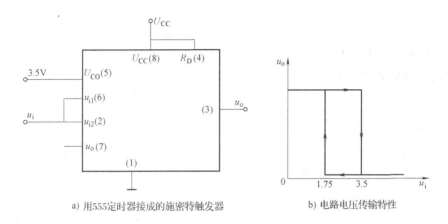

a) 用555定时器接成的施密特触发器　　　b) 电路电压传输特性

图 16-13　习题 16-8 电路与传输特性图

VT 工作在放大区，e 极的电压即为控制电压。按下不同键时，控制端 5 脚对应一个电压值，振荡出一个音阶(或半音节)的频率。控制电压越低，频率越高，但控制电压不能低于 0.7V，若低于 0.7V，555 将终止振荡。

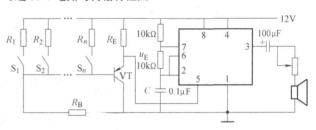

图 16-14　习题 16-9 电路图

解： 因为

$$T_1 = (10 \times 10^3 + 10 \times 10^3) C \ln \frac{U_{CC} - \frac{1}{2} U_{CO}}{U_{CC} - U_{CO}}$$

$$T_2 = 10 \times 10^3 C \ln \frac{0 - U_{CO}}{0 - \frac{1}{2} U_{CO}}$$

现在只要求出 U_{CO}，U_{CO} 是晶体管放大电路发射极静态电压，即

$$U_{CO} = U_E = U_B + 0.7V$$

可估算为

$$U_{CO} \approx U_B \approx \frac{U_{CC}}{R_1 + R_B} \times R_B = \frac{2}{3} U_{CC}$$

则

$$T_1 = 20 \times 10^3 C \ln \frac{U_{CC} - \frac{1}{2} \times \frac{2}{3} U_{CC}}{U_{CC} - \frac{2}{3} U_{CC}} = 20 \times 10^3 \times 0.1 \times 10^{-6} \ln 2 s = 1.38 ms$$

$$T_2 = 10 \times 10^3 C \ln \frac{0 - \frac{2}{3} U_{CC}}{0 - \frac{1}{2} \times \frac{2}{3} U_{CC}} = 10 \times 10^3 \times 0.1 \times 10^{-6} \ln 2 s = 0.69 ms$$

所以

$$f = \frac{1}{T} = \frac{1}{T_1 + T_2} = \frac{1}{(1.38 + 0.69) \times 10^{-3}}\text{Hz} = 483\text{Hz}$$

注意：以上计算 U_{CO} 时进行了估算，若要精确计算，将图 16-15a 电路左边用戴维南等效电路得到图 16-15b，其中

$$U_{BB} = \frac{R_B}{R_1 + R_B}U_{CC} = \frac{2}{3} \times 12\text{V} = 8\text{V}$$

$$R_o = \frac{R_1 R_B}{R_1 + R_B} = \frac{10 \times 20}{10 + 20}\text{k}\Omega = \frac{20}{3}\text{k}\Omega$$

$$I_B = \frac{U_{CC} - (\beta + 1)I_B R_E - 0.7 - U_{BB}}{R_o}$$

$$I_B = \frac{U_{CC} - 0.7 - U_{BB}}{R_o + (1 + \beta)R_E} = 11\mu\text{A}$$

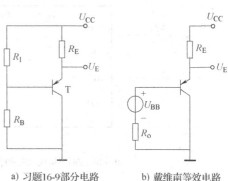

a) 习题16-9部分电路　　b) 戴维南等效电路

图 16-15　计算控制电压电路

$$U_{CO} = U_E = U_{CC} - (1 + \beta)I_B R_E = 8.68\text{V}$$

$$T_1 = 20 \times 10^3 C\ln\frac{12 - \frac{1}{2} \times 8.68}{12 - 8.68} = 20 \times 10^3 \times 0.1 \times 10^{-6}\ln\frac{7.66}{3.32}\text{s} = 1.68\text{ms}$$

$$T_2 = 10 \times 10^3 C\ln\frac{0 - 8.68}{0 - \frac{1}{2} \times 8.68} = 10 \times 10^3 \times 0.1 \times 10^{-6}\ln 2\text{s} = 0.69\text{ms}$$

$$f = \frac{1}{T} = \frac{1}{T_1 + T_2} = \frac{1}{(1.68 + 0.69) \times 10^{-3}}\text{Hz} = 422\text{Hz}$$

由以上分析可知，估算与精确计算数据出入不大。为了简化工程分析，通常采用估算的方法，对实际结果影响不大，但分析过程大大简化。

放电时间 T_2 仅决定于时间常数（电阻与电容乘积），而充电时间 T_1 不仅取决于时间常数，而且还与控制电压 U_{CO} 有关，改变控制电压可以控制占空比和振荡频率。

16-10　图 16-16 所示为反相器构成的多谐振荡器，试分析其工作原理，画出 a、b 两点及 u_o 的工作波形，求出振荡周期的公式。

分析：该电路是非对称式多谐振荡器，将图 16-16 改画为图 16-17，就可以看出是常用的一种非对称多谐振荡器。其中门电路可以是 TTL，也可以 CMOS。为了分析方便，我们采用 CMOS 门电路进行分析。

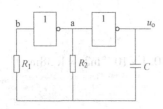

图 16-16　习题 16-10 电路图一

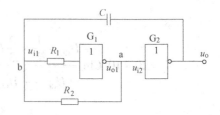

图 16-17　习题 16-10 电路图二

解：首先保证静态时 G_1、G_2 工作在电压传输特性的转折区，以获得最大的电压放大倍数。由图 16-17 可见，因为 G_1 的输入端与输出端之间跨接了电阻 R_2，而 CMOS 门电路的输

入电流在正常的输入高、低电平范围内几乎等于零，所以 R_2 上没有压降，G_1 必须工作在 $u_{o1} = u_{i1}$ 的状态。因此，表示 $u_{o1} = u_{i1}$ 的直线与电压传输特性交点就是 G_1 的静态工作点，如图 16-18 所示。通常 $U_{TH} = U_{DD}/2$，这时静态工作点 P 刚好处在电压传输特性转折区的中点，即 $u_{o1} = u_{i1} = U_{DD}/2$ 的地方。

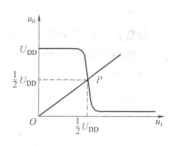

图 16-18　CMOS 反相器静态工作点确定

然而这种静态是不稳定的。假如由于某种原因使 u_{i1} 有极微小的正跳变发生，则必须引起如下的正反馈过程

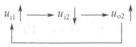

使 u_{o1} 迅速跳变为低电平而 u_{o2} 迅速跳变为高电平，电路进入第一个暂稳态。同时，电容 C 开始放电，放电的等效电路如图 16-19a 所示。其中 $R_{ON(N)}$ 和 $R_{ON(P)}$ 分别是 N 沟道 MOS 和 P 沟道 MOS 的导通内阻。

随着电容 C 的放电，u_{i1} 逐渐下降，当降到 $u_{i1} = U_{TH}$ 时，又有另一个正反馈过程发生，即

$$u_{i1} \downarrow \longrightarrow u_{i2} \uparrow \longrightarrow u_{o2} \downarrow$$

使 u_{o1} 迅速跳变为高电平而 u_{o2} 迅速跳变为低电平，电路进入第二个暂稳态。同时电容 C 开始充电，充电等效电路如图 16-19b 所示。

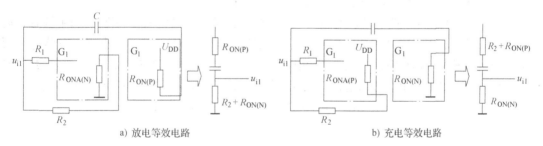

a) 放电等效电路　　　　　　　　　b) 充电等效电路

图 16-19　电容充、放电等效电路

若 G_1 输入端保护电阻 R_1 足够大，则 u_{i1} 高于 $U_{DD} + U_{DF}$ 或低于 $-U_{DF}$ 时，G_1 的输入电流可以忽略不计。在 R_2 远大于 $R_{ON(N)}$ 和 $R_{ON(P)}$ 的条件下，可根据图 16-19b 得到电容充电时间为

$$T_1 \approx R_2 C \ln \frac{U_{DD} - (U_{TH} - U_{DD})}{U_{DD} - U_{TH}} = R_2 C \ln 3$$

同理可根据图 16-19a 得到电容放电时间为

$$T_2 \approx R_2 C \ln \frac{0 - (U_{TH} + U_{DD})}{0 - U_{TH}} = R_2 C \ln 3$$

所以

$$T = T_1 + T_2 \approx 2R_2 C \ln 3 = 2.2R_2 C$$

16-11　图 16-20 所示电路是一个防盗报警装置，a、b 两端用一细铜丝接通，将此铜丝置于盗窃者必经之处。当盗窃者闯入室内将铜丝碰掉后，扬声器即发出报警声。试说明电路的

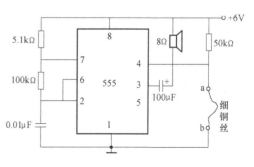

图 16-20　习题 16-11 的图

工作原理。

分析：无稳态触发器亦称多谐振荡器，既没有稳定状态，也没有外加触发脉冲，能够输出一定频率的矩形脉冲。本题电路在铜丝碰掉后就是一个无稳态触发器。

解：555 定时器 4 端 $\bar{R}$ 是复位端，在铜丝没有碰掉时 $\bar{R}=0$，使 555 定时器输出低电平，由于 100μF 电容器的隔直作用，扬声器中没有电流通过，因此不会发出声音。当盗窃者闯入室内将铜丝碰掉后 $\bar{R}=1$，电路成为无稳态触发器，输出一定频率的矩形脉冲使扬声器发出报警声音。输出的矩形脉冲频率为

$$f=\frac{1}{0.7(R_1+2R_2)C}=\frac{1}{0.7\times(5.1+2\times100)\times10^3\times0.01\times10^{-6}}\mathrm{Hz}=697\mathrm{Hz}$$

16-12　图 16-21 所示电路是一简易触摸开关电路，当手摸金属片时，发光二极管亮，经过一定时间，发光二极管熄灭。试说明电路的工作原理，并问发光二极管能亮多长时间？

分析：单稳态触发器的暂稳态是一个不能长久保持的状态，在暂稳态时间内，电路中的电流、电压会发生变化。本题电路为单稳态触发器，触发脉冲由 2 端输入。

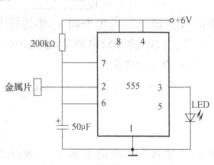

图 16-21　习题 16-12 的图

解：当手没有接触金属片时，555 定时器 2 端电位高于 $U_{CC}/3$，3 端输出低电平，电路处于稳定状态，发光二极管 LED 不亮。当手接触金属片时，555 定时器 2 端通过人体电阻接地，电位低于 $U_{CC}/3$，3 端输出高电平，电路进入暂稳态，发光二极管 LED 点亮，7 端放电晶体管截止，电源对电容器充电，当 u_C 高于 $2U_{CC}/3$ 时，3 端输出低电平，电路进入稳态，发光二极管 LED 熄灭。发光二极管点亮时间为

$$t_p=1.1RC=1.1\times200\times10^3\times50\times10^{-6}\mathrm{s}=11\mathrm{s}$$

第2部分　电路与电子技术基础实验教程

"电路与电子技术基础"是一门实践性很强的技术基础课程，因此，实验是该课程十分重要的环节。为了达到加强学生的设计能力和独立操作能力的预期目的，现将实验目的、要求和注意事项分别说明如下：

一、实验目的

（一）加深学生对课程内容的理解，验证理论和巩固所学的课堂知识。

（二）培养学生掌握一定的实践技能，树立尊重实践的科研态度。

（三）正确使用常用电子仪器，熟悉测量技术和调试方法。

（四）学会处理实验数据、分析实验结果、编写实验报告，培养严谨、实事求是的科学作风和爱护公共财物的优良品质。

二、实验要求

（一）实验前的准备工作

1. 准备好所需的元件、器件、仪器设备和工具等。为使每人都有充分动手的机会，要求每人独立实验。

2. 学生每次实验前必须仔细阅读本次实验指导书的全部内容，明确本实验的目的和要求；理解实验步骤和记录的数据的意义；做好预习要求中提出的事项；复习与实验内容有关的理论知识和仪器设备的使用方法。

（二）实验中应注意的事项

1. 检查所用的仪器设备是否齐全、是否完好、是否能满足实验要求。

2. 对实验前准备好的实验板或实验装置，检查有没有断线及开焊等情况。同时要熟悉元件和器件的安装位置，以便实验时能够迅速准确地找到测量点。

3. 按实验的要求连好接线，须经指导教师检查无误后方可接通电源。

4. 实验进行中，如发现有异常气味或危险现象时，应立即切断电源并通知指导教师。只有在找出并排除故障后，方可继续进行实验。

5. 测量数据和调整仪器要认真仔细，注意设备安全和人身安全。对220V以上的市电进行操作时，要特别小心，以免发生人身触电事故。

6. 实验内容完成后，测量数据资料须经指导教师审查认可签字后才能拆线。拆线前必须先切断电源。最后应将全部仪器设备和器材复归原位，清理好导线和实验桌等方可离开实验室。

7. 爱护公共财物，仪器设备、元件和器材。如有损坏，按有关条例处理。

（三）对实验报告的一般要求

1. 每次实验后都必须编写实验报告。报告除包括每个实验的具体要求外还应有下列内容：

（1）实验名称、实验目的、日期、实验人姓名和使用的仪器设备规格(或编号)。

（2）实验电路及理论分析。

（3）根据实验记录整理成数据表格或绘制出曲线、波形图等。

（4）对实验结果进行分析讨论。

2. 实验报告和实验学习总结必须交指导教师审阅批改。

实验 1　常用仪器仪表使用练习

本课程实验最常用的电子仪器有：示波器、函数信号发生器/计数器、直流稳压电源、数字/模拟式万用表、交流毫伏表等。它们的主要用途及相互关系如图 1-1 所示。

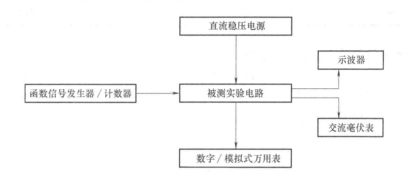

图 1-1　常用电子仪器用途示意图

为了在实验时能够准确地测量数据、观察实验现象，就必须学会正确地使用这些仪器。这是一项重要的实验技能，因为以后每次实验都要使用这些仪器。

一、实验目的

1. 学习示波器、函数信号发生器、数字万用表及交流毫伏表的使用方法。
2. 学习识别各种类型的元件。

二、预习要求

预习附录 A 中有关实验使用的示波器、函数信号发生器、数字万用表及交流毫伏表的使用说明及注意事项。

三、实验内容和步骤

1. 示波器及函数发生器的使用练习

（1）将示波器电源接通，调节有关旋钮，使示波器屏幕上出现扫描线，熟悉"灰度"、"聚焦"、"垂直位移"、"水平位移"及"幅度衰减"等旋钮的作用。

（2）检查示波器标准信号

示波器本身有 1kHz/2V 的标准方波输出信号，用于检查示波器的工作状态。将 CH1 通道输入探头接至校准信号的输出端子上（位于示波器面板的左下端，上标有 $2V_{P-P}$，1kHz）。按表 1-1 调节示波器的控制开关以显示稳定方波。若波形在垂直方向占 4 格，波形的一个周期在水平方向占 5 格，说明示波器的工作基本正常。

表 1-1 显示测试信号时的开关位置

表 1-1 显示测试信号时的开关位置

控制件名称	作 用 位 置	控制件名称	作 用 位 置
亮度	适中	水平和垂直位移	适中
聚焦	适中	垂直工作方式	CH1
输入耦合方式	AC	扫描方式	AUTO
幅度衰减	0.5/DIV	扫描速率	0.2ms/DIV
幅度微调	校准位置 CAL	扫描微调	校准位置 CAL

(3) 用示波器测量正弦信号的幅值

将函数发生器的 50Ω 输出与示波器的 CH1 通道输入端相连接,调节函数发生器,使输出正弦信号($f=1\text{kHz}$)电压的值分别为表 1-2 所示,调节示波器的"扫描速率"开关,显示 3~5 个稳定波形;调节示波器的"幅度衰减开关",使波形在垂直方向的高度尽量大些;将测量数据填入表 1-2。

表 1-2 测量交流电压

函数信号发生器指示的电压值	100mV	1V	3V
从示波器面板上读出幅度衰减开关位置(V/DIV)			
从示波器显示屏上读出信号峰峰值所占格数			
计算出所得信号电压值 = 幅度衰减×格数 (V)			

(4) 用示波器测量信号的频率

将示波器的 CH1 通道输入端接至函数发生器的输出。调节函数发生器的输出信号频率分别为表 1-3 所示,输出信号的波形及幅值任意;调节示波器的"幅度衰减开关",使波形在垂直方向的高度适中,调节示波器的"扫描微调"至 CAL,调"扫描速率"开关,使波形的一个周期在水平方向的距离尽量大些;将测量数据填入表 1-3。

表 1-3 测量信号频率

函数信号发生器的输出信号频率	400Hz	1kHz	125kHz
从示波器面板上读出扫描速率开关位置(TIME/DIV)			
从示波器显示屏上读出波形的一个周期所占水平距离(格)X			
计算出信号周期测量值 $T = \text{TIME/DIV} * X$			
计算出信号频率测量值 $f = 1/T$			

2. 交流毫伏表的使用

(1) 调节函数发生器,使输出 1kHz、1V 左右的正弦电压信号,输入给示波器,分别调出几个完整波形。

(2) 用毫伏表测量信号发生器正弦电压输出。完成表 1-4 测量要求。

表 1-4　用交流毫伏表测量交流电压

信　号　源		交流毫伏表		交流毫伏表所测量正弦电压是正弦信号的有效值还是最大值?（＿＿）
频率范围 f/Hz	幅度（峰峰值）	量　程	测　量　值	
50	5V			
160	5V			
200	3V			
400	1V			
1000	10mV			
信号源地线与毫伏表的地线共接么?（＿＿）				

3. 数字万用表的使用练习

（1）测量直流电压

1）将黑表笔插入 COM 插孔，红表笔插入 VΩ℃插孔。

2）将功能开关置于 $\overline{V}$ 量程范围，并将测试表笔连接到直流稳压电源的输出端，使之为下列数值：1.25V、2.95V、4.55V、14.8V。测量时要注意稳压电源输出端及数字万用表的正、负极性正确配合。

（2）测量直流电流

1）将数字万用表黑表笔插入 COM 插孔，取决于待测的电流，红表笔插入 A、mA 或 μA 插孔。

2）将数字万用表旋转开关转到 A、mA 或 μA，串接到图 1-2 中（注意串接时红黑表笔的连接方向），并当测 U_s（从直流稳压电源获得）为 5V 时的电流值。

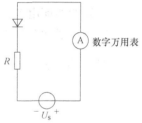

图 1-2　直流电流的测量

4. 测试二极管和晶体管

用万用表辨别二极管的阳极（正极）、阴极（负极）及其好坏；辨别晶体管集电极（c），基极（b），发射极（e）、管子的类型（PNP 或 NPN）及其好坏。

四、实验报告

1. 说明使用示波器观察波形时，为了达到下列要求，应调节哪些旋钮。
（1）波形清晰且亮度适中。
（2）波形在荧光屏中央且大小适中。
（3）波形完整。
（4）波形稳定。

2. 说明当使用示波器观察波形时，若在荧光屏上分别出现如图 1-3 所示的波形时，是哪些旋钮位置不对，应如何调节?

3. 交流毫伏表是用来测量正弦波电压还是非正弦波电压? 它的表头指示值是被测信号的什么数值? 它是否可以用来测量直流电压的大小?

4. 交流毫伏表读值时，应如何根据所选的量程选择刻度线?

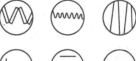

图 1-3　示波器上显示的非正常波形

实验 2　戴维南定理验证

一、实验目的

1. 加深对戴维南定理的理解。
2. 学习用实验方法测定电路等效电压和等效电阻。
3. 了解线性电阻电路最大功率传递条件。

二、预习要求

1. 熟悉掌握戴维南定理的内容，并用理论计算方法算出图 2-1 所示实验线路中含源二端电路的等效电压和内阻。
2. 思考如何用实验方法测定含源二端电路的等效电压和内阻。
3. 分析线性含源二端电路的伏安特性。

三、实验仪器

数字万用表　　　　　　　　　　一块
模拟万用表　　　　　　　　　　一块
电路电子综合实验箱 TPE-EEZH　　一台

四、实验内容和步骤

1. 接线图：如图 2-1 和图 2-2 所示。

2. 元件选择及理论计算

在实验箱上选择 $R_1 = 100\Omega$、$R_2 = 300\Omega$、$R_3 = 100\Omega$。当 $E = 10V$ 时等效电路的开路电压 $E' = ?$、等效电阻 $R = ?$

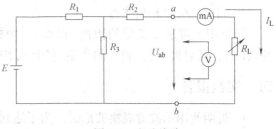

图 2-1　实验线路

3. 实验步骤：

（1）从配件箱中找出"电路实验板"将其插在电路电子综合实验箱上。按图 2-1 接线，调实验箱右下角的可调直流稳压电源，使输出电压为 10V，并保持不变。负载 R_L 用实验箱的 470Ω 的可变电位器代替。做如下实验：

1）将负载 R_L 开路，测网络 a、b 两点间的开路电压 U_{ab}，记录结果。

2）将负载 R_L 短路，测该支路的短路电流 I_{sc}，记录结果。

3）改变负载 R_L，由 0 调至 450Ω，测量 R_L 为不同数值时所对应的 U_{ab} 和 I_L，记录结果于表 2-1 的（1）中。

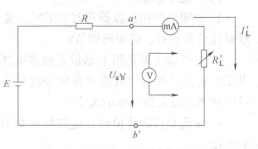

图 2-2　等效电路

（2）按图 2-2 接线，$R = 350\Omega$（可用 300Ω 与 50Ω 两个电阻串联来代替）。调稳压电源，使输出为 5V，改变 R_L'，由 0 调至 450Ω，测量不同数值的 R_L' 所对应的 $U_{a'b'}$ 和 I_L'，记录结果于表 2-1 的（2）中。

表 2-1　实验数据表

实验	R_L/Ω	0	100	150	200	250	350	400	450
(1)	U_{ab}/V								
	I_L/mA								
(2)	$U_{a'b'}/V$								
	I_L'/mA								
	$P = U_{ab} \times I_L$　mW								

五、实验报告

1. 用本实验的数据总结戴维南定理的内容，并说明其正确性。
2. 根据表 2-1 中的数据，验证含源线性电阻电路最大功率传递条件。

实验 3　基本放大电路

一、实验目的

1. 熟悉电子元器件及极性的判断与好坏的判断。
2. 掌握放大电路静态工作点的调试方法及其对放大电路性能的影响。
3. 学习测量放大电路 Q 点及 A_u、r_i、r_o 的方法，了解共射极电路特性。
4. 学习放大电路的动态性能。

二、预习要求

1. 晶体管及单管放大电路工作原理。
2. 电路静态工作点和动态特性测量方法。

三、实验仪器

函数信号发生器	SP1641B1	一台
示波器	GOS-620	一台
交流毫伏表	HZ2181	一台
数字万用表	Fluke-15B	一块
模拟万用表	500 型	一块
电路电子综合实验箱	TPE-EEZH	一台

四、实验内容和步骤

1. 连接电路与简单测量

（1）将配件箱当中的"分立电路"长方形板插在综合实验箱上，用万用表判断实验箱上晶体管 VT 的极性和好坏，电解电容 C 的极性和好坏。

（2）按图 3-1 连接电路(注意：接线前先测量 +12V 电源,关断电源后再连线)，选 R_p 为 1MΩ 电位器，并将其阻值逆时针旋转调到最大位置。

2. 静态测量与调整

（1）接线完毕仔细检查，确定无误后接通电源。改变 R_p，记录 I_C 分别为 2mA、3mA、4mA、5mA 时晶体管 VT 的 I_B 并计算 β 值，填表 3-1。

表 3-1　晶体管电流放大倍数的测量

实　测		计　算	
I_C/mA	$I_B/\mu\text{A}$	$\overline{\beta}$	$\overline{\beta}_{平均值}$
2			
3			
4			
5			

注意：I_B 和 I_C 的测量和计算方法。

1）测 I_C 和 I_B 一般采用间接测量法，即通过测 U_B 和 U_C，R_b 和 R_c 计算出 I_B 和 I_C。此法虽不直观，但操作较简单。

2）直接测量法，即将测电流表直接串接在基极（集电极）中进行测量。

（2）按图3-2接线，调整 R_p 使 $U_E = 2.2V$，计算并填表3-2。

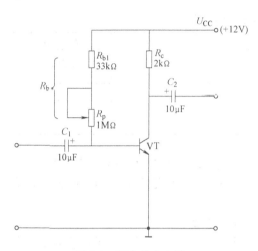

图3-1 基本放大电路

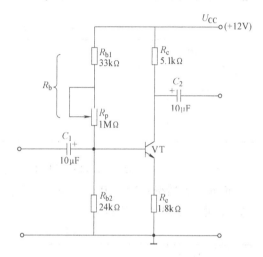

图3-2 分压式偏置电路

表3-2 静态工作点的测量

实 测					计 算
U_{BE}/V	U_{CE}/V	$R_b/k\Omega$	$I_B/\mu A$	I_C/mA	$\bar{\beta}$

3. 动态研究

（1）按图3-3所示电路接线，调 R_p 使晶体管 c 极电位为6V。

（2）将信号发生器的输出信号调到 $f = 1kHz$，U_i 为10mV（有效值），输入放大器，观察 u_i 和 u_o 端波形，并比较相位。

（3）信号源频率不变，逐渐加大信号源幅度，观察 u_o 不失真的 u_i 最大值，用交流毫伏表测得 U_i（mV）、U_o（V）的有效值，并填入表3-3。

（4）保持 $U_i = 10mV$（有效值）不变，空载时调 c 极电位到6V，放大电路接入负载 R_L，按表3-4中给定不同参数的情况下用交流毫伏表测量 U_i（mV）、U_o（V）的有效值，并将计算结果填入表3-4。

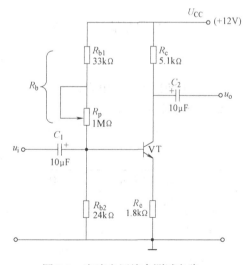

图3-3 交流电压放大测试电路

表 3-3 电压放大倍数的测量

实 测		实测计算	波形情况
U_i/mV	U_o/V	A_u	

表 3-4 负载对电压放大倍数的影响

给 定 参 数		实 测		实测计算	估 算
R_C/kΩ	R_L/kΩ	U_i/mV	U_o/V	A_u	A_u
2	5.1				
2	2.2				
5.1	5.1				
5.1	2.2				

（5）$U_i = 10\text{mV}$（$R_C = 5.1\text{k}\Omega$，断开负载 R_L），减小 R_p，使 c 极电位 $< 4\text{V}$，可观察（u_o 波形）饱和失真情况；增大 R_p，使 c 极电位 $> 9\text{V}$，使 $U_i = 50\text{mV}$，可观察（u_o 波形）截止失真情况，将测量结果填入表 3-5。

表 3-5 工作点对放大器波形的影响

R_p	U_B	U_E	U_C	输出波形情况
大				
合适				
小				

4. 测放大电路输入、输出电阻（选做）

（1）输入电阻测量

在输入端串接一个 5.1kΩ 电阻，如图 3-4 所示，测量 U_s 与 U_i，即可计算 r_i。

$$r_i = \frac{U_i}{U_s - U_i} \cdot R$$

（2）输出电阻测量（见图 3-5）

$$r_o = \left(\frac{U_o}{U_L} - 1 \right) R_L$$

在输出端接入可调电阻作为负载，选择合适的 R_L 值使放大电路输出不失真（接示波器监视），测量带负载时 U_L 和空载时 U_o，即可计算出 r_o。

将上述测量及计算结果填入表 3-6 中。

表 3-6 输入、输出电阻的测量

测算输入电阻（设：$R_s = 5.1\text{k}\Omega$）				测算输出电阻			
实 测		测算	估算	实 测		测算	估算
U_s/mV	U_i/mV	r_i	r_i	U_o $R_L = \infty$	U_{oL} $R_L = 5.1\text{k}\Omega$	r_o/kΩ	r_o/kΩ
100							

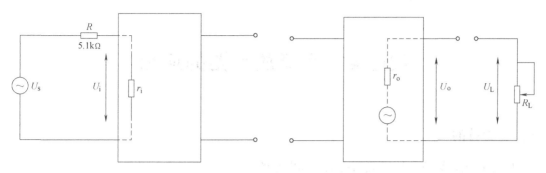

图 3-4 输入电阻测量   图 3-5 输出电阻测量

五、实验报告

1. 实验中交流电压的测量选择的仪器是什么？

2. 说明你所完成的实验内容和思考题，简述相应的基本结论。

3. 选择你在实验中感受最深的一个实验内容，并写出较详细的报告。

实验 4 运算放大器的应用

一、实验目的

1. 掌握由运算放大器组成的比例求和电路的特点及性能。
2. 掌握由运算放大器组成的积分电路的特点及性能。
3. 学会上述电路的测试和分析方法。

二、预习要求

1. 查阅相关集成电路数据手册，了解运放 LM741 的性能参数和引脚排列（见附录 C）及使用方法。
2. 认真复习有关运放应用方面的理论知识。
3. 设计并画出实验电路图，标明各元器件数值或型号。
4. 事先计算好实验内容中的有关理论值，以便和实验测量值比较。

三、实验仪器

函数信号发生器	EE1641B1	一台
示波器	GOS-620	一台
数字万用表	Fluke-15B	一块
电路电子综合实验箱	TPE-EEZH	一台

四、实验内容和步骤

1. 电压跟随电路

电路如图 4-1 所示。从配件箱中选用"集成运放电路"插在 综合实验箱上，从综合实验箱右上角引入 +12V 和 −12V 电源至"集成运放电路"板上，按图 4-1 连接电路将可调直流稳压电源的一端接入运放的输入端 U_i，稳压电源的另一端接公共地，可以调节稳压电源的输出电压，同时用数字万用表监测运放的输出电压，将测得的数据填入表 4-1 中。

表 4-1 直流电压跟随性能的测量

U_i/V（直流）		−2	−0.5	0	0.5	1
U_o/V	$R_L = \infty$					
	$R_L = 5.1\text{k}\Omega$					

2. 反相放大器

电路如图 4-2 所示。

（1）设计反相放大器，要求 $A_{uf} = -10$，$R_1 = 10\text{k}\Omega$，$R_f = 100\text{k}\Omega$，$R_2 = 10\text{k}\Omega$，供电电源为 ±12V。

198

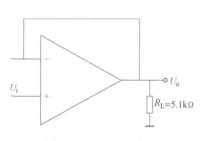

图 4-1 电压跟随电路

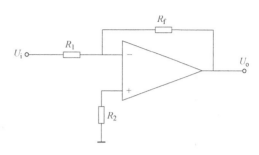

图 4-2 反相比例放大器

（2）运放选用 LM741，将所设计的电路连接好，检查无误后，接通电源，输入频率为 1kHz、有效值为 10mV 和 100mV 的正弦信号，在输出无失真的情况下，用交流毫伏表测量输出电压 U_o(mV) 的有效值，计算放大器的电压增益 A_{uf}，将结果填入表 4-2 中。

表 4-2 反相比例放大器实验数据

输入电压 U_i/mV		10	100
输出电压 U_o/mV	理论估算 U_o/mV		
	实测值 U_o/mV		
实测电压放大倍数			

（3）将放大器的放大倍数改为 $A_{uf} = -20$，重复（2）。

3. 同相放大器

同相放大器如图 4-3 所示。

（1）设计一个同相放大器，给定条件为 $R_f = 100k\Omega$，供电电压为 ±12V。

（2）运放选用 LM741，将所设计的电路连接好，检查无误后，接通电源，输入频率为 1kHz、幅值为 10mV 和 100mV 的正弦信号，在输出无失真的情况下，用交流毫伏表测量输出电压 U_o(mV) 的有效值，计算放大器的电压增益 A_{uf}，将结果填入表 4-3 中。

表 4-3 同相比例放大器实验数据

输入电压 U_i/mV		10	100
输出电压 U_o(mV)	理论估算 U_o/mV		
	实测值 U_o/mV		
实测电压放大倍数			

用示波器观察输入输出波形，并与上一步骤比较有何不同。

4. 反相积分器

电路如图 4-4 所示。

（1）设计一个反相积分器，其输入信号为 $f = 100Hz$、幅值为 2V 的方波，供电电压为 ±12V，积分电容取 0.1μF。

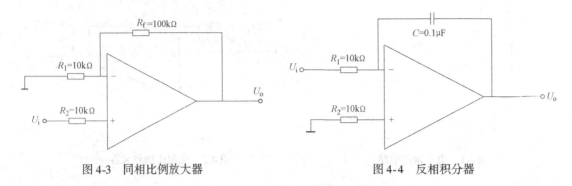

图4-3   同相比例放大器   图4-4   反相积分器

（2）改变图4-4电路的频率，观察 U_i 与 U_o 的相位、幅值关系。

五、实验报告

1. 列出各实验电路的设计步骤及元件计算值。

2. 列表整理实验数据，并与理论值进行比较、分析和讨论。

3. 写出本次实验心得体会。

实验 5　门电路逻辑功能及测试

一、实验目的

1. 熟悉门电路逻辑功能。
2. 熟悉数字电路实验箱及示波器的使用方法。
3. 学会数字电路的测试和分析方法。

二、预习要求

1. 复习门电路工作原理及相应逻辑表达式。
2. 了解所用集成电路的引脚位置及各引脚用途。
3. 进一步了解双踪示波器的使用。

三、实验仪器及材料

函数信号发生器　　　EE1641B1　　　一台
示波器　　　　　　　GOS-620　　　　一台
万用表　　　　　　　Fluke-15B　　　一块
电路电子综合实验箱TPE-EEZH　　一台
器件：74LS20　双四输入"与非"门　一片
　　　74LS86　二输入端四"异或"门　一片
　　　74LS00　二输入端四"与非"门　两片
　　　74LS04　六反相器　　　　　　一片

四、实验内容和步骤

将数字电路实验用IC板插在综合实验箱上，实验前先检查实验箱电源是否正常，然后选择实验用的集成电路，按自己设计的实验接线图接好连线，特别注意U_{CC}及地线不能接错。线接好后经实验指导教师检查无误后方可通电。实验中改动接线须先断开电源，接好线后再通电实验。

1. 测试门电路逻辑功能

（1）选用双四输入"与非"门74LS20一只，按图5-1接线，将综合实验箱上右上角 + 5V电源与IC的14脚相连，IC的第7脚接地，IC的第1、2、4、5脚接电平开关输出接口，输出端，第6脚接电平显示二极管(VD1 ~ VD8任意一个)。

（2）将电平开关按表5-1置位，分别测出电压及逻辑状态。

表5-1　门电路功能数据表

输　　　　入				输　　出	
1	2	4	5	Y	电压/V
H	H	H	H		
L	H	H	H		

（续）

输 入				输 出	
1	2	4	5	Y	电压/V
L	L	H	H		
L	L	L	H		
L	L	L	L		

2．"异或"门逻辑功能测试

电路如图 5-2 所示。

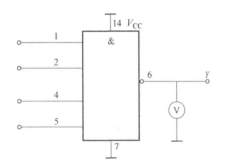

图 5-1　门电路逻辑功能测试

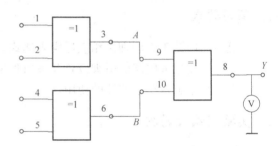

图 5-2　"异或"门逻辑功能测试

（1）选二输入四"异或"门电路 74LS86，按图 5-2 接线，第 14 脚接 +5V 电源，第 7 脚接地，输入端 1、2、4、5 接电平开关，输出端 A、B、Y 接电平显示发光二极管。

（2）将电平开关按表 5-2 置位，将结果填入表中。

表 5-2　"异或"门逻辑功能测试数据

输 入				输 出			
				A	B	Y	Y 电压/V
L	L	L	L				
H	L	L	L				
H	H	L	L				
H	H	H	L				
H	H	H	H				
L	H	L	H				

3．逻辑电路的逻辑关系

（1）用 74LS00、按图 5-3 和图 5-4 接线，第 14 脚接 +5V 电源，第 7 脚接地，将输入输出逻辑关系分别填入表 5-3 和表 5-4 中。

表 5-3　测试电路 1 数据

输 入		输 出	输 入		输 出
A	B	Y	A	B	Y
L	L		H	L	
L	H		H	H	

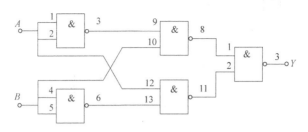

图 5-3 测试电路 1

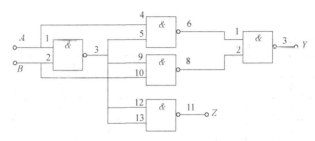

图 5-4 测试电路 2

表 5-4 测试电路 2 数据

输 入		输 出		输 入		输 出	
A	B	Y	Z	A	B	Y	Z
L	L			H	L		
L	H			H	H		

（2）写出上面两个电路的逻辑表达式。

4. 逻辑门传输延迟时间的测量

用六反相器（非门）74LS04 按图 5-5 接线，第 14 脚接 +5V 电源，第 7 脚接地，输入 100kHz 连续脉冲，用双踪示波器测输入输出相位差，计算每个门的平均传输延迟时间 t_{pd} 值。

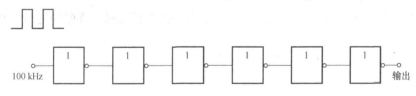

图 5-5 门传输延迟时间的测量

5. 利用"与非"门控制输出

用一片 74LS00 按图 5-6 接线，第 14 脚接 +5V 电源，第 7 脚接地，S 接任一电平开关，用示波器观察 S 对输出脉冲的控制作用。

6. 用"与非"门组成其他门电路并测试验证

（1）组成"或非"门

用一片二输入端四"与非"门组成"或非"门 $Y = \overline{A + B} = \overline{A} \cdot \overline{B}$。画出电路图，测试并

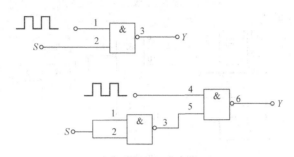

图 5-6 门电路的开关作用

填表 5-5。

表 5-5 "或非"门功能		
输　　入		输　出
A	B	Y
0	0	
0	1	
1	0	
1	1	

表 5-6 "异或"门功能		
输　　入		输　出
A	B	Y
0	0	
0	1	
1	0	
1	1	

（2）组成"异或"门

1）将"异或"门表达式转化为"与非"门表达式。

2）画出逻辑电路图。

3）测试并填表 5-6。

五、实验报告

1. 按各步骤要求填表并画逻辑电路。

2. 回答问题：

（1）怎样检查门电路逻辑功能是否正常？

（2）"与非"门一个输入接连续脉冲，其余端在什么状态时允许脉冲通过？在什么状态时禁止脉冲通过？

（3）"异或"门又称可控反相门，为什么？

实验 6　组合逻辑电路

一、实验目的

1. 掌握组合逻辑电路的功能测试方法。
2. 验证半加器和全加器的逻辑功能。
3. 学会用实验来验证二进制数的运算规律。

二、预习要求

1. 预习组合逻辑电路的分析方法。
2. 预习用"与非"门和"异或"门构成的半加器、全加器的工作原理。
3. 预习二进制数的运算。

三、实验仪器及材料

函数信号发生器	EE1641B1	一台
示波器	GOS-620	一台
万用表	Fluke-15B	一块
电路电子综合实验箱	TPE-EEZH	一台

器件：74LS00　二输入端四"与非"门　　三片

74LS86　二输入端四"异或"门　　一片

74LS54　四组输入"与或非"门　　一片

四、实验内容和步骤

1. 组合逻辑电路功能测试

（1）用两片 74LS00 组成如图 6-1 所示逻辑电路(为便于接线,在图中注明了芯片编号及引脚编号)。

注意：第 14 脚接 +5V 电源，+5V 电源在实验箱的右上角，第 7 脚接地。

（2）图中 A、B、C 接电平开关，$Y1$、$Y2$ 接发光管电平显示。

（3）按表 6-1 的要求，改变 A、B、C 的状态填表并写出 $Y1$、$Y2$ 的逻辑表达式。

（4）将运算结果与实验比较。

表 6-1　组合逻辑电路功能测试

输　　入			输　　出	
A	B	C	$Y1$	$Y2$
0	0	0		
0	0	1		
0	1	0		

（续）

输 入			输 出	
A	B	C	$Y1$	$Y2$
0	1	1		
1	0	0		
1	0	0		
1	1	0		
1	1	1		

2. 测试用"异或"门(74LS86)和"与非"门组成的半加器的逻辑功能。

根据半加器的逻辑表达式可知，半加器 Y 是 A、B 的"异或"，而进位 Z 是 A、B 相"与"，故半加器可用一个集成"异或"门和两个"与非"门组成，如图6-2所示。

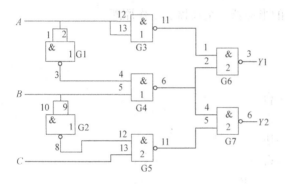

图6-1 组合逻辑电路功能测试

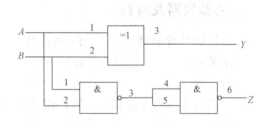

图6-2 半加器的逻辑功能测试电路

（1）在实验箱上用"异或"门和"与非"门接成以上电路。A、B 接电平开关，Y、Z 接电平显示。

第14脚接 +5V 电源，第7脚接地。

（2）按表6-2要求改变 A、B 状态，并填表。

表6-2 半加器的逻辑功能测试数据

输入端	A	0	1	0	1
	B	0	0	1	1
输出端	Y				
	Z				

3. 测试用"与非"门组成的全加器的逻辑功能

（1）写出图6-3所示电路的逻辑表达式。

（2）根据逻辑表达式列真值表。

（3）根据真值表画逻辑函数 S_i、C_i 的卡诺图。

（4）根据逻辑关系，将各点状态填入表6-3中，并分析其逻辑功能。

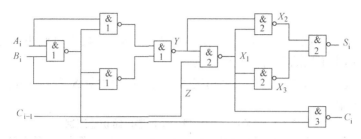

图 6-3 "与非"门组成的全加器电路

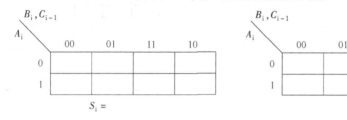

图 6-4

表 6-3 "与非"门组成的全加器功能分析

A_i	B_i	C_{i-1}	Y	Z	$X1$	$X2$	$X3$	S_i	C_i
0	0	0							
0	0	1							
0	1	0							
0	1	1							
1	0	0							
1	0	1							
1	1	0							
1	1	1							

（5）按原理图选择"与非"门并接线进行测试，将结果填入表 6-4 中并与表 6-3 进行比较，看逻辑功能是否一致。

表 6-4 "与非"门组成的全加器功能测试

A_i	B_i	C_{i-1}	S_i	C_i	A_i	B_i	C_{i-1}	S_i	C_i
0	0	0			1	0	0		
0	0	1			1	0	1		
0	1	0			1	1	0		
0	1	1			1	1	1		

4. 测试用"异或"门、"与或非"门组成的全加器的逻辑功能。

全加器可以用两个半加器和两个"与"门一个"或"门组成，在实验中常用一块双"异或"门、一个"与或非"门和一个"与非"门实现。

（1）画出用"异或"门、"与或非"门和"非"门实现全加器的逻辑电路图，写出逻辑表达式。

（2）找出"异或"门、"与或非"门和"与"门器件，按自己画出的图接线。接线时注意"与或非"门中不用的与门输入端接地。

（3）当输入端 A_i、B_i 及 C_{i-1} 为下列情况时，用万用表测量 S_i 和 C_i 的电位并将其转为逻辑状态填入表 6-5 中。

表 6-5　"异或"门构成的全加器电路功能测试

输入端	A_i	0	0	0	0	1	1	1	1
	B_i	0	0	1	1	0	0	1	1
	C_{i-1}	0	1	0	1	0	1	0	1
输出端	S_i								
	C_i								

五、实验报告

1. 整理实验数据、图表并对实验结果进行分析讨论。
2. 总结组合逻辑电路的分析方法。

实验 7 时序电路测试及研究

一、实验目的

1. 掌握常用时序电路分析，设计及测试方法。
2. 进一步学习数字电路实验技能。

二、实验仪器及材料

1. 双踪示波器　　　　　　　　　　　　　　　　　一台
2. 电路电子综合实验箱　　TPE-EEZH　　　　　　一台
3. 器件：74LS73　　　　双 JK 触发器　　　　　两片
　　　　74LS74　　　　双 D 触发器　　　　　两片
　　　　74LS175　　　　四 D 触发器　　　　　一片
　　　　74LS10　　　　三输入端三"与非"门　两片
　　　　74LS00　　　　二输入端四"与非"门　一片

三、实验内容和步骤

1. 异步二进制计数器

（1）在电路板上找两片74LS73，按图 7-1 准确接线。（注意：两片 IC 都要第 4 脚接 +5V 电源脚，第 11 脚接地）。

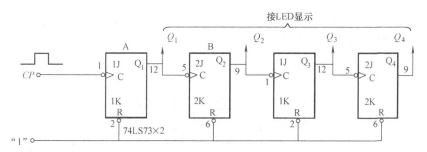

图 7-1　异步二进制计数器电路

（2）由 CP 端输入单脉冲，测试并记录 $Q_1 \sim Q_4$ 端状态及波形。

（3）试将异步二进制加法计数器改为减法计数，参考加法计数器要求并记录结果。

2. 异步二-十进制加法计数器

（1）选用74LS73 两片，74LS00 一片，74LS73 的第 4 脚接 +5V 电源，第 11 脚接地，而 74LS00 的第 14 脚接电源，第 7 脚接地，按图 7-2 接线。

Q_A、Q_B、Q_C、Q_D 这 4 个输出端分别接发光二极管显示，CP 端接连续脉冲或单脉冲。

（2）在 CP 端接连续脉冲，观察 CP、Q_A、Q_B、Q_C、Q_D 的波形。

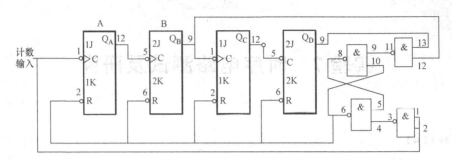

图 7-2　异步二-十进制加法计数器

（3）画出 CP、Q_A、Q_B、Q_C、Q_D 的波形。

3. 自循环移位寄存器——环形计数器

（1）找准数字电路板上的芯片 74LS74，74LS75 各一片。74LS74 的第 14 脚接 +5V 电源，第 7 脚接地。而 74LS75 的第 16 脚接 +5V 电源，而第 8 脚接地，按图 7-3 接线，将 A、B、C、D 置为 1000，用单脉冲计数，记录各触发器状态。

改为连续脉冲计数，并将其中一个状态为"0"的触发器置为"1"（模拟干扰信号作用的结果），观察计数器能否正常工作，并分析原因。

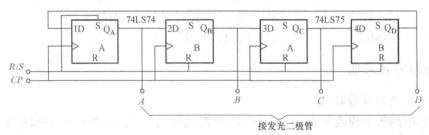

图 7-3　环形计数器

（2）选用两片 74LS74、一片 74LS10 三输入端三"与非"门，按图 7-4 接线，重复上述实验对比实验结果，总结关于自启动的体会。

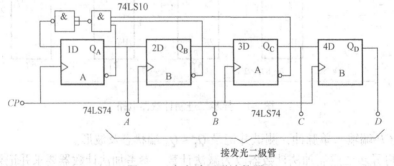

图 7-4　自启动环形计数器

四、实验报告

1. 画出实验内容要求的波形并自己设计记录表格。

2. 总结时序电路特点。

实验8　原理图输入设计全加器

一、实验目的

1. 熟悉利用 Quartus Ⅱ 的原理图输入方法设计简单组合电路，掌握层次化设计的方法。
2. 通过一个一位全加器的设计掌握利用原理图输入设计逻辑电路的详细流程。
3. 学会对实验板上的 FPGA/CPLD 进行编程下载，连接硬件验证自己的设计项目。

二、预习要求

1. 熟悉并掌握 EDA 软件工具 Quartus Ⅱ。
2. 复习并掌握全加器的原理。

三、实验仪器

1. EDA 实验箱　GW48-CCP　一台
2. 计算机　　　　　　　　一台

四、实验内容和步骤

1. 为本项工程设计建立文件夹

假设本项设计的文件夹取名为 adder，路径为 d:\adder。

2. 输入设计项目和存盘

原理图编辑输入流程如下：

（1）打开 Quartus Ⅱ，选菜单"File"→"New"，在弹出的"New"对话框中选择"Device Design Files"页的原理图文件编辑输入项"Block Diagram/Schematic File"，按"OK"后将打开原理图编辑窗。

（2）在编辑窗中的任何一个位置上右击鼠标，出现快捷菜单，选择其中的输入元件项"Insert　Symbol"，弹出如图 8-1 所示的元件输入对话框。

（3）单击按钮"…"，找到基本元件库路经 d:\altera\quartus41\libraries\primitives\logic 项（假设 Quartus Ⅱ 安装在 d 盘的 altera 文件夹），选中需要的元件，单击"打开"按钮，该元件即显示在窗口中，然后单击"Symbol"窗的 OK 按钮，即可将元件调入原理图编辑窗中。例如，为了设计半加器，可分别调入元件 and2、not、xnor 和输入输出引脚 input 和 output（也可以在图 8-1 窗的左下角栏内分别键入需要的元件名），并如图 8-2 所示用单击拖动的方法连接好电路。然后分别在 input 和 output 的 PIN NAME 上双击使其变黑色，再用键盘分别输入各引脚名：a、b、co 和 so。

（4）选择菜单"File"→"Save As"，选择刚才为自己的工程建立的目录 d:\adder，将已设计好的原理图文件取名为 h_adder.bdf（注意默认的扩展名是 .bdf），并存盘在此文件夹内。

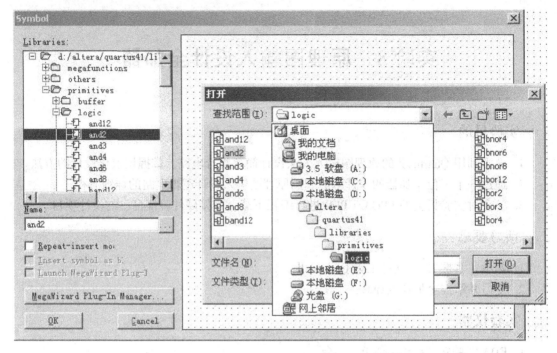

图 8-1　元件输入对话框

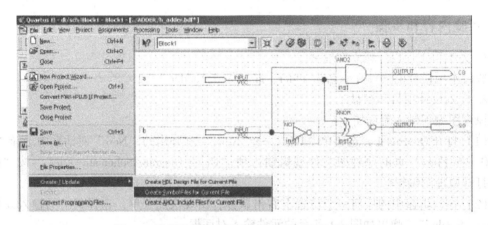

图 8-2　将所需元件全部调入原理图编辑窗并连接好

3. 将设计项目设置成可调用的元件

为了构成全加器的顶层设计，必须将以上设计的半加器 h_adder. bdf 设置成可调用的元件，方法如图 8-2 所示，在打开半加器原理图文件 h_adder. bdf 的情况下，选择菜单 "File" 中的 "Create/Update" → "Create Symbol Files for Current File" 项，即可将当前文件 h_adder. bdf 变成一个元件符号存盘，以备在高层次设计中调用。

使用完全相同的方法也可以将 VHDL 文本文件变成原理图中的一个元件符号，实现 VHDL 文本设计与原理图的混合输入设计方法。转换中需要注意以下两点：

1）转换好的元件必须存在当前工程的路径文件夹中。

2）按图 8-2 所示的方式进行转换，只能针对被打开的当前文件。

4. 设计全加器顶层文件

为了建立全加器的顶层文件，必须再打开一个原理图编辑窗，方法同前，即再次选择菜单"File"→"New"，原理图文件编辑输入项"Block Diagram/Schematic File"。

在新打开的原理图编辑窗双击鼠标，在弹出的如图 8-1 所示的窗中选择 f_adder. bdf 元件所在的路径 d:\adder，调出元件，并连接好全加器电路图(见图 8-3)。

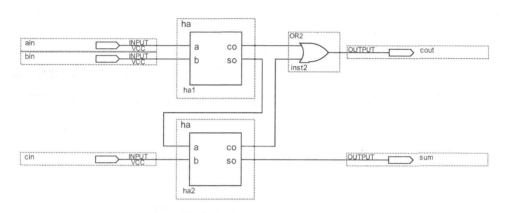

图 8-3　连接好的全加器原理图 f_adder. bdf

以 f_adder. bdf 名将此全加器设计存在同一路径：d:\f _ adder 的文件夹中。

5. 将设计项目设置成工程和时序仿真

使用"New Project Wizard"可以为工程指定工作目录、分配工程名称以及指定最高层设计实体的名称，还可以指定要在工程中使用的设计文件、其他源文件、用户库和 EDA 工具以及目标器件系列和具体器件等。

在此要利用"New Preject Wizard"工具选项创建此设计工程，即令顶层设计 f_adder. vhd 为工程，并设定此工程的一些相关的信息，如工程名、目标器件、综合器、仿真器等：

(1) 打开建立新工程管理窗。选择菜单"File"→"New Project Wizard"命令，即弹出"工程设置"对话框(见图 8-4)。

单击此对话框最上一栏右侧的"…"按钮，找到文件夹 d:\adder，选中已存盘的文件 f_adder. vhd(一般应该设顶层设计文件为工程)，再单击"打开"按钮，即出现如图 8-4 所示的设置情况。

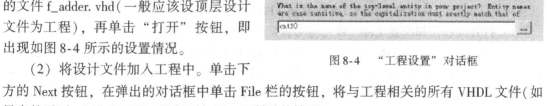

图 8-4　"工程设置"对话框

(2) 将设计文件加入工程中。单击下方的 Next 按钮，在弹出的对话框中单击 File 栏的按钮，将与工程相关的所有 VHDL 文件(如果有的话)加入进此工程，即得到如图 8-5 所示的情况。

(3) 选择仿真器和综合器类型。单击图 8-5 所示的 Next 按钮，这时弹出的窗口是选择仿真器和综合器类型，如果都选默认的"NONE"，表示都选 Quartus Ⅱ 中自带的仿真器和综合器。在此，都选择默认项"NONE"。

(4) 选择目标芯片。选择目标器件为 EP1K100QC208-3。

（5）结束设置。单击 Next 按钮后，即弹出"工程设置统计"窗口，上面列出了此项工程相关设置情况。

工程完成后即可进行全程编译。图 8-6 所示是全加器工程 f_adder 的仿真波形。

6. 引脚设置和下载

为了能对此计数器进行硬件测试，应将其输入输出信号锁定在芯片确定的引脚上，编译后下载。

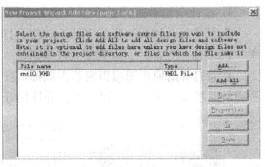

图 8-5　将所有相关的文件都加入进此工程

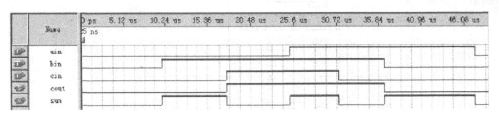

图 8-6　全加器工程 f_adder 的仿真波形

（1）引脚锁定

在此选择 GW48-EDA 系统的电路模式 No.5，通过查阅附录有关芯片引脚对照表可确定。确定了锁定引脚编号后，就可以完成以下引脚锁定操作。

1）打开此前已设计好的工程。

2）选择"Tools"菜单中的"Assignments"项，在 Category 栏中选择 Pin，或直接单击右上侧的 Pin 按钮，然后取消左上侧的"Show assignments for specific nodes"的选择勾。

3）双击"TO"栏的"new"，在出现的下拉框中分别选择本工程要锁定的端口信号名；然后，双击对应的 Location 栏的"new"，在出现的下拉框中选择对应端口信号名的器件引脚号。

4）最后存储这些引脚锁定的信息后，必须再编译（启动 Start Compilation）一次，才能将引脚锁定信息编译进编程下载文件中。此后，就可以准备将编译好的 SOF 文件下载到实验系统的 FPGA 中去了。

（2）配置文件下载

将编译产生的 SOF 格式配置文件配置进 FPGA 中，进行硬件测试的步骤如下：

1）打开编程窗和配置文件。首先将实验系统和并口通信线连接好，打开电源。

在菜单"Tools"中选择"Programmer"。在 Mode 栏中有 4 种编程模式可以选择：JTAG、Passive Serial、Active Serial 和 In-Socket。为了直接对 FPGA 进行配置，选择在编程窗的编程模式 Mode 中的 JTAG（默认），并选中打勾下载文件右侧的第一小方框。注意要仔细核对下载文件路径与文件名。如果此文件没有出现或有错，单击左侧"Add File"按钮，手动选择配置文件 f-adder.sof。

2）设置编程器。若是初次安装的 Quartus Ⅱ，在编程前必须进行编程器选择操作。这里准备选择 ByteBlaster MV［LPT1］。单击 Hardware Setup 按钮可设置下载接口方式，在弹出的 Hardware Setup 对话框中，选择 Hardware settings 页，再双击此页中的选项 ByteBlasterMV 之后，单击 Close 按钮，关闭对话框即可。

最后单击下载标符 Start 按钮，即进入对目标器件 FPGA 的配置下载操作。

当 Progress 显示出 100%，以及在底部的处理栏中出现"Configuration Succeeded"时，表示编程成功。

五、实验报告

归纳用原理图输入法设计电路的流程。

实验 9　VHDL 文本输入法设计一位二进制全加器

一、实验目的

1. 熟悉利用 Quartus Ⅱ 的文本输入方法设计简单组合电路，掌握层次化设计的方法。
2. 通过一个一位全加器的设计把握利用 VHDL 文本输入设计电子线路的详细流程。
3. 学会对实验板上的 FPGA/CPLD 进行编程下载，连接硬件验证自己的设计项目。

二、预习要求

1. 熟悉并掌握 EDA 软件工具 Quartus Ⅱ 。
2. 熟悉并掌握 VHDL 语法。

三、实验仪器

1. EDA 实验箱　　GW48-CCP　　一台
2. 计算机　　　　　　　　　　　一台

四、实验内容和步骤

一位全加器可以由两个半加器和一个"或"门连接而成，因而可根据半加器的电路原理图或真值表写出"或"门和半加器的 VHDL 描述，然后写出全加器的顶层 VHDL 描述。

1. 建立工作库文件夹和编辑设计文件

在建立了文件夹后就可以将设计文件通过 Quartus Ⅱ 的文本编辑器编辑并存盘，步骤如下：

1）新建一个文件夹。首先利用 Windows 资源管理器，新建一个文件夹。这里假设本项设计的文件夹取名为 adder，在 D 盘中，路径为 d：\adder。

注意，文件夹名不能用中文，也最好不要用数字。

2）输入源程序。打开 Quartus Ⅱ，选择菜单"File"→"New"。在"New"窗口中的 Device Design Files 选项卡中选择编译文件的语言类型，这里选择"VHDL File"，如图 9-1 所示。然后，在 VHDL 文本编译窗中输入 VHDL 程序。

3）文件存盘。选择"File"→"Save As"命令，找到已设立的文件夹 d：\adder，存盘文件名应该与实体名一致，即 adder. vhd。当出现问句"Do you want to create…"时，若单击"是"按钮，则直接进入创建工程流程。若单击"否"按钮，可按以下的方法进入创建工程流程。

2. 将设计项目设置成工程文件和时序仿真

3. 选择目标器件

4. 引脚设置和下载

5. 硬件测试

以上各步骤同原理图输入法。

图 9-1 选择编辑文件的语言类型

6. VHDL 参考程序

```
--"或"门逻辑描述
LIBRARY IEEE;
USE IEEE. STD_LOGIC_1164. ALL;
ENTITY or2a IS
   PORT(a,b:IN STD_LOGIC;
           c:OUT STD_LOGIC);
END ENTITY or2a;
ARCHITECTURE one OF or2a IS
  BEGIN
  c < = a OR b;
END ARCHITECTURE fu1;
```

```
--半加器描述
LIBRARY IEEE;
USE IEEE. STD_LOGIC_1164. ALL;
ENTITY adder IS
   PORT (a,b:IN STD_LOGIC;
        co,so:OUT STD_LOGIC);
END ENTITY adder;
ARCHITECTURE fh1 OF adder is
BEGIN
  so < = NOT(a XOR(NOT b));
  co < = a AND b;
END ARCHITECTURE fh1;
--一位二进制全加器顶层设计描述
LIBRARY  IEEE;
USE IEEE. STD_LOGIC_1164. ALL;
ENTITY f_adder IS
  PORT (ain,bin,cin:IN STD_LOGIC;
        cout,sum:OUT STD_LOGIC);
END ENTITY f_adder;
```

```
ARCHITECTURE fd1 OF f_adder IS
    COMPONENT h_adder
        PORT(a,b:IN STD_LOGIC;
            co,so:OUT STD_LOGIC);
    END COMPONENT;
    COMPONENT or2a
        PORT(a,b:IN STD_LOGIC;
                c:OUT STD_LOGIC);
    END COMPONENT;
SIGNAL d,e,f:STD_LOGIC;
    BEGIN
    u1:h_adder PORT MAP(a = >ain,b = >bin,
        co = >d,so = >e);
u2:h_adder PORT MAP(a = >e,b = >cin,
    co = >f,so = >sum);
u3:or2a PORT MAP(a = >d,b = >f,c = >cout);
    END ARCHITECTURE fd1;
```

　　注意：此 3 个程序必须分别进行编辑、设置成工程和仿真，最后再处理顶层文件。

五、实验报告

　　归纳用 VHDL 输入法设计电路的流程。

附　　录

附录 A　几种常用仪器的使用方法

A.1　GOS-620 型双踪示波器

A.1.1　原理简述

双踪示波器是一种很重要的测试仪器,它既可以测量交流和直流信号的电压(电流),也可以测量频率(周期)、两信号间的相位移、时间间隔、脉冲的上升和下降时间等。

双踪示波器具有两个 Y 输入通道(CH1、CH2)。它利用示波器内部的电子开关在示波器屏幕上交替显示两路信号。每一路的输入端均匀设置有步级电压衰减(VOLTS/DIV)用于控制 Y 轴放大器增益,信号经 Y 轴前置放大器后经电子开关电路、延迟线加到 Y 轴末级放大器,然后将放大的信号加到 Y 轴偏转板。在 X 轴偏转板上加有多种频率可控的锯齿波扫描信号。当用内触发时,触发信号取自 Y 轴被观察的信号。当用外触发时,触发信号由外触发输入插座输入,触发模式开关置(EXT)。不论选用何种触发方法,触发信号必须由内(CH1、CH2)或电源(LINE)或外(EXT)触发模式选择开关选择,对应这部分,面板上设有触发电平调节旋钮 LEVEL。再由触发信号触发扫描发生器产生锯齿波扫描电压,与此对应面板上设有控制电子开关。

A.1.2　整机主要指标

1. 偏转因素:(5mV ~5V)/DIV,按 1—2—5 步级分档。
2. Y 轴灵敏度:±3% ~±5%
3. 频率响应:DC(AC 10Hz) ~20MHz(−3dB)

   　　　　　DC(AC 10Hz) ~7MHz(−3dB) ×5MAG
4. 输入阻抗:1MΩ 并联约 25pF 电容
5. 最大输入电压:CH1,CH2,300V(DC + AC 峰值或 600V_{p-p})时间 10min。

A.1.3　面板

面板排列图如图 A-1,面板上各元件说明如下:

(1) 示波器 1kHz/2V_{p-p} 标准方波输出信号。

(2) 灰度调节旋钮,用来调节图像的亮度,顺时针旋转,图像灰度变大,反之变小。

(3) 聚焦调节旋钮,调节示波器中电子束的焦距,使其焦点恰好会聚于屏幕上,显现的光点成为清晰的圆点,得到清晰的图像。

(4) "光线斜率调节"钮,为补偿地球磁场造成的误差,使光线斜率发生改变。

(5) 电源指示灯。

(6) 电源开关:当把开关拨向 "开" 的位置时,指示灯亮,经预热 1 ~2min 后,示波

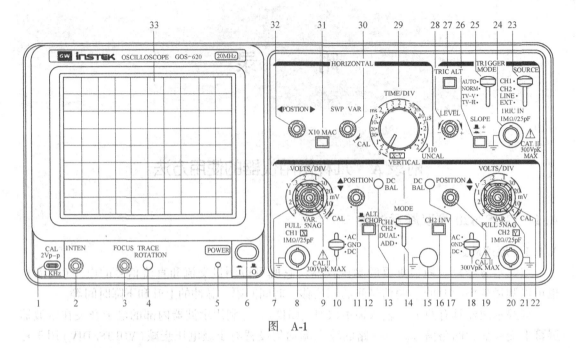

图　A-1

器可以正常使用。

（7）、（22）VOLTS/DIV 垂直输入衰减器选择开关。此开关用于衰减 Y 输入信号，使屏幕上得到一个大小合适的波形。衰减器可以从 5mV/DIV 变到 20V/DIV。为保证测量正确，必须将电压微调(VARIABLE)旋钮顺时针旋到 CAL 处。

（8）"CH1/X"插座：由电缆或探头将信号输入到通道 1。当处于 X-Y 工作方式时，用于 X 轴信号输入。

（9）、（21）电压微调(VARIABLE)旋钮。

（10）、（18）Y 轴输入耦合方式选择。

开关置 AC 位置：CH1 或 CH2 的输入信号由电容耦合到垂直放大器。

开关置 DC 位置：所有的输入信号都可以耦合到垂直放大器。

开关置 GND 位置：将垂直放大器输入接地，以在屏幕上确定基线的"0"电位位置。

（11）、（19）波形垂直位移控制旋钮。

（12）ALT/CHOP 开关置 CHOP 位置，为了观察两个慢变信号，CH1 和 CH2 的信号交替变换，并在内部振荡器上的重复频率上显示。开关置 ALT 位置，为了观察两个快变信号，CH1 和 CH2 在交替扫描时交替显示两个通道的信号。

（13）、（17）衰减器平衡调节旋钮。(已调好)。

（14）选择 CH1 和 CH2 的工作模式。

CH1：示波器为 CH1 单通道工作模式。

CH2：示波器为 CH2 单通道工作模式。

DUAL：示波器为 CH1 和 CH2 双通道工作模式。

ADD：示波器显示 CH1 与 CH2 之和或之差(16 为 INV)。

（15）示波器地端。

（16）CH2 信号反向，用于当(14)选 ADD 模式时。

（20）CH2/Y 插座：由电缆或探头将信号输入到通道 2。当处于 X-Y 工作方式时，用于 Y 轴信号输入。

（23）触发源 SOURCE。

CH1：用输入到 CH1 的信号做触发源。

CH2：用输入到 CH2 的信号做触发源。

LINE：用电源做触发源。用于观察电源频率的信号。

EXT：用外触发信号做触发源。

（24）外信号输入口。

（25）触发信号的耦合选择。

AUTO：自动触发方式，无外部触发信号时，自动产生扫描线。

NORM：正常触发方式，无外部触发信号时，不产生扫描线。

TV-V：从视频信号中分离出垂直同步信号作为触发源。

TV-H：从视频信号中分离出水平同步信号作为触发源。

（26）SLOPE 触发源极性按钮。

+ 表示触发源信号斜率为正。

– 表示触发源信号斜率为负。

（27）TRIC ALT 按钮。

（28）触发电平调节旋钮 LEVEL，波形稳定旋钮，使波形静止。

（29）时间灵敏度调节旋钮：改变此开关时，可以选择合适的扫描速率。

（30）扫描校准旋钮：读 time 时顺时针转至 CAL。

（31）X 轴扩大 10 倍按钮。

（32）水平位移旋钮。

（33）波形显示屏幕。

A.2　MODEL MF500 指针式万用表

A.2.1　概述

MF500 型万用电表是一种高灵敏度、多量程具有全量程保护电路的携带式整流系仪表。该仪表共有 24 个测量量程，能分别测量交直流电压、直流电流、电阻及音频电平，适宜无线电、电信及电工行业单位做一般测量之用。

A.2.2　技术指标

如表 A-1 所示。

表 A-1　MF500 型万用电表技术参数

测量范围		灵敏度	准确度等级	基本误差表示法
直流电压	0 ~ 2.5 ~ 10 ~ 50 ~ 250 ~ 500V	20000Ω/V	2.5	以标度尺工作部分上量限的百分数表示之
	2500V	4000Ω/V	5.0	
交流电压	0 ~ 10 ~ 50 ~ 250 ~ 500V	4000Ω/V	5.0	
	2500V	4000Ω/V	5.0	
直流电流	0 ~ 50μA ~ 1 ~ 10 ~ 100 ~ 50mA		2.5	

（续）

测量范围		灵敏度	准确度等级	基本误差表示法
电阻	$0 \sim 2 \sim 20 \sim 200\text{k}\Omega \sim 2 \sim 20\text{M}\Omega$		2.5	以标度尺工作部分上量限的百分数表示之
音频电平	$-10 \sim +50\text{dB}$		2.5	

A.2.3 使用方法

（1）见面板图 A-2，使用之前需调整调零器"S3"，使指针准确地指示在标度尺的零位上。

（2）直流电压测量：将测试杆短杆分别插在"K1"和"K2"内，转换开关旋钮"S1"旋至电压档位置上，开关旋钮"S2"旋至所预测量直流电压的相应量程位置上，再将测试杆长杆跨接在被测电路两端，当不能预计被测直流电压大约数值时，将开关旋钮旋到最大量程的位置上，然后根据指示值的大小，再选择适当的量程位置，使指针得到最大的偏转。测量 2500V 时将测试杆短杆插在"K1"和"K4"插孔中。

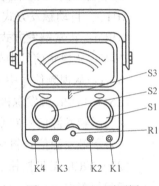

图 A-2　MF500 型万用表面板图

（3）交流电压测量：将开关旋钮"S1"旋至"V≈"位置上，开关旋钮"S2"旋至所欲测量交流电压值相应的量程位置上，测量方法与直流电压测量相同。50V 与 50V 以上各量程的指示值见"≈"刻度，10V 量限见"10V～"专用刻度。

（4）直流电流测量：将开关旋钮"S2"旋至"A"位置上，开关旋钮"S1"旋到需要测量直流电流值相应的量程位置上，然后将测试杆串接在被测电路中，就可测量被测电路中的直流电流值。指示值见"≈"刻度。

（5）电阻测量：将开关旋钮"S2"旋到"Ω"位置上，开关旋钮"S1"旋到"Ω"量限内，先将两测试杆短路，使指针向满度偏转，然后调节电位器"R1"使指针指示在欧姆标度尺"0Ω"位置上，（当调节电位器"R1"不能使指针指示到欧姆零位时，表示电池电压不足，应更换新电池）。再将测试杆分即可测量未知电阻的阻值。指示值见"Ω"刻度。

（6）音频电平测量：将测试杆插在"K1"、"K3"插口内，转换开关旋钮"S1"、"S2"分别放在"V≈"和相应的交流电压量程位置上。音频电平刻度是根据 0dB＝1mW、600Ω 输送标准而设计。标度尺指示值是从 $-10 \sim +22\text{dB}$，在 50V 或 250V 量程进行测量，指示值应按表 A-2 所示数值进行修正。

表 A-2　MF500 型万用电表电平测量

量　　程	按电平刻度增加值	电平的范围
50V	14	$+4 \sim +36\text{dB}$
250V	28	$+18 \sim +50\text{dB}$

A.2.4 注意事项

（1）仪表在使用时，不能旋转开关旋钮。

（2）当被测量不能确定其大约数值时，应先将量程转换开关旋到最大量程的位置上，然后再根据指示值选择适当的量程，使指针得到最大的偏转。

（3）测量电路中的电阻值时，应将被测电路的电源切断，如果电路中有电容器，应先将其放电后才能测量。且勿在电路带电情况下测量电阻。

（4）仪表在携带时或每次用毕后，最好将开关旋钮"S2"旋到"。"位置上，使测量机构两端接成短路，"S1"旋在"。"位置上，使仪表电路呈开路状态。

（5）为了确保安全，测量交直流 2500V 高压时，应将测试杆一端接在电路地电位上，将测试杆的另一端去接触被测高压电源。

（6）一旦因量程选择错误，保护电路工作而使仪表输入"＋"端与内部电路断开，可打开仪表背面的电池盒盖，取出 9V 电池，更换熔丝管，使仪表恢复正常。

A.3　Fluke -15B（17B）型数字万用表

A.3.1　概述

美国福禄克公司 Fluke-15B（17B）数字万用表，具有交直流电压、交直流电流、电阻、电容、峰鸣、二级管、频率与占空比和温度测试功能，测温：−55～400℃，频率与占空比：10Hz～100kHz。

A.3.2　主要技术指标

（1）VAC：0.1mV～1000V，精度 1.0%。

（2）VDC：0.1mV～1000V，精度 0.5%。

（3）IAC：0.1mA～10A，精度 1.5%。

（4）IDC：0.1mA～10A，精度 1.0%。

（5）电阻：0.1Ω～40MΩ，精度 0.4%。

（6）电容：0.01nF，精度 2.0%。

（7）交流带宽：500Hz。

A.3.3　使用方法

1. 手动量程及自动量程

电表有手动量程及自动量程两个选择。在自动量程模式内，电表会为检测到的输入选择最佳量程。这使得转换测试点而无需重置量程。当电表在自动量程模式时，会显示"Auto Range"。

要进入手动量程模式，按 range，每按一次会递增一个量程。当达到最高量程时，电表会回到最低量程。

要退出手动量程模式，按住 range 两秒钟。

按下 hold 键保存当前读数，再次按 hold 键恢复当前操作。

2. 相对测量

电表会显示除频率外所有功能的相对测量。

（1）当电表设在想要的功能时，让测试导线接触以后测量要比较的电路。

（2）按下 REL 将测得的值存储为参考值，并启动相对测量模式。会显示参考值和后续读数间的差异。

（3）按下 REL 超过两秒钟，使电表恢复正常操作。

3．测量交流和直流电压

（1）将旋钮开关转到 $\tilde{V}$、$\overline{V}$ 或 mV，选择交流电或直流电。

（2）将红色测试导线插入 VΩ℃ 端子，并将黑色测试导线插入 COM 端子。

（3）将探针接触想要的电路测试点，测量电压。

（4）阅读显示屏上测出的电压。

4．测量交流或直流电流

（1）将旋转开关转到 A≈、mA≈ 或 μA≈。

（2）按下黄色按钮，在交流或直流电流测量间切换。

（3）取决于待测的电流，将红色测试导线插入 A≈、mA≈ 或 μA≈ 端子，并将黑色测试导线插入 COM 端子。

（4）断开待测的电路路径，然后将测试导线衔接断口并施加电源。

（5）阅读显示屏上的测试电流。

5．测试电阻

（1）将旋转开关转至 Ω，确保已切断待测电路的电源。

（2）将红色测试导线插入 VΩ℃ 端子，并将黑色测试导线插入 COM 端子。

（3）将探针接触想要的电路测试点，测量电阻。

（4）阅读显示屏上的测出电阻。

6．通断性测试

当选中了电阻模式，按下两次黄色按钮可启动通断性蜂鸣器。若电阻不超过 50Ω，蜂鸣器会发出连续音，表明短路。若电表读数为 OL，则表示是开路。

7．测试二极管

（1）将旋转开关转至 Ω | ←。

（2）按黄色功能按钮一次，启动二极管测试。

（3）将红色测试导线插入 VΩ℃ 端子，并将黑色测试导线插入 COM 端子。

（4）将红色探针接到待测的二极管的阳极，黑色探针接到阴极。

（5）阅读显示屏上的正向偏压值。

（6）若测试导线的电极与二极管的电极反接，则显示屏读数会是 OL。这可以用来区分二极管的阴极和阳极。

8．测试电容

（1）将旋转开关旋至电容开关。

（2）将红色探针接到待测的二极管的阳极，黑色探针接到阴极。

（3）将探针接触电容器导线。

（4）待读数稳定后（长达 15s），阅读显示屏上的电容值。

9．测量温度

（1）将旋转开关转至 ℃。

（2）将热电偶插入电表的 VΩ℃ 和 COM 端子，确保带有正号的热电偶插头插入电表上的 VΩ℃ 端子。

（3）阅读显示屏上的摄氏温度。

A.4 EE1641B 型函数信号发生器/计数器

A.4.1 概述

本仪器具有连续信号、扫描信号、函数信号、脉冲信号等多种输出信号和外部测频功能，故命名为 EE1641B 型函数信号发生器/计数器。

A.4.2 工作原理

如图 A-3 所示，整机电路由两片单片机进行管理。主要工作为：控制函数发生器产生的频率、控制输出信号的波形、测量输出的信号频率或测量外部输入信号的频率并显示、测量输出信号的幅度并显示。

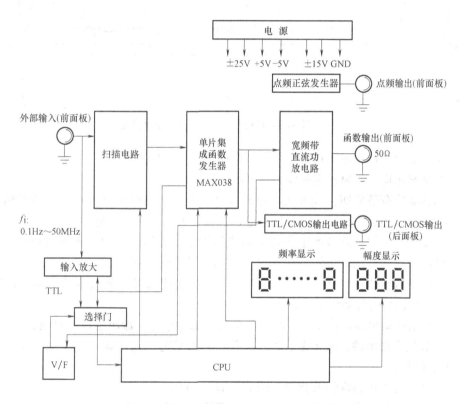

图 A-3 EE1641B 型函数信号发生器/计数器电路结构图

函数信号由专用的集成电路产生，该电路集成度大、线路简单、精度高、易于与微机连接，使得整机指标得到可靠保证。

扫描电路由多片运算放大器组成，以满足扫描宽度及扫描速率的需要。宽带直流功放电路的选用，保证输出信号的带负载能力以及输出信号的直流电平偏移，均可受面板电位器控制。

整机电源采用线性电路以保证输出波形的纯净性，具有过电压、过电流、过热保护。

A.4.3 使用说明

1. 前面板说明

前面板布局如图 A-4 所示，面板上各元件说明如下：

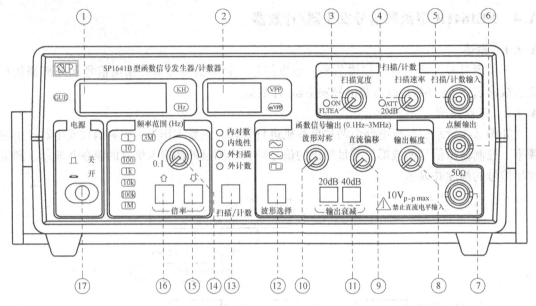

图 A-4　EE1641B 型函数信号发生器/计数器面板

（1）频率显示窗口：显示输出信号的频率或外测频信号的频率。

（2）幅度显示窗口：显示函数输出信号的幅度。

（3）扫描宽度调节旋钮：调节此电位器可以改变内扫描的时间长短。在外测频时，逆时针旋到底（绿灯亮），为外输入测量信号经过低通开关进入测量系统。

（4）速率调节旋钮：调节此电位器可调节扫描输出的扫频范围。在外测频时，逆时针旋到底（绿灯亮），为外输入信号经过衰减"20dB"进入测量系统。

（5）外部输入插座：当"扫描/计数"按钮（13）功能选择在外扫描状态或外测频功能时，外扫描控制信号或外测频信号由此输入。

（6）TTL 信号输出端：输出标准的 TTL 幅度的脉冲信号，输出阻抗为 600Ω。

（7）函数信号输出端：输出多种波形受控的函数信号，输出幅度 $20V_{p-p}$（1MΩ 负载），$10V_{p-p}$（50Ω 负载）。

（8）函数信号输出幅度调节旋钮：调节范围为 20dB。

（9）函数信号输出信号直流电平预置调节旋钮：调节范围：$-5 \sim +5V$（50Ω 负载），当电位器处在中心位置时，则为 0 电平。

（10）输出波形对称性调节旋钮。

（11）函数信号输出幅度衰减开关。

"20dB"、"40dB"键均不按下，输出信号不经衰减，直接输出到插座口。"20dB"、"40dB"键分别按下，则可选择"20dB"或"40dB"衰减。

（12）函数输出波形选择按钮：可选择正弦波、三角波、脉冲波输出。

（13）"扫描/计数"按钮：可选择多种扫描方式和外测频方式。

（14）频段选择按钮：每按一次此按钮可改变输出频率的一个频段。

（15）（16）频率调节旋钮：调节此按钮可改变输出频率的一个频程。

（17）整机电源开关：此按键按下时，即内电源接通，整机工作。此键释放即关掉整机电源。

2. 函数信号输出

（1）50Ω 主函数信号输出。

1）以终端连接 50Ω 匹配器的测试电缆，由前面板插座(7)输出函数信号。

2）由频率选择按钮(14)选定输出函数信号的频段，由频率调节旋钮(15)调整输出信号频率，直到所需的工作频率值。

3）由波形选择按钮(12)选定输出函数的波形分别获得正弦波、三角波、脉冲波。

4）由函数信号输出幅度衰减开关(11)和函数信号输出幅度调节旋钮(8)选定和调节输出信号的幅度。

5）函数信号输出由信号电平预置调节旋钮(9)选定输出信号所携带的直流电平。

6）输出波形对称性调节旋钮(10)改变输出脉冲信号空度比，与此类似，输出波形为三角形或正弦时，可使三角波变为锯齿波，正弦波调变为正与负半周分别为不同角频率的正弦波形，且可移相180°。

（2）TTL 脉冲信号输出。

1）除信号电平为标准 TTL 电平外，其重复频率、调控操作均与函数输出信号一致。

2）以测试电缆(终端不加 50Ω 匹配器)由 TTL 信号输出端(6)输出 TTL 脉冲信号。

（3）内扫描/扫频信号输出：

1）"扫描/计数"按钮(13)选定为内扫描方式。

2）分别调节扫描宽度调节旋钮(3)和扫描速率调节旋钮(4)获得所需的扫描信号输出。

3）函数信号输出端(7)、TTL 信号输出端(6)均输出相应的内扫描的扫频信号。

（4）外扫描/扫频信号输出：

1）"扫描/计数"按钮(13)选定为外扫描方式。

2）由外部输入插座(5)输入相应的控制信号，即可得到相应的受控扫描信号。

（5）外测频功能检查：

1）"扫描/计数"按钮(13)选定为外计数方式。

2）用本机提供的测试电缆，将函数信号引入外部输入插座(5)，观察显示频率应与内测量时相同。

A.5 交流毫伏表

A.5.1 概述

交流毫伏表是专一的测量正弦交流信号有效值的仪表。交流毫伏表只能在其工作频率范围之内使用。为了防止过载而损坏，测量前一般先把量程开关置于量程较大位置上，然后在测量中逐档减小量程。

A.5.2 电路原理图

HZ2181 电路框图如图 A-5 所示。

A.5.3 结构说明

HZ2181 交流毫伏表面板及后板上的控制调节装置如图 A-6 所示，说明如下：

（1）电源指示灯。

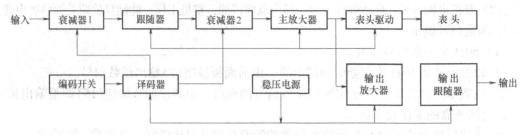

图 A-5　HZ2181 交流毫伏表电路框图

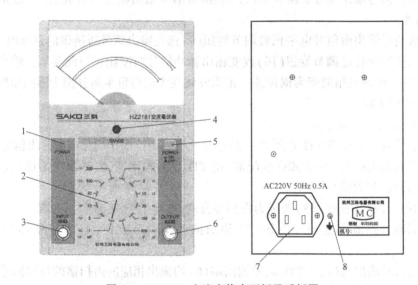

图 A-6　HZ2181 交流毫伏表面板及后板图

（2）量程转换开关：1mV ~ 300V。

（3）输入插座：用以输入被测电压。

（4）调零装置：用户可通过该装置细微调节表头的零点偏移。

（5）电源开关。

（6）输出端子：可用示波器接在该处监视被测信号的波形。

（7）电源插座及熔丝。

（8）接地端。

A.5.4　操作说明

（1）按下电源开关，电源指示灯亮。

（2）机器预热不少于 15min。

（3）大致估计被测电压范围，把量程转换开关转至适当位置（若不能估计被测电压的范围，则应把量程转换开关转至最大量程档）。

（4）将连接线接至测量点。

（5）为了准确测量被测电压，应转动量程转换开关，使电表指针处在满刻度的三分之一以上位置。

（6）读取测量值。

注意：HZ2181 交流毫伏表工作范围为 10Hz～2MHz，不能超出此范围。

A.6　DF1701S 系列可调式直流稳压稳流电源

A.6.1　概述

DF1701S 是由两路可调输出电源和一路固定输出电源组成的高精度电源。其中两路可调输出电源具有稳压与稳流自动转换功能，其电路由调整管功率损耗控制电路、运算放大器和带有温度补偿的基准稳压器等组成，因此电路稳定可靠。电源输出电压能在 0 至标称电压值之间连续可调，在稳流状态时，稳流输出电流能在 0 至标称电流值之间连续可调。两路可调电源间又可以任意进行串联或并联，在串联和并联的同时又可由一路主电源进行电压或电流（并联时）跟踪。串联时最高输出电压可达两路电压额定值之和、并联时最大输出电流可达两路电流额定值之和。另一路固定输出 5V 电源，控制部分是由单片集成稳压器组成。三组电源均具有可靠的过载保护功能，输出过载或短路都不会损坏电源。

A.6.2　主要技术指标

1. 输入电压：AC220V ±10%　　50 ±2Hz（输出电流小于 5A）

　　　　　　　AC220V $^{+10}_{-5}$%　　　50 ±2Hz（输出电流等于 5A）

2. 双路可调整电源

（1）额定输出电压见表 A-3（连续可调）。

表 A-3　DF1701S 系列直流电源参数

型号		DF1721SB/SC5A DF1721SD/SL5A	DF1731SB/SC2A DF1731SD/SL2A F1731SLL2A	DF1731SB/SC3A DF1731SD/SL3A DF1731SLL3A	DF1731SB/SC5A DF1731SD/SL5A	DF1741SB/SC3A DF1741SD/SL3A	DF1731SL1A DF1731SD1A	DF1741 SL6A
额定输出	电压/V	2×0～20	2×0～30	2×0～30	2×0～30	2×0～40	2×0～30	2×0～40
	电流/A	2×0～5	2×0～2	2×0～3	2×0～5	2×0～3	2×0～1	2×0～6
重量/kg		10.8	10	11.2	13	12.8	8.5	8.5

（2）额定输出电流见表 A-3（连续可调）。

（3）电源效应：CV 不大于 $1 \times 10^{-4} + 0.5$mV

　　　　　　　　CC 不大于 $2 \times 10^{-3} + 6$mV

（4）负载效应：CV 不大于 $1 \times 10^{-4} + 2$mV（额定电流不大于 3A）

　　　　　　　　不大于 $1 \times 10^{-4} + 10$mV（额定电流大于 5A）

　　　　　　　　CC 不大于 $2 \times 10^{-3} + 10$mV

（5）纹波与噪声：CV 不大于 1mV（rms）（额定电流不大于 3A）

　　　　　　　　　不大于 20mV$_{p-p}$（额定电流大于 5A）

　　　　　　　　　CC 不大于 3mA（rms）

　　　　　　　　　不大于 50mA$_{p-p}$

（6）保护：电流限制保护。

（7）指示表头：电压表和电流表精度 2.5 级

　　　　　　　　或三位半数字电压表和电流表

精度：电压表 ±1% +2 个字

电流表 ±2% +2 个字

（8）其他：双路电源可进行串联和并联，串并时可由一路主电源进行输出电压调节，此时从电源输出电压严格跟踪主电源输出电压值。并联稳流时也可由主电源调节稳流输出电流，此时从电源输出电流严格跟踪主电源输出电流值。

3. 固定输出电源

（1）额定输出电压：5V ±3%

（2）额定输出电流：3A

（3）电源效应：不大于 $1 \times 10^{-4} + 1mV$

（4）负载效应：不大于 1×10^{-3}

（5）纹波与噪声：不大于 0.5mV（rms）

不大于 $10mV_{p-p}$

（6）保护：电流限制及短路保护

4. 工作环境

（1）温度：0 ~ +40℃

（2）相对湿度：小于 RH90%

A.6.3　工作原理

可调电源由整流滤波电路、辅助电源电路、基准电压电路、稳压稳流比较放大电路、调整电路及稳压稳流取样电路等组成，其框图如图 A-7 所示。

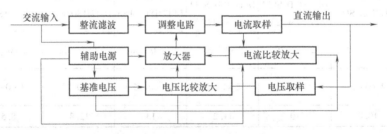

图 A-7　DF1701S 系列直流电源电路结构

当输出电压由于电源电压或负载电流变化引起变动时，则变动的信号经稳压取样电路与基准电压相比较，其所得误差信号经比较放大器放大后，经放大电路控制调整管使输出电压调整为给定值。因为比较放大器由集成运算放大器组成，增益很高，因此输出端有微小的电压变动，也能得到调整，已达到高稳定输出的目的。

稳流调节与稳压调节基本一样，因此同样具有高稳定性。

A.6.4　使用方法

面板排列图如 A-8 所示。

1. 面板各元件的作用

（1）电表或数字表：指示主路输出电压、电流值。

（2）主路输出指示选择开关：选择主路的输出电压或电流值。

（3）从路输出指示选择开关：选择从路的输出电压或电流值。

（4）电表或数字表：指示从路输出电压、电流值。

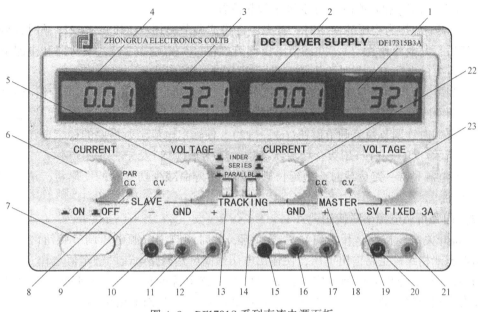

图 A-8　DF1701S 系列直流电源面板

（5）从路稳压输出电压调节旋钮：调节从路输出电压值。

（6）从路稳流输出电流调节旋钮：调节从路输出电流值（即限流保护点调节）。

（7）电源开关：当此电源开关被置于"ON"时，机器处于"开"状态，此时稳压指示灯亮。反之，机器处于"关"状态。

（8）从路稳流状态或两路电源并联状态指示灯：当从路电源处于稳流工作状态时或两路电源处于并联状态时，此指示灯亮。

（9）从路稳压状态指示灯：当从路电源处于稳压工作状态时，此指示灯亮。

（10）从路直流输出负接线柱：输出电压的负极，接负载负端。

（11）机壳接地端：机壳接大地。

（12）从路直流输出正接线柱：输出电压的正极，接负载正端。

（13）两路电源独立、串联、并联控制开关。

（14）两路电源独立、串联、并联控制开关。

（15）主路直流输出负接线柱：输出电压的负极，接负载负端。

（16）机壳接地端：机壳接大地。

（17）主路直流输出正接线柱：输出电压的正极，接负载正端。

（18）主路稳流状态指示灯：当主路电源出于稳流工作状态时，此指示灯亮。

（19）主路稳压状态指示灯：当主路电源处于稳压工作状态时，此指示灯亮。

（20）固定 5V 直流电源输出负接线柱：输出电压负极，接负载负端。

（21）固定 5V 直流电源输出正接线柱：输出电压正极，接负载正端。

（22）主路稳压输出电流调节旋钮：调节从路输出电流值（即限流保护点调节）。

（23）主路稳流输出电压调节旋钮：调节从路输出电压值。

2. 使用

（1）两路可调电源独立使用

1) 将开关(13)和开关(14)分别置于弹起位置。

2) 可调电源作为稳压源使用时，首先应将稳流调节旋钮(6)和旋钮(22)顺时针调节到最大，然后打开电源开关(7)，并调节电压调节旋钮(5)和旋钮(23)，使从路和主路输出直流电压至需要的电压值，此时稳压状态指示灯(9)、(19)发光。

3) 可调电源作为稳流源使用时，在打开电源开关(7)后，先将稳压调节旋钮(5)和旋钮(23)顺时针调节到最大，同时将稳流调节旋钮(6)、(22)反时针调节到最小，然后接上所需负载，再顺时针调节稳流调节旋钮(6)、(22)，使输出电流至所需要的稳定电流值。此时稳压状态指示灯(9)、(19)熄灭，稳流状态指示灯(8)、(18)发光。

4) 若电源只带一路负载时，为延长机器的使用寿命减少功率管的发热量，请使用在主路电源上。

(2) 两路可调电源串联使用

1) 将开关(13)按下，开关(14)置于弹起，此时调节主电源电压调节旋钮(23)，从路的输出电压严格跟踪主路输出电压，使输出电压最高可达两路电流的额定值之和。

2) 在两路电源串联以前，应先检查主路和从路电源的负端是否有联接片与接地端相连，如有，则应将其断开，不然在两路电源串联时将造成从路电源的短路。

3) 在两路电源处于串联状态时，两路的输出电压由主路控制，但是两路的电流调节仍然是独立的。因此在两路串联时，应注意电流调节旋钮(6)的位置，如旋钮(6)在反时针到底的位置或从路输出电流超过限流保护点，此时从路的输出电压将不再跟踪主路的输出电压。所以一般两路串联时应把旋钮(6)顺时针旋到最大。

4) 在两路电源串联时，如有功率输出则应用与输出功率相对应的导线将主路的负端和从路的正端可靠短接。因为机器内部是通过一个开关短接的，所以当有功率输出时短接开关将通过输出电流，长此下去将无助于提高整机的可靠性。

(3) 两路可调电源并联使用

1) 将开关(13)、(14)按下，此时两路电源并联，调节主电源电压调节旋钮(23)，两路输出电压一样。同时从路稳流指示灯(8)发光。

2) 在两路电源处于并联状态时，从路电流的稳流调节旋钮(6)不起作用。当电源做稳流源使用时，只需调节主路的稳流调节旋钮(22)，此时主、从路的输出电流均受其控制并相同。其输出电流最大可达两路输出电流之和。

3) 在两路电源并联时，如有功率输出则应用与输出功率相对应的导线分别将主、从电源的正端和正端、负端和负端可靠短接，以使负载可靠地接在两路输出的输出端子上。不然，如将负载只接在一路电源的输出端子上，将有可能造成两路电源输出电流的不平衡，同时也有可能造成串并联开关的损坏。

4) 本电源的输出指示为三位半(表头为2.5级)，如果要想得到更精确值，需在外电路用更精密测量仪器校准。

A.7　TPE-EEZH 电路电子综合实验箱

TPE-EEZH 电路电子综合实验箱可完成"电路分析"或"电路原理"、"模拟电子技术基础"及"数字电子技术基础"课程要求的基本实验。其结构图如图 A-9 所示，实验箱主要组成部分及主要指标说明如下：

1. 电源

输入：AC 220V　50Hz

输出：（1）DC　　　　0~20V（分两档连续可调）两路

　　　　（2）DC　　　　+12V/0.5A

　　　　（3）DC　　　　-12V/0.2A

　　　　（4）DC　　　　+5V/1A（带短路报警）

　　　　（5）DC　　　　-5V/0.2A

　　　　（6）AC　　　　双7.5V/0.2A

　　　　（7）恒流源　　50mA　100mA　各一路

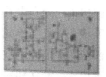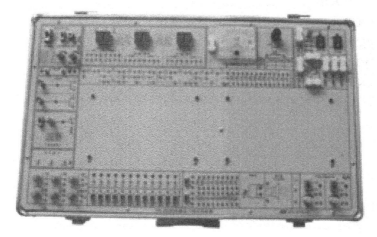

图A-9　TPE-EEZH电路电子综合实验箱结构图

2. 信号源

（1）函数波发生器

输出波形：方波、三角波、正弦波

幅　　值：正弦波 V_{p-p}：0~14V（14V为峰—峰值，且正负对称）

　　　　　方　波 V_{p-p}：0~24V（24V为峰—峰值，且正负对称）

　　　　　三角波 V_{p-p}：0~24V（24V为峰—峰值，且正负对称）

　　　　　幅值调节：分粗调和细调

频率范围：分4档 10~100Hz、100Hz~1kHz、1kHz~10kHz，10kHz~100kHz 频率调
　　　　　节：分粗调和细调

（2）脉冲信号：① 单脉冲（两路）：无抖动正负单脉冲，TTL电平。

　　　　　　　　② 连续脉冲：1Hz~1MHz连续可调方波。

　　　　　　　　③ 固定脉冲，分别为：1Hz、1kHz、1MHz

3. 逻辑笔　可测高电平、低电平、高阻、脉冲等4种状态。

4. 电平显示及逻辑开关

（1）电平显示：12 位

（2）逻辑开关：12 位

5. 数字显示

由 6 位 7 段 LED 数码管及二-十进制译码器驱动器组成。其中：有两位提供段输入端口（即 a、b、c、d、e、f、g 为输入端），有 4 位提供带译码输入端口。

6. 元件库　包括：电阻、电容、二极管、开关、电感、指针直流表头、扬声器等。

7. 电位器组　6 只独立电位器，470Ω、$1k\Omega$、$10k\Omega$、$22k\Omega$、$100k\Omega$、$680k\Omega$。

8. 模拟电路实验区包括以下 5 个模块：

模块 1：分立电路单元

模块 2：差动单元

模块 3：集成运放单元

模块 4：分立和集成功率放大单元

模块 5：分立和集成稳压单元

9. 数字电路实验区（均为圆孔 IC 插座）

模块 6：含 8P：1 只，14P：7 只，16P：5 只，20P：1 只。

10. 电路实验区包括以下两个模块：

模块 7：电路实验（一）

模块 8：电路实验（二）

附录 B　电路元器件的特性和规格

电子电路由无源元件和有源器件组成。无源元件包括电阻器、电容器和电感器，它们只能消耗或储存能量，而不能提供能量。有源器件包括电子管、晶体管和集成电路等，它们能将独立源的能量转换成电路中其他元器件所需要的能量，简言之，它们能提供能量。为了能合理地选择和使用元器件，必须对它们的性能和规格有一个完整的了解。

B.1　电阻器

B.1.1　电阻器及电位器的命名方法

在选择电阻器时，要查阅手册，寻找符合要求的型号。电阻器的型号由一组字母和数字排列而成，一般分为 7 个部分，前三部分所表示的具体意义见表 B-1，第四、五、六和七部分分别用字母或数字表示序号、额定功率、标称阻值和容许误差等级。

表 B-1　电阻器型号前三部分表示的意义

第 一 部 分		第 二 部 分		第 三 部 分	
名　称		材　料		分　类	
符　号	意　义	符　号	意　义	符　号	意　义
R	电阻器	T	碳膜	1	普通
W	电位器	P	硼碳膜	2	普通
		U	硅碳膜	3	超高频
		H	合成膜	4	高阻
		I	玻璃釉膜	5	高温
		J	金属膜	6	精密
		Y	氧化膜	7	精密
		S	有机实芯	8	高压或特殊函数
		N	无机实芯	9	特殊
		X	线绕	G	高功率
		R	热敏	T	可调
		G	光敏	X	小型
		M	压敏	L	测量用
				W	微调
				D	多圈

例如，一个标有 RTX-0.125-5.1KⅡ的电阻，表示这是一个小型碳膜电阻，额定功率为 0.125W，电阻标称值为 5.1kΩ，阻值容许误差等级为Ⅱ级即 ±10%，也就是说，这个电阻的实际阻值在(5.1 − 0.51)kΩ 至(5.1 + 0.51)kΩ 之间。

电位器的型号与电阻器的型号只有第一个字母不同，其他部分通用。

电阻器的分类根据电阻器结构的特征，可分为薄膜电阻器、线绕电阻器和热敏电阻器等；从使用功能上可分为固定、可调、半可调电阻器，可调和半可调电阻器又称为电位器。

（1）薄膜电阻　薄膜电阻是在绝缘材料做的骨架上覆盖上一层导电的碳膜或金属膜而成，在导电膜上刻有控制电阻值大小的螺纹，为了绝缘和防潮，表面涂一层薄漆。

碳膜电阻是使用最广泛的一种电阻，在一般电子线路中都能满足要求。价格便宜、系列齐全，但允许功率损耗小、误差级别不高，其温度系数为负。

金属膜电阻允许功率损耗较大，误差级别高，温度系数有负有正，但价格较高。

（2）线绕电阻　线绕电阻是将电阻丝绕在绝缘骨架上而成，为保护电阻丝，往往在外面涂上一层耐高温的绝缘层。

线绕电阻的阻值由所用电阻丝的粗细和长度决定，阻值可以做得很精确，稳定性好，允许功率损耗大，但固有电容和电感大，不宜用于高频工作情况。

（3）电位器　电位器按其电阻体的材料可分为碳质、薄膜和线绕3种，性能特点与同样材料的固定电阻器相似，不同的只是电位器有可动触点。

一般电位器的滑动臂只带有一个电阻体，如果带有两个电阻体同时变化，则称为双联电位器。

电位器的阻值和额定功率也是有系列值的，在选用时应加以注意。

（4）热敏电阻　热敏电阻的电阻值随温度而变，可分为负温度系数热敏电阻和正温度系数热敏电阻两种。

B.1.2　电阻器的主要技术指标

电阻器的主要技术指标有：

1）准确度和标称值。

2）额定功率。

3）温度系数。

4）噪声。

在一般情况下，主要考虑前两项指标。

B.1.3　电阻器的准确度和标称值

电阻器的准确度用电阻的标称值(电阻器表面所标注的电阻值)与实际值的偏差的百分数来表示。常用电阻器的容许误差等级分为五级，见表B-2。

表 B-2　电阻器容许误差等级

误差等级	005	01	I	II	III
容许误差	±0.5%	±1%	±5%	±10%	±20%

电阻器的准确度都在电阻器上标明。有的标明误差等级，有的直接标明容许误差的百分数，色环电阻则用最后一道环标明容许误差的等级。

电阻器的标称值是指标准化了的电阻器的电阻值。标称值组成的系列称为标称系列，见表B-3。电阻器的标称值必须符合表中所列的数值或所列数值乘以10^n，n为整数。

表 B-3　电阻器的标称系列

容许误差	系列代号	系 列 值											
±5%	E_{24}	1.0　1.1　1.2　1.3　1.5　1.6　1.8　2.0　2.2　2.4　2.7　3.0　3.3 3.6　3.9　4.3　4.7　5.1　5.6　6.2　6.8　7.5　8.2　9.2											
±10%	E_{12}	1.0　1.2　1.5　1.8　2.2　2.7　3.3　3.9　4.7　5.6　6.8　8.2											
±20%	E_6	1.0　1.5　2.2　3.3　4.7　6.8											

从表 B-3 可以看出，标称系列中大部分不是整数。之所以这样规定，是为了保证在同一系列中相邻两个数中较小数的正偏差与较大数的负偏差彼此衔接或有重叠，从而任意阻值的电阻都可以从系列中找到。例如，在 E_{24} 系列中，6.2 的正偏差是 $6.2 \times (1 + 5\%) = 6.51$，6.8 的负偏差是 $6.8 \times (1 - 5\%) = 6.46$，在 6.46 ~ 6.51 之间有一段重叠。若需要 649Ω 阻值的电阻，就可以在标称值为 6.2×10^2 和 6.8×10^2 的电阻中挑选出来。

B.1.4　电阻器的准确度和标称值的色环表示法

用色环标注电阻器的准确度和标称值的优点是，电阻被安装在电路中后，从各个角度都能清楚地读出阻值和误差，因而应用较普遍。用色环标注的电阻常被称为"色环电阻"或"色标电阻"。

色环电阻分为四道色环电阻和五道色环电阻，各道色环表示的意义见表 B-4 和表 B-5。普通电阻器用四道色环标注法。紧靠电阻器端的为第一色环，其余依次为第二、三、四色环。第一色环表示标称阻值的第一位数字，第二色环表示阻值的第二位数字，第三色环表示这两位数字后应乘的倍率数，第四色环表示阻值的容许误差。也有的普通电阻只有三道色环，这表示该电阻器阻值的容许误差为 ±20%，表 B-4 最下一行所列"无色"，即表示误差为 ±20%。

表 B-4　四色环电阻每道色环表示的意义

颜　色	第一色环表示 第一位数字	第二色环表示 第二位数字	第三色环 表示倍率	第四色环 表示容许误差
黑	0	0	10^0	
棕	1	1	10^1	
红	2	2	10^2	
橙	3	3	10^3	
黄	4	4	10^4	
绿	5	5	10^5	
蓝	6	6	10^6	
紫	7	7	10^7	
灰	8	8	10^8	
白	9	9	10^9	
金			10^{-1}	±5%
银			10^{-2}	±10%
无色				±20%

表 B-5 五色环电阻每道色环表示的意义

颜 色	第一色环表示 第一位有数字	第二色环表示 第二位数字	第三色环表示 第三位数	第四色环 表示倍率	第五色环表示 容许误差
黑	0	0	0	10^0	
棕	1	1	1	10^1	±1%
红	2	2	2	10^2	±2%
橙	3	3	3	10^3	
黄	4	4	4	10^4	
绿	5	5	5	10^5	±0.5%
蓝	6	6	6	10^6	±0.25%
紫	7	7	7	10^7	±0.1%
灰	8	8	8	10^8	
白	9	9	9	10^9	
金				10^{-1}	
银				10^{-2}	

精密电阻器常用五道色环标注法，它的第一、二、三道色环分别表示标称阻值的前3位数字，第四色环表示这3位数字后应乘的倍率数，第五色环表示阻值的容许误差。

B.1.5 电阻器的额定功率

在标准大气压和一定温度下，电阻器能长期连续负荷而不改变其性能的允许功率称为电阻器的额定功率。选择电阻器的额定功率时，必须使之等于或大于电阻实际消耗的功率，否则长期工作时就会改变电阻的性能或烧毁。

电阻器的额定功率分为1/20、1/8、1/2、1、2、4、5、…、500等19个等级，单位为W。额定功率一般以数字形式标注在电阻器上，一般电阻器的额定功率越大，体积也越大，额定功率小于1/8W的电阻器，由于体积小，往往不标注额定功率。

B.2 电容器

B.2.1 电容器的型号命名方法

电容器型号的命名方法与电阻器类似，也是由一组字母和数字排列而成，前三部分表示的具体意义见表B-6，其中第三部分以数字1~9标注的意义见表B-7，第四、五、六和七部分分别表示电容器的序号、耐压、标称容量和容许误差等级。

表 B-6 电容器型号前三部分表示的意义

第 一 部 分		第 二 部 分		第 三 部 分	
名 称		材 料		分 类	
符 号	意 义	符 号	意 义	符 号	意 义
C	电容器	C	高频瓷	1~9 的数字	见表 B-7
		T	低频瓷	T	铁电
		I	玻璃釉	W	微调

(续)

第一部分		第二部分		第三部分	
名　称		材　料		分　类	
符　号	意　义	符　号	意　义	符　号	意　义
		O	玻璃膜	J	金属化
		Y	云母	X	小型
		V	云母纸	S	独石
		Z	纸介	D	低压
		J	金属化纸	M	密封
		B	聚苯乙烯等非极性有机薄膜	Y	高压
		L	涤纶等极性有机薄膜	C	穿心式
		Q	漆膜	G	高功率
		H	纸膜复合		
		D	铝电解		
		A	钽电解		
		G	金属电解		
		N	铌电解		
		E	其他材料电解		

表 B-7　电容器第三部分数字代表的意义

	1	2	3	4	5	6	7	8
瓷介电容	圆片	管形	叠片	独石	穿心	支柱	高压	
云母电容	非密封	非密封	密封	密封			高压	
有机电容	非密封	非密封	密封	密封	穿心		高压	特殊
电解电容	箔式	箔式	烧结粉液体	烧结粉固体		无极性		特殊

例如，型号为 CCG1-63V-0.01μFⅢ 的电容器是一个高功率、高频瓷介电容器，耐压 63V，容量为 0.01μF，容许误差等级为Ⅲ，即 ±20%。

B.2.2　电容器的分类

电容器的种类很多。按其容量是否可以调节，分为固定电容器、可变电容器和半可变电容器；按介质材料的不同，可分为纸介电容器、金属化纸介电容器、薄膜电容器、云母电容器、瓷介电容器、电解电容器等。电解电容器又可分为铝电解电容器、钽电解电容器、金属电解电容器等。

一般来说，电解电容器的电容量较大，有极性(这一点在使用时应特别注意)；纸介和金属化纸介电容器次之，其他形式的电容器的电容量都较小且无极性。

B.2.3　电容器的主要技术指标

(1) 耐压　电容器的耐压即最大工作直流电压，耐压系列为 6.3、10、16、25、32*、40、50*、63、100、125*、160、250、300*、400、450*、500、630、…(带" * "者只限电

解电容器使用)。

(2) 准确度和标称值　电容器的准确度用实际电容量与标称电容量之间的偏差的百分数来表示。电容器的容许误差一般分为 7 个等级，每个等级对应的容许误差见表 B-8。

表 B-8　电容器的误差等级

级别	02	I	II	III	IV	V	VI
容许误差	±2%	±5%	±10%	±20%	+20% -30%	+50% -20%	+100% -10%

固定电容器的标称电容量系列见表 B-9。电容器的标称电容量是表中的数值或表中数值乘以 10^n，n 为整数。

表 B-9　固定电容器的标称电容量系列

名　称	容许误差	容量范围	标称电容量系列
纸介电容器 金属化纸介电容器 纸膜复合介质电容器 低频有机薄膜 介质电容器	±5% ±10% ±20%	100pF ~ 1μF	1.0、1.5、2.2、3.3、4.7、6.3
		1 ~ 100μF	1、2、4、6、8、10、15、20、 30、50、60、80、100
铝、钽、铌电解电容器	±10% ±20% +50% -20% +100% -10%		1、1.5、2.2、3.3、4.7、6.8 (容量单位 μF)

(3) 绝缘电阻　电容器的绝缘电阻是加到电容器上的直流电压和漏电流的比值。理想电容器的绝缘电阻应为无穷大。电容器的绝缘电阻决定于所用介质的质量和几何尺寸。如果绝缘电阻值低，会使漏电流加大，介质损耗增加，破坏电路的正常工作状态，严重时会造成电容器发热，破坏电介质的特性，导致电容击穿，甚至爆炸。

非电解电容器的绝缘电阻值很大，一般在 $10^6 \sim 10^{12}\Omega$。

(4) 损耗　理想电容器是没有能量损耗的，而实际上，在电场的作用下，总有部分电能转化成热能，从而形成损耗。损耗包括金属极板损耗和介质损耗，而小功率电容器主要是介质损耗。

(5) 固有电感和极限工作频率　电容器的固有电感是由其极板的电感和引出线的电感构成，在高频运用时其影响不能忽略。

电容器的技术指标，在一般要求不高的场合，主要考虑第(1)、(2)两项指标。

B.3　电感器

电感器因为使用不够广泛，因此没有系列化产品。市场上只能买到供在特殊场合下使用的产品，如收音机中使用的中周变压器、电视机中用的各种电感线圈、在测量中用的标准电感等。使用时，一般是根据要求自己设计、自己制作或到外面加工定制。

电感线圈是用漆包线或纱包线绕成，其间可插入铁磁体的一种元件。根据构造不同，可分为空心线圈、铁氧体心线圈、铁心线圈和铜心线圈等几种。根据电感量是否可调，可分为固定式和可调式。

电感器的主要技术指标有：

（1）电感量 电感量由线圈的圈数 N、截面积 S、长度 l、介质磁导率 μ 决定，当线圈长度远大于直径时，电感量为 $L = \mu N^2 S / l (\mathrm{H})$

电感量的精确度由用途决定，一般调谐电路线圈的精确度要高，而耦合线圈、扼流线圈的精确度低。

（2）品质因数 由于线圈存在电阻，电阻越大性能越差。对具有铁心的线圈，将引入插入损耗，影响线圈的性能。当用在调谐电路中时，线圈的品质因数决定着调谐电路的谐振特性和效率，要求它的品质因数的范围为 50～300。耦合线圈的品质因数小得多。作滤波用的线圈，对品质因数要求不高。

（3）固有电容 电感线圈的圈与圈之间具有分布电容，在工作频率较高时，分布电容和损耗将影响线圈的特性，严重时甚至使其失去电感作用。因此，固有电容是有害的，常采用特殊绕法减小固有电容。

B.4 半导体二极管和晶体管

B.4.1 半导体器件型号的命名方法

半导体器件的型号由五部分组成，各部分所代表的意义见表 B-10。

表 B-10 半导体器件的型号各部分所代表的意义

第 一 部 分		第 二 部 分		第 三 部 分		第四部分	第五部分
用数字表示器件的电极数目		用汉语拼音字母表示器件的材料和极性		用汉语拼音字母表示器件的类型		用数字表示器件的序号	用汉语拼音字母表示器件的规格号
符号	意 义	符号	意 义	符号	意 义		
2	二极管	A	N 型锗材料	P	普通管		
		B	P 型锗材料	W	稳压管		
		C	N 型硅材料	Z	整流管		
		D	P 型硅材料	K	开关管		
3	晶体管	A	PNP 型锗材料	X	低频小功率 $f_a < 3\mathrm{MHz}$		
		B	NPN 型锗材料	G	高频小功率 $f_a \geq 3\mathrm{MHz}$		
		C	PNP 型硅材料	D	低频大功率		
		D	NPN 型硅材料	A	高频大功率		
		E	化合物材料				

例如，型号为 3AG11C 的晶体管为 PNP 型小功率锗材料晶体管，型号为 2DZ16C 的二极管为硅材料整流二极管。

B.4.2 半导体器件的分类

半导体器件按材料可分为硅管和锗管两类，按电极数目可分为二极管和晶体管。

晶体管按导电类型可分为 NPN 型和 PNP 型；按集电结耗散功率可分为小功率管（$P_{CM} < 1W$）和大功率管（$P_{CM} \geqslant 1W$）；按使用的频率范围可分为低频管（$f_a < 3MHz$）和高频管（$f_a \geqslant 3MHz$）。

B.4.3 半导体二极管和晶体管的主要技术指标

整流二极管的主要技术指标有两个：最大反向工作电压（峰值）U_R 和额定正向整流电流 I_F。晶体管的主要技术指标有：最大集电极电流 I_{CM}、反向击穿电压 U_{CEO}、最大集电极功耗 P_{CM}。在高频运用时还应考虑 f_T，一般选 f_T 大于工作频率的 10 倍。

B.5 国产半导体集成电路

B.5.1 原国标命名方法

器件的型号由五个部分组成，其 5 个组成部分的符号及含义见表 B-11。

表 B-11 原国标集成电路的命名方法

第 一 部 分		第 二 部 分		第 三 部 分	第 四 部 分		第 五 部 分	
用字母表示器件符合国家标准		用字母表示器件的类型		用阿拉伯数字表示器件的序号	用字母表示器件的工作温度范围		用字母表示器件的封装形式	
符号	意义	符号	意 义		符号	意义	符号	意 义
C	中国制造	T	TTL	器件系列和品种代号，一般用阿拉伯数字表示	C	0~70℃	W	陶瓷扁平
		H	HTL		E	−40~85℃	B	塑料扁平
		E	ECL				F	全密封扁平
		C	CMOS		R	−55~85℃	D	陶瓷双列直插
		F	线性放大器				P	塑料双列直插
		D	音响电视电路				J	黑瓷双列直插
		W	稳压器				K	金属菱形
		J	接口电路		M	−55~125℃	T	金属圆壳
		B	非线性电路					
		M	存储器					
		U	微机电路					

例如，CT4020ED 为低功耗肖特基 TTL 双四输入"与非"门，其中，C 表示符合国家标准（第一部分），T 表示 TTL 电路（第二部分），4020 表示低功耗肖特基系列双四输入"与非"门（第三部分），E 表示工作温度范围为 −40~85℃（第四部分），D 表示陶瓷双列直插封装（第五部分）。

B.5.2 现行国标命名方法（GB 3430—1989）

器件的型号也由五部分组成，其每部分的符号及含义见表 B-12。

表 B-12　现行国标命名方法

第一部分		第二部分		第三部分		第四部分		第五部分	
用字母表示器件符合国家标准		用字母表示器件的类型		用阿拉伯数字表示器件的系列和品种代号		用字母表示器件的工作温度范围		用字母表示器件的封装类型	
符号	意义	符号	意义	符号	意义	符号	意义	符号	意义
C	中国制造	T	TTL 电路	(TTL 器件)		C	0~70℃	F	多层陶瓷扁平
		H	HTL 电路	54/74***	国际通用系列	G	-20~70℃	B	塑料扁平
		E	ECL 电路	54/74H***	高速系列	L	-25~85℃	H	黑瓷扁平
		C	CMOS 电路	54/74L***	低功耗系列	E	-40~85℃	D	多层陶瓷双列直插
		M	存储器	54/74S***	肖特基系列	R	-55~85℃	J	黑瓷双列直插
		μ	微机电路	54/74LS***	低功耗肖特基系列	M	-55~125℃	P	塑料双列直插
		F	线性放大电路	54/74AS***	先进肖特基系列			S	塑料单列直插
		W	稳压器	54/74ALS***	先进肖特基低功耗系列			T	金属圆壳
		D	音响电视电路	54/74F***	高速系列			K	金属菱形
		B	非线性电路	(CMOS 器件)				C	陶瓷芯片载体(CCC)
		J	接口电路	54/74HC***	高速 CMOS,输入输出 CMOS 电平			E	塑料芯片载体(PLCC)
		AD	A/D 转换	54/74HCT***	高速 CMOS,输入 TTL 电平,输出 CMOS 电平			G	网格针栅阵列
		DA	D/A 转换	54/74HCU***	高速 CMOS,不带输出缓冲级			SOIC	小引线封装
		SC	通信专用电路	54/74AC***	改进型高速 CMOS			PCC	塑料芯片载体封装
		SS	敏感电路	54/74ACT***	改进型高速 CMOS,输入 TTL 电平,输出 CMOS 电平			LCC	陶瓷芯片载体封装
		SW	钟表电路						
		SJ	机电仪表电路						
		SF	复印机电路						

B.5.3　数字集成电路的分类与特点

数字集成电路有双极型集成电路(如 TTL ECL)和单极型集成电路(如 CMOS)两大类,每类中又包含有不同的系列品种。

1. TTL 数字集成电路

TTL 数字集成电路内部输入级和输出级都是晶体管结构,属于双极型数字集成电路。其主要系列有：

（1）74 系列　74 系列是早期的产品，现仍在使用，但正逐渐被淘汰。

（2）74H 系列　74H 系列是 74 系列的改进型，属于高速系列产品。其"与非门"的平均传输时间达 10ns 左右，但电路的静态功耗较大，目前该系列产品使用越来越少，逐渐被淘汰。

（3）74S 系列　74S 系列是 TTL 的高速型肖特基系列。在该系列中，采用了抗饱和肖特基二极管，速度较高，但品种较少。

（4）74LS 系列　74LS 系列是当前 TTL 类型中的主要产品系列。品种多，生产厂家也非常多。性价比比较高，目前在中小规模电路中应用非常普遍。

（5）74ALS 系列　74ALS 系列是"先进的低功耗肖特基"系列。属于 74LS 系列的后继产品，速度（典型值为 4ns）、功耗（典型值为 1mW）等方面都有较大的改进，但价格比较高。

（6）74AS 系列　74AS 系列是 74S 系列的后继产品，尤其速度（典型值为 1.5ns）有显著的提高，又称"先进超高速肖特基"系列。

总之，TTL 系列产品向着低功耗、高速度方向发展。其主要特点为：

1）不同系列同型号器件引脚排列完全兼容。

2）参数稳定、使用可靠。

3）噪声容限高达数百毫伏。

4）输入端一般有钳位二极管，减少了反射干扰的影响。输出电阻低、带容性负载能力强。

5）采用 +5V 电源供电。

2. CMOS 集成电路

CMOS 数字集成电路是由 NMOS 管和 PMOS 管巧妙组合成的电路，属于一种微功耗的数字集成电路。主要系列有：

（1）标准型 4000B/4500B 系列　该系列是以美国 RCA 公司的 CD4000B 系列和 CD4500B 系列制定的，与美国 Motorola 公司的 MCl4000B 系列和 MCl4500B 系列产品完全兼容。该系列产品的最大特点是工作电源电压范围宽（3～18V）、功耗最小、速度较低、品种多、价格低廉，是目前 CMOS 集成电路的主要应用产品。

（2）74HC 系列　54/74HC 系列是高速 CMOS 标准逻辑电路系列，具有与 74LS 系列等同的工作速度、CMOS 集成电路固有的低功耗及电源电压范围宽等特点。74HCxxx 是 74LSxxx 同序号的翻版，型号最后几位数字相同，表示电路的逻辑功能、引脚排列完全兼容，为用 74HC 替代 74LS 提供了方便。

（3）74AC 系列　该系列又称"先进的 CMOS 集成电路"，54/74AC 系列具有与 74AS 系列等同的工作速度、CMOS 集成电路固有的低功耗及电源电压范围宽等特点。

CMOS 集成电路的主要特点有：

1）具有非常低的静态功耗。在电源电压 $U_{CC} = 5V$ 时，中规模集成电路的静态功耗小于 $100\mu W$。

2）具有非常高的输入阻抗。正常工作的 CMOS 集成电路，其输入保护二极管处于反偏状态，直流输入阻抗大于 $100M\Omega$。

3）宽的电源电压范围。CMOS 集成电路标准 4000B/4500B 系列产品的电源电压为

$3 \sim 18V$。

4）扇出能力强。在低频工作时，一个输出端可驱动 CMOS 器件 50 个以上输入端。

5）抗干扰能力强。CMOS 集成电路的电压噪声容限可达电源电压值的 45%，且高电平和低电平的噪声容限值基本相等。

6）逻辑摆幅大。CMOS 电路在空载时，输出高电平 $U_{OH} > U_{CC} - 0.05V$，输出低电平 $U_{OL} \leq 0.05V$。

B.5.4 数字集成电路的应用要点

1. 数字集成电路使用中注意事项

在使用集成电路时，为了不损坏器件，充分发挥集成电路的应有性能，应注意以下问题：

（1）仔细认真查阅使用器件型号的资料

对于要使用的集成电路，首先要根据手册查出该型号器件的资料，注意器件的引脚排列图接线，按参数表给出的参数规范使用。在使用中，不得超过最大额定值(如电源电压、环境温度、输出电流等)，否则将损坏器件。

（2）注意电源电压的稳定性

为了保证电路的稳定性，供电电源的质量一定要好，要稳压。在电源的引线端并联大的滤波电容，以避免由于电源通断的瞬间而产生冲击电压。更注意不要将电源的极性接反，否则将会损坏器件。

（3）采用合适的方法焊接集成电路

在需要弯曲引脚引线时，不要靠近根部弯曲。焊接前不允许用刀刮去引线上的镀金层，焊接所用的烙铁功率不应超过 25W，焊接时间不应过长。焊接时最好选用中性焊剂。焊接后严禁将器件连同印制电路板放入有机溶液中浸泡。

（4）注意设计工艺，增强抗干扰措施

在设计印制电路板时，应避免引线过长，以防止窜扰和对信号传输延迟。此外，要把电源线设计的宽些，地线要进行大面积接地，这样可减少接地噪声干扰。

另外，由于电路在转换工作的瞬间会产生很大的尖峰电流，此电流峰值超过功耗电流几倍到几十倍，这会导致电源电压不稳定，产生干扰造成电路误动作。为了减小这类干扰，可以在集成电路的电源端与地端之间，并接高频特性好的去耦电容，一般在每片集成电路并接一个去耦电容，电容的取值为 $30pF \sim 0.01\mu F$；此外，在电源的进线处，还应对地并接一个低频去耦电容，最好用 $10 \sim 50\mu F$ 的钽电容。

2. TTL 集成电路使用应注意的问题

（1）正确选择电源电压

TTL 集成电路的电源电压允许变化范围比较窄，一般在 $4.5 \sim 5.5V$ 之间。在使用时更不能将电源与地颠倒接错，否则会因为电流过大而造成器件损坏。

（2）对输入端的处理

TTL 集成电路的各个输入端不能直接与高于 $+0.5V$ 和低于 $-0.5V$ 的低内阻电源连接。对多余的输入端最好不要悬空。虽然悬空相当于高电平，并不影响"与门"、"与非门"的逻辑关系，但悬空容易接受干扰，有时会造成电路的误动作。因此，多余输入端要根据实际需要做适当处理。例如"与门"、"与非门"的多余输入端可直接接到电源 U_{CC} 上；也可将不同的输入端共用一个电阻连接到 U_{CC} 上；或将多余的输入端并联使用。对于"或门"、"或非门"的多余输入端应直接接地。

对于触发器等中规模集成电路来说，不使用的输入端不能悬空，应根据逻辑功能接入适当电平。

（3）对于输出端的处理

除"三态门"、"集电极开路门"外，TTL 集成电路的输出端不允许并联使用。如果将几个"集电极开路门"电路的输出端并联，实现线与功能时，应在输出端与电源之间接入一个计算好的上拉电阻。

集成门电路的输出更不允许与电源或地短路，否则可能造成器件损坏。

3. CMOS 集成电路使用应注意的问题

（1）正确选择电源

由于 CMOS 集成电路的工作电源电压范围比较宽（CD4000B/4500B：3~18V），选择电源电压时，首先考虑要避免超过极限电源电压，其次要注意电源电压的高低将影响电路的工作频率。降低电源电压会引起电路工作频率下降或增加传输延迟时间。例如 CMOS 触发器，当 U_{CC} 由 +15V 下降到 +3V 时，其最高频率将从 10MHz 下降到几十千赫兹。

此外，提高电源电压可以提高 CMOS 门电路的噪声容限，从而提高电路系统的抗干扰能力。但电源电压选得越高，电路的功耗越大。不过由于 CMOS 电路的功耗较小，功耗问题不是主要考虑的设计指标。

（2）防止 CMOS 电路出现可控硅效应的措施

当 CMOS 电路输入端施加的电压过高(大于电源电压)或过低(小于0V)，或者电源电压突然变化时，电源电流可能会迅速增大，烧坏器件，这种现象称为可控硅效应。预防可控硅效应的措施主要有：

1）输入端信号幅度不能大于 U_{CC} 和小于0V。

2）要消除电源上的干扰。

3）在条件允许的情况下，尽可能降低电源电压。如果电路工作频率比较低，用 +5V 电源供电最好。

4）对使用的电源加限流措施，使电源电流被限制在 30mA 以内。

（3）对输入端的处理

在使用 CMOS 电路器件时，对输入端一般要求如下：

1）应保证输入信号幅值不超过 CMOS 电路的电源电压。即满足 $U_{ss} \le U_1 \le U_{CC}$，一般 $U_{ss} = 0V$。

2）输入脉冲信号的上升和下降时间一般应小于数微秒，否则电路工作不稳定或损坏器件。

3）所有不用的输入端不能悬空，应根据实际要求接入适当的电压（U_{CC} 或 0V）。由于 CMOS 集成电路输入阻抗极高，一旦输入端悬空，极易受外界噪声影响，从而破坏了电路的正常逻辑关系，也可能感应静电，造成栅极被击穿。

（4）对输出端的处理

1）CMOS 电路的输出端不能直接连到一起。否则导通的 P 沟道 MOS 场效应晶体管和导通的 N 沟道 MOS 场效应晶体管形成低阻通路，造成电源短路。

2）在 CMOS 逻辑系统设计中，应尽量减少电容负载。电容负载会降低 CMOS 集成电路的工作速度和增加功耗。

3）CMOS 电路在特定条件下可以并联使用。当同一芯片上有两个以上同样器件并联使用（例如各种门电路）时，可增大输出灌电流和拉电流负载能力，同样也提高了电路的速度。若器件的输出端并联，输入端也必须并联。

4）从 CMOS 器件的输出驱动电流大小来看，CMOS 电路的驱动能力比 TTL 电路要差很多，一般 CMOS 器件的输出只能驱动一个 LS-TTL 负载。但从驱动和它本身相同的负载来看，CMOS 的扇出系数比 TTL 电路大得多（CMOS 的扇出系数 >500）。CMOS 电路驱动其他负载，一般要外加一级驱动器接口电路。更不能将电源与地颠倒接错，否则将会因为电流过大而造成器件损坏。

附录C 常用集成电路引脚图

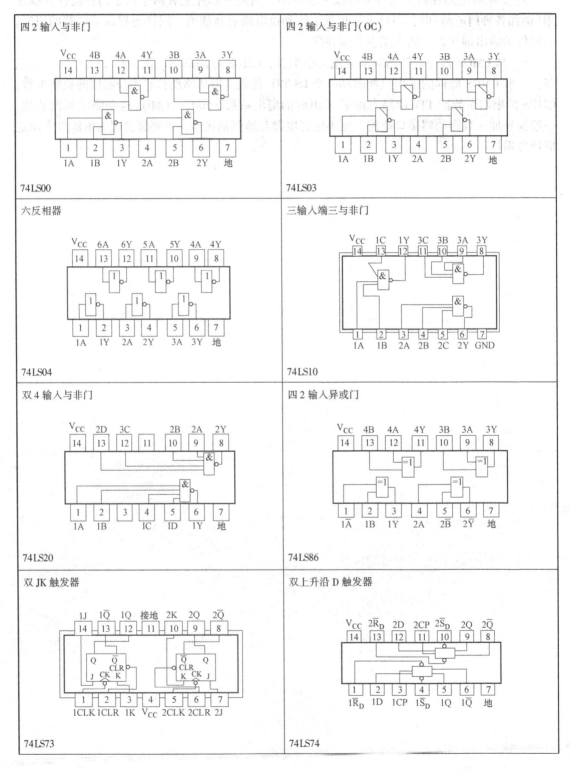

四 2 输入与非门

74LS00

四 2 输入与非门（OC）

74LS03

六反相器

74LS04

三输入端三与非门

74LS10

双 4 输入与非门

74LS20

四 2 输入异或门

74LS86

双 JK 触发器

74LS73

双上升沿 D 触发器

74LS74

（续）

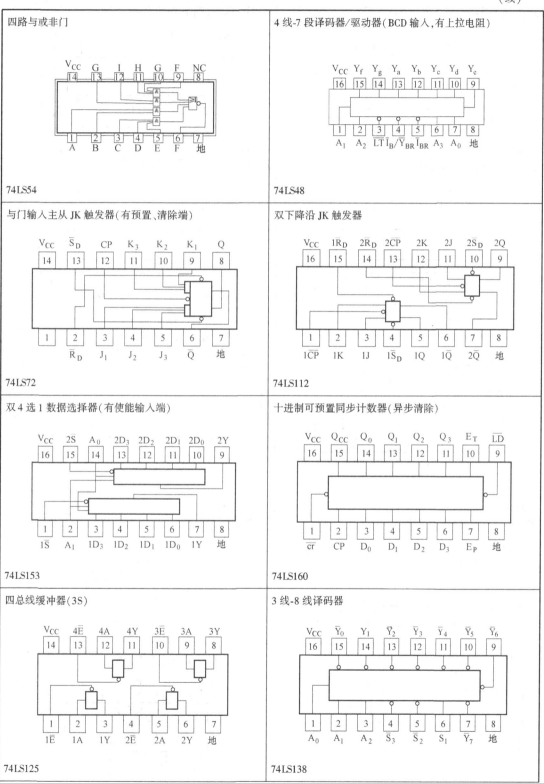

四路与或非门

74LS54

4 线-7 段译码器/驱动器(BCD 输入,有上拉电阻)

74LS48

与门输入主从 JK 触发器(有预置、清除端)

74LS72

双下降沿 JK 触发器

74LS112

双 4 选 1 数据选择器(有使能输入端)

74LS153

十进制可预置同步计数器(异步清除)

74LS160

四总线缓冲器(3S)

74LS125

3 线-8 线译码器

74LS138

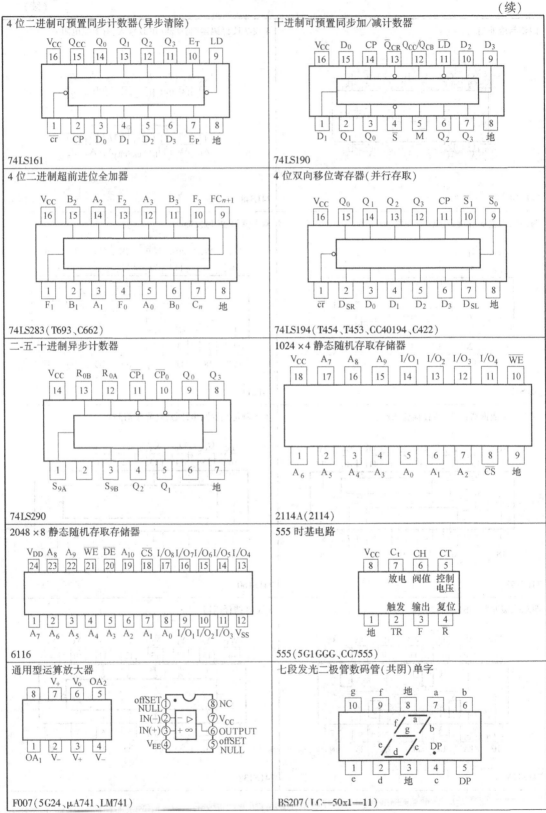

(续)

74LS161 · 74LS190 · 74LS283(T693、C662) · 74LS194(T454、T453、CC40194、C422) · 74LS290 · 2114A(2114) · 6116 · 555(5G1GGG、CC7555) · F007(5G24、μA741、LM741) · BS207(LC—50x1—11)

（续）

8 通道 8 位 A/D 转换器	8 位 DA 转换器

8 通道 8 位 A/D 转换器

IN_2 IN_1 IN_0 ADD_A ADD_C ADD_B ALE 2^{-1} 2^{-2} 2^{-3} 2^{-4} 2^{-8} V_{REF-} 2^{-6}

| 28 | 27 | 26 | 25 | 24 | 23 | 22 | 21 | 20 | 19 | 18 | 17 | 16 | 15 |

| 1 | 2 | 3 | 4 | 5 | 6 | 7 | 8 | 9 | 10 | 11 | 12 | 13 | 14 |

IN_3 IN_4 IN_5 IN_6 IN_7 EOC 2^{-5} OE CP V_{CC} V_{REF+} 地 2^{-7}
START

ADC0809

8 位 DA 转换器

Dual–In–Line and
Small–Outline Packages

$\overline{CS}$ — 1•	20 — V_{CC}
$\overline{WR}_1$ — 2	19 — I_{LE}(BYTE1/$\overline{BYTE2}$)↟
GND — 3	18 — $\overline{WR}_2$
DI_3 — 4	17 — $\overline{XFER}$
DI_2 — 5	16 — DI_4
DI_1 — 6	15 — DI_5
DI_0(LSB) — 7	14 — DI_6
V_{REF} — 8	13 — $DI_{7(MSB)}$
R_{fb} — 9	12 — I_{OUT2}
GND — 10	11 — I_{OUT1}

DAC0832

四 D 触发器带时钟和复位

V_{CC} 4Q $\overline{4Q}$ 4D 3D $\overline{3Q}$ 3Q CLK

| 16 | 15 | 14 | 13 | 12 | 11 | 10 | 9 |

74LS175

| 1 | 2 | 3 | 4 | 5 | 6 | 7 | 8 |

CLR 1Q $\overline{1Q}$ 1D 2D $\overline{2Q}$ 2Q GND

74LS175

74LS175 功能表

CLR	CLK	D	Q	$\overline{Q}$
0	×	×	0	1
1	↑	1	1	0
1	↑	0	0	1
1	0	×	Q0	$\overline{Q0}$

参 考 文 献

[1] 李心广，王金矿，张晶，等. 电路与电子技术基础[M]. 2版. 北京：机械工业出版社，2012.

[2] 李瀚荪. 电路分析基础[M]. 3版. 北京：高等教育出版社，1993.

[3] 邱关源. 电路[M]. 4版. 北京：高等教育出版社，1999.

[4] 江晓安，杨有瑾，陈生潭. 计算机电子电路技术（电路与模拟电子部分）[M]. 西安：西安电子科技大学出版社，1999.

[5] 王仲奕，蔡理. 电路习题解析[M]. 4版. 西安：西安交通大学出版社，2003.

[6] James W Nilsson, Susan A Riedel. *Introduction Circuits for Electrical and Computer Engineering*[M]. 6e. [s. l.]：Prentice Hall，2002.

[7] William H Hayt, Jr Jack E Kemmerly, Steven M Durbin. *Engineering Circuit Analysis*[M]. 6e. [s. l.]：The McGraw-hill Companies, Inc. 2002.

[8] 童诗白，华成英. 模拟电子技术基础[M]. 3版. 北京：高等教育出版社，2001.

[9] 康华光. 电子技术基础（模拟部分）[M]. 4版. 北京：高等教育出版社，1999.

[10] Allan R Hambley. *Electronics*[M]. 2e. [s. l.]：Prentice Hall，2000.

[11] 阎石. 数字电子技术基础[M]. 4版. 北京：高等教育出版社，1998.

[12] Susan A R Garrod, Robort J Borns. *Digital Logic——Analysis Application & Design*[M]. [s. l.]：Holt Rinehart and Winston, Inc.，1991.

[13] Randy H Katz, Gaetano Borriello. *Contemporary Logic Design*[M]. 2e. [s. l.]：Prentice Hall，2005.

[14] 潘松，黄继业. EDA技术实用教程[M]. 北京：科学出版社，2002.

[15] 张亦华，延明，肖冰. 数字逻辑设计实验技术与EDA工具[M]. 北京：北京邮电大学出版社，2003.